2018年

ZHEJIANG KEJI FAZ

2018年

浙江科技发展报告

梁平波题

HAN BAOGAO

浙江科学技术出版社

图书在版编目(CIP)数据

2018年浙江科技发展报告 / 宋志恒主编. —杭州：浙江科学技术出版社，2019.12

ISBN 978－7－5341－8878－7

Ⅰ. ①2… Ⅱ. ①宋… Ⅲ. ①科学研究事业—研究报告—浙江—2018 Ⅳ. ①G322.755

中国版本图书馆CIP数据核字(2019)第274686号

书　　名　2018年浙江科技发展报告
主　　编　宋志恒

出版发行　浙江科学技术出版社
杭州市体育场路347号　邮政编码：310006
办公室电话：0571－85176593
销售部电话：0571－85171220
网址：www.zkpress.com
排　　版　杭州大漠照排有限公司
印　　刷　浙江新华数码印务有限公司

开　　本　889×1194　1/16　　印　　张　19.75
字　　数　466 000　　插　　页　8
版　　次　2019年12月第1版　　2019年12月第1次印刷
书　　号　ISBN 978－7－5341－8878－7　　定　　价　150.00元

责任编辑　莫亚元　　责任校对　顾旻波
责任美编　孙　菁　　责任印务　崔文红

2018 年 5 月 26 日，科技部部长、党组书记王志刚，科技部党组成员、国家自然科学基金委员会主任李静海一行在浙江调研科技创新工作，先后前往阿里巴巴集团和之江实验室进行实地考察并召开座谈会。浙江省副省长王文序、省政协副主席周国辉、时任省政府副秘书长陈宗尧、省科技厅党组书记何杏仁、省科技厅厅长高鹰忠等陪同调研、参加座谈。

2018 年 11 月 15 日，浙江省科技特派员工作十五周年总结表彰会议在省人民大会堂举行。浙江省委书记车俊、省长袁家军出席会议。

2018 年 11 月 30 日，宁波温州国家自主创新示范区建设推进大会在宁波举行，浙江省委书记车俊、科技部部长王志刚出席会议并讲话。省委副书记、省长袁家军主持。

2018 年 4 月 11 日，全省科学技术奖励大会在省人民大会堂举行。大会表彰了 2017 年度省科学技术奖获得者和市、县（市、区）党政领导科技进步目标责任制考核优秀单位。

2018 年 3 月 29—30 日，全国农业农村科技工作会议在杭州召开，科技部党组成员、副部长徐南平，浙江省政协副主席陈小平出席会议。会议总结 2017 年农业农村科技工作，部署 2018 年农业农村科技重点任务，推动实施乡村振兴战略。

2018 年 1 月 16 日，中国创新创业峰会在杭州青山湖科技城召开。科技部党组成员、科技日报社社长李平，浙江省副省长高兴夫出席会议并致辞，时任省科技厅厅长周国辉主持会议。

2018 年 10 月 30 日，浙江省人民政府“西湖友谊奖”颁奖大会在杭州举行。浙江省省长袁家军接见了“西湖友谊奖”获奖专家代表，副省长王文序陪同会见并为外国专家颁奖。时任浙江省政府副秘书长陈宗尧，省委组织部副部长、省人力社保厅厅长鲁俊，省委组织部副部长、省委“两新”工委书记马小秋，省科技厅党组书记何杏仁，省科技厅厅长高鹰忠，省外侨办副主任彭波等出席会议。

2018 年 12 月 12 日，以“登高望远 · 勇立潮头 · 成果转化谋新篇”为主题的 2018 中国浙江网上技术市场活动周开幕式暨军民融合科技合作促进大会在杭州举行。浙江省副省长高兴夫、省政协副主席周国辉等出席会议。省政府副秘书长董贵波主持开幕式。

2018 年 8 月 6 日，第九届“科技新浙商”颁奖仪式在杭州举行，浙江省副省长王文序，省科技厅党组书记何杏仁，省科技厅厅长高鹰忠，时任省新闻出版广电局党组书记、局长寿剑刚等出席。

2018 年 5 月 19 日，浙江省科技（科普）活动周开幕式在浙江科技大市场举行。浙江省政协副主席周国辉、省科技厅党组书记何杏仁、省科技厅厅长高鹰忠、省委宣传部副部长黄明辉、省科技厅副厅长孟小军、时任杭州市滨江区区长金志鹏等出席活动周开幕式，浙江省科协党组书记、副主席郑金平主持。本届科技（科普）活动周以“科技创新 强国富民”为主题。

由浙江大学完成的"真实感图形的高效绘制理论与方法"项目，通过并行计算、重用计算和近似计算，首次实现了真实感图形的电影级高清画面交互级绘制，解决了高质量画面实时绘制的难题。目前，相关技术已应用于文化创意产业和国家卫星气象中心。该项目获得2017年度浙江省科学技术一等奖。

由浙江大学医学院附属第二医院完成的"大肠癌微环境的关键免疫调控机制及其干预研究"项目，在国际上首次发现人肠道肿瘤微环境中新型免疫调控细胞（γδT17），解决了其关键细胞因子IL－17来源的难题，揭示了其主导的免疫抑制微环境形成的关键机制，阐明了肿瘤干细胞恶性临床生物学特性及其与微环境交互作用的新机制，提出重塑肿瘤微环境和靶向清除肿瘤干细胞的新策略，填补了该领域研究空白，为肿瘤防治提供重要科学依据和新思路。该项目获得2017年度浙江省科学技术一等奖。

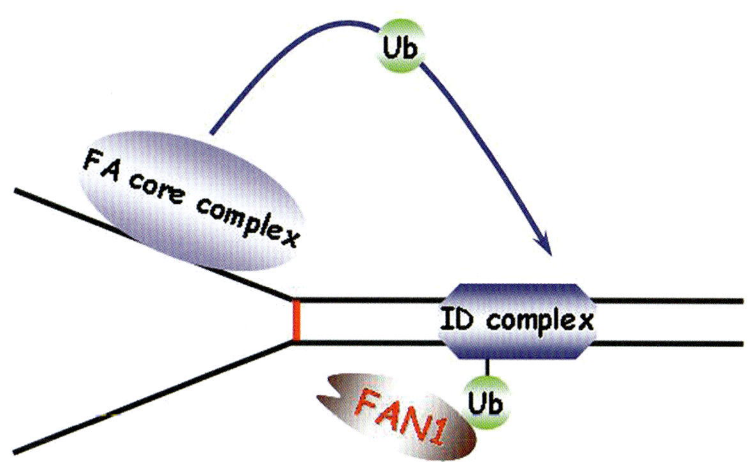

由浙江大学完成的“DNA 损伤修复的分子机制”项目，首次克隆出范可尼贫血症相关基因 FAN1，并阐明其在 DNA 交联损伤修复中的功能及分子机制。这一发现解决了一个在范可尼贫血症信号通路中 10 年未解决的科学问题，发表于世界顶级学术期刊《Science》，获得了国际学术界的极高评价。该项目获得 2017 年度浙江省科学技术一等奖。

微生物转化制油气燃料的关键科学问题

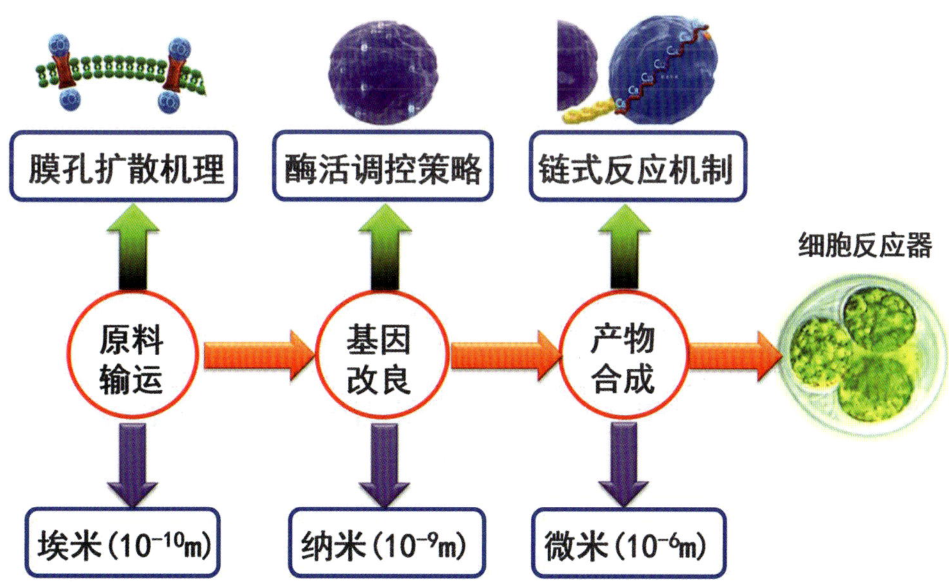

由浙江大学完成的“微生物转化生物质制油气燃料的能质传递强化机理”项目，研究建立了碳氢定向转化和能量梯级传递的微生物能源理论框架，解决了细胞膜微孔界面传质慢、传统生物酶催化活性低、能量梯级传递受阻等难题。提出的微生物能源理论方法已在山东和浙江完成科学验证试验，将服务于全国节能环保产业。该项目获得 2017 年度浙江省科学技术一等奖。

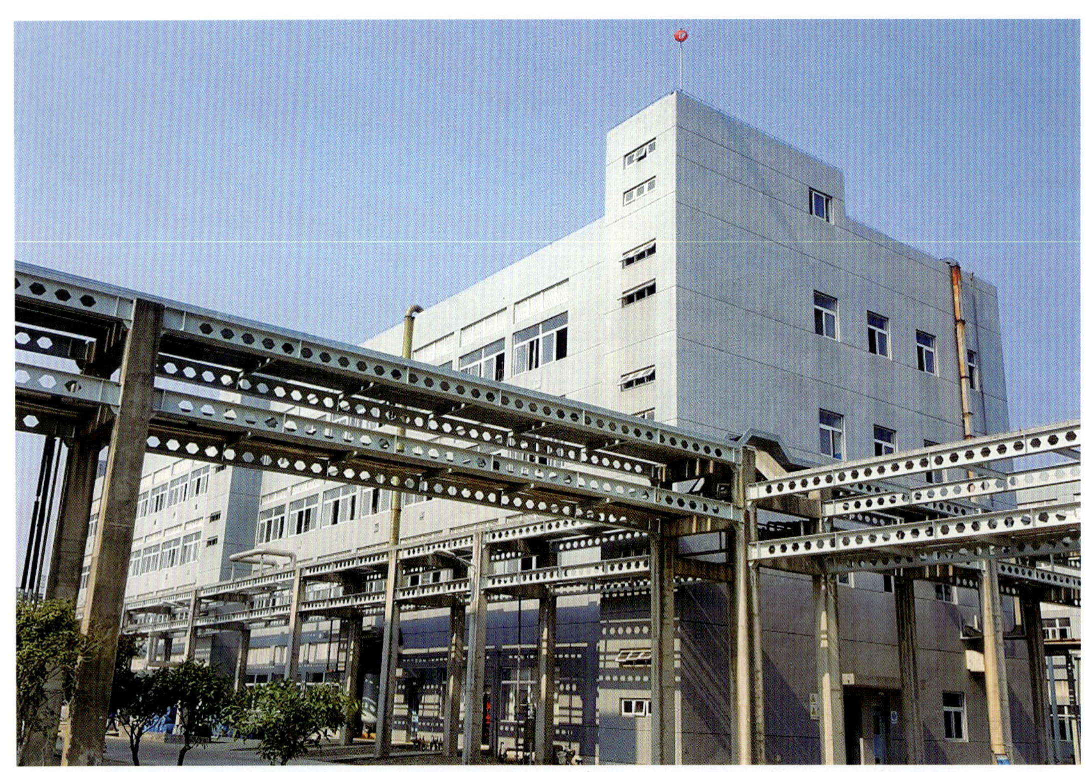

由浙江新和成股份有限公司完成的“d－生物素绿色合成技术开发与产业化”项目，通过全新合成路线，将 d－生物素生产过程中的反应步骤从 12 步缩短为 9 步，同时不用三甲基硅氰等危险试剂，使反应温和易控，工艺清洁程度高，实现了“绿色合成”。采用新方法生产的 d－生物素产生了良好的社会效益和经济效益，近 3 年累计新增销售额逾 6 亿元，直接带动了动物营养及相关行业的技术进步。该项目获得 2017 年度浙江省科学技术一等奖。

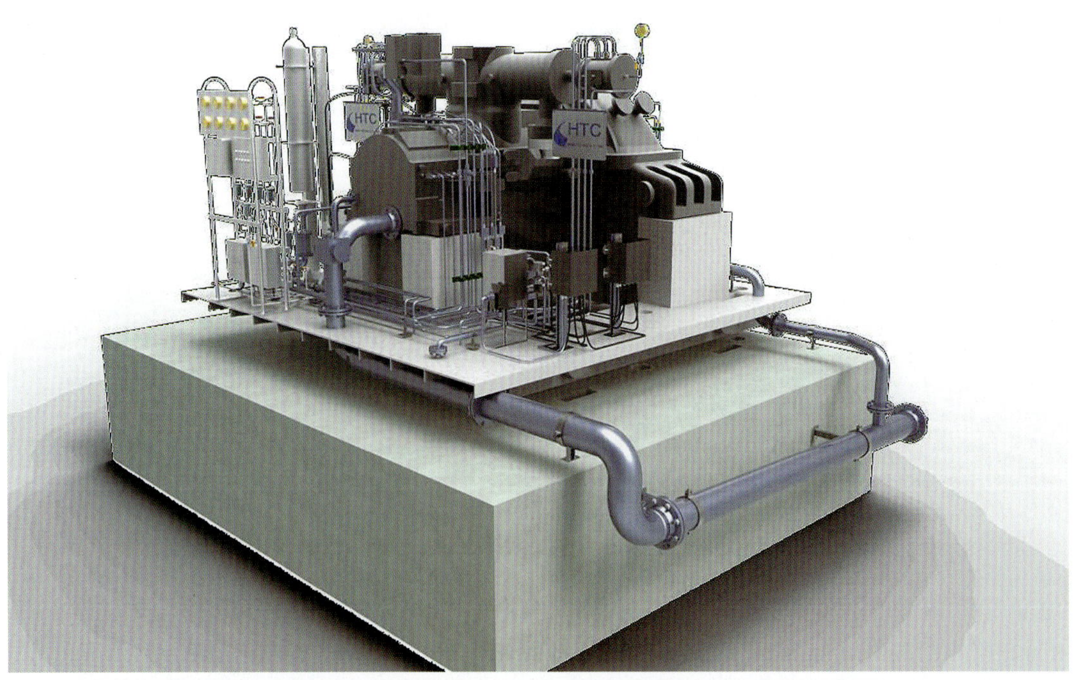

由杭州汽轮机股份有限公司等单位合作完成的“1000MW 等级电站锅炉给水泵汽轮机关键技术开发及应用”项目，建立了大容量给水泵汽轮机设计优化体系，打破了跨国公司的技术垄断，保障了国家能源和经济安全，大幅降低了同类产品的价格，降低了电站的设备成本，产生了重大节能减排效益。该项目获得 2017 年度浙江省科学技术一等奖。

由温州医科大学附属第二医院完成的"'促炎症消退新策略'防治急性呼吸窘迫综合征的基础临床应用研究"项目，提出炎症消退障碍是急性呼吸窘迫综合征发病新机制，首次证实脂氧素、消退素下降是炎症消退障碍的关键因子，建立精准高效的脂氧素、消退素动态检测体系，筛选可上调脂氧素、消退素的药物防治急性呼吸窘迫综合征。该项目获得2017 年度浙江省科学技术一等奖。

由杭州士兰微电子股份有限公司等单位合作完成的"高速低功耗 600V 以上多芯片高压模块"项目，构建了完整的多芯片电力电子模块设计与生产制造体系，项目成果拥有完全的自主知识产权，目前已经广泛应用在汽车电子、家用电器和工业控制等多个领域，近 3 年销售收入达 22.86 亿元。该项目获得 2017 年度浙江省科学技术一等奖。

由浙江大学医学院附属第一医院等单位合作完成的“抗肿瘤分子靶向新药BZG 和光热消融-化疗靶向治疗新模式的研究”项目，合成得到具有全新化学结构的激酶抑制剂，获国家发明专利，首次创建了基于中空金纳米粒的近红外光介导光热消融-化疗双重肿瘤治疗的新技术，且对于非光照其他组织药物浓度很低，显著降低化疗毒副作用。该项目获得 2017 年度浙江省科学技术一等奖。

由国网浙江省电力公司等单位合作完成的“多端柔性直流输电关键技术、装备研制与工程应用”项目，建立了多端柔性直流输电系统控制保护技术体系，实现了多端柔性直流输电系统的灵活控制和稳定运行，形成了柔性直流输电工程全套运维技术，突破了多端柔性直流输电工程的系统集成技术。项目建成世界上电压等级最高、端数最多、容量最大的多端柔性直流输电工程，已在舟山投运。该项目获得 2017 年度浙江省科学技术一等奖。

目　录

第一部分　综合篇

第二部分　专题篇

第三部分 地市篇

第四部分　附录

第一部分

综合篇

Science
Technology

车俊书记在科技特派员工作十五周年总结表彰会议上的讲话

（2018 年 11 月 15 日）

各位科技特派员、同志们：

今年是改革开放 40 周年、“八八战略”实施 15 周年，也是我省开展科技特派员工作 15 周年。在这样一个重要的时间节点，我们隆重举行浙江省科技特派员工作 15 周年总结表彰会议，共同回顾科技特派员制度实施的历程，总结 15 年来的工作经验，表彰一批先进单位和先进个人，对于推动新时代我省科技特派员工作继续走在前列，具有重要的意义。首先，我代表省委、省人大常委会、省政府、省政协，向受表彰的突出贡献科技特派员、科技特派员工作先进集体和受通报表扬的成绩突出科技特派员，表示热烈的祝贺！向全省广大科技特派员表示诚挚的问候！

科技特派员制度是习近平总书记在浙江工作期间亲自倡导、亲自部署、亲自推动的一项重要制度。2003 年，首批 101 名科技人员奔赴全省最不发达的 100 个乡镇开展科技帮扶工作。2005 年，科技特派员工作在我省全面推开，率先在全国实现了“乡乡都有科技特派员”。2008 年，法人科技特派员和团队科技特派员工作也开始在我省推行。党的十八大以来，省委、省政府认真学习贯彻习近平总书记关于农业科技创新的重要论述精神，按照中央关于深入推行科技特派员制度若干意见的要求，在选派方式、政策支持等方面进行了一系列改革创新，有力推动我省科技特派员工作走在前列。截至目前，省、市、县三级共派遣个人科技特派员 1.56 万人次、法人科技特派员 25 家、团队科技特派员 354 个，累计推广新品种新技术 14000 多项次，技术培训 12 万多场，培训 670 多万人次。

科技特派员这项制度好不好，这项工作实不实，关键看群众认不认可，能不能给群众带来实惠，能不能经受时间和实践的检验。15 年来，科技特派员制度在浙江大地生根发芽，点亮了农村发展的科技之光，架通了农民增收致富的桥梁，延长了农业产业链，结出了累累硕果。15 年来的深入实践，使我们对科技特派员制度有了 5 点深刻体会：

第一，科技特派员制度，特就特在“人才下沉”，较好破解了浙江农村人才短缺的问题。农村最缺的是人才，农民最盼的也是人才。15 年来，全省广大科技特派员牢记习近平总书记提出的“科研人才都应该到生产的主战场上去”的谆谆教诲，积极响应党委、政府的号召，到基层和群众中去，培养了一大批具有经营头脑和科技文化素质的新型农民，带动了一大批大学生、青年农民工返乡创业，有力激发了优秀人才扎根农村、服务基层的热情。

第二，科技特派员制度，特就特在“科技下乡”，初步打开了浙江农业高质量发展的通道。农业的出路在现代化，农业现代化的关键在科技进步。15 年来，全省广大科技特派员把最新技术、最新品种推广到农业生产一线，积极开发深加工农产品，延伸了浙江农业的产业链条,提高了浙江农产品附加值和市场竞争力。

第三,科技特派员制度,特就特在"服务农民",有效解决了浙江农民"种什么才能增收、怎么种才能致富"的问题。农业农村工作,说一千、道一万,增加农民收入是关键。15年来,全省广大科技特派员手把手结对帮扶农民,做给农民看、领着农民干、带着农民赚,开阔了农民的视野,鼓起了农民的钱袋子。

第四,科技特派员制度,特就特在"抱团联合",有力打破了小农经济与现代大生产之间的藩篱。单打独斗的"小农"经济,难以适应市场经济环境。15年来,全省广大科技特派员通过以点带面的服务方式,使分散的、单个的农业生产融入创新链、产业链中,提高了农业生产的组织化、规模化程度,大大拓宽了浙江农户分散小经营融入现代大生产的渠道。

第五,科技特派员制度,特就特在"因地派人",加快促进了浙江农村"一村一品、一镇一韵"的发展格局。农村发展不是千村一面,科技服务也不能千篇一律。15年来,全省广大科技特派员八仙过海、各显神通,用自己的专业特长和独门绝技积极培育、壮大当地的特色产业,使"茶叶之村""竹子之乡""红糖之镇""柑橘之县"遍布全省、各具风采、别有韵味。

归根结底,这些体会可以概括为一句话:科技特派员制度凝结着习近平总书记对"三农"工作的深邃思考和实践探索,是浙江做好"三农"工作的金钥匙,是习近平总书记留给浙江的宝贵财富,具有历久弥新的时代价值和影响深远的实践意义。我们必须倍加珍惜、用足用好、发扬光大。

当前,全省上下正自觉践行习近平总书记赋予浙江的"干在实处永无止境,走在前列要谋新篇,勇立潮头方显担当"新期望,奋力推进"八八战略"再深化、改革开放再出发,朝着"两个高水平"建设的奋斗目标阔步前行。今日之浙江,农业科技事业迎来了大发展的好时代,也为科技特派员大展身手提供了大舞台。我们要认真贯彻习近平总书记关于科技创新的重要论述,把坚持发展科技特派员制度作为坚定不移沿着"八八战略"指引的路子走下去的应有之义,进一步总结经验、完善机制,乘势而上、再谱新篇,努力开创新时代科技特派员工作新局面。具体来说,就是要做到"四个突出":

一要突出供需精准契合,把最优秀的科技人员选派到最需要的地方去。好钢用在刀刃上,科技特派员也要用在基层群众的急需处。选得精、派得准,是做好科技特派员工作的前提。只有坚持群众需要什么、地方需要什么、产业需要什么,就选派什么样的科技人员,这样才能把科技特派员的作用真正发挥出来。要坚持"个人自愿、双向选择"的原则,公开科技特派员专长特长、基层科技服务需求等信息,让群众可以自己选科技特派员,科技特派员可以根据自身意愿选择服务点。要进一步拓宽选派视野,打破专业、身份、地域等各种界限,不仅要从涉农高校科研院所中选,而且要到全省所有高校科研院所中选;不仅要选择涉农专业的科技人员,而且也要选择电子商务、创意设计、市场营销等领域的专业人才;不仅要在省内选,而且也可以在全国乃至全世界选,真正把那些有情怀、有能力的精兵强将选派下去。

二要突出政策鼓励、市场激励相结合,让科技特派员名利双收。我们对科技特派员既要讲奉献,也要讲激励。只有让科技特派员政治上有地位、经济上得实惠、社会上受尊重,才能吸引更多的优秀人才加入进来、留得下来、干得下去。要继续用好政策鼓励的指挥棒,对科技特派员拿出看得见、摸得着的鼓励措施,特别是要在工作经费、福利待遇、职称评定等方面给予倾斜,把基层导向、实干导向鲜明地树立起来。同时,要充分发挥市场机制的激励作用，改变以往过多强调科技公益性扶持和无偿服务的做法，加快推进科技特派员分配收益制度改革，鼓励科研人员通过技术入股、知识产权入股、领办创办企业等方式，与服务对象结成利益共同体，让科技特派员付出越多、得到越多，成果越大、收益越大。

三要突出嫁接推广融合，推动科技特派员制度在我省多领域、全区域落地生根。这些年，我们省一些地方积极创造条件，推动科技特派员制度由农业领域向工业领域拓展，科技特派员也逐渐成了不少企业的“活财神”。这说明，科技特派员制度这棵农村沃土里成长起来的大树，也可以嫁接、移植到我省各领域、各地方去。要结合各地实际情况，积极探索新型科技特派员跨界、跨区域服务模式，加快服务领域向产前、产中、产后全面拓展，向生产、生活、生态全面拓展，向农业、工业、服务业全面拓展，使我省各个地方、各个行业都能分享科技特派员制度的红利。特别是要充分发挥科技特派员的虹吸效应，牵引更多生产要素向基层集聚；充分发挥科技特派员的催化作用，加速生产要素聚变为现实生产力。

四要突出力量整合，形成齐抓共管科技特派员工作的良好格局。科技特派员与农村工作指导员、农村第一书记、大学生村官等一道，都是我们党在基层的重要工作力量。各级党委、政府要把科技特派员工作作为抓基层、打基础的重要抓手，通盘考虑、一体谋划、联动推进，及时研究解决科技特派员工作中的新情况、新问题，为广大科技特派员开展工作创造良好环境。特别是，派驻地党委、政府要把科技特派员当自己人，安排有能力的科技特派员到相关岗位挂职，安排团队科技特派员首席专家列席相关会议，邀请科技特派员参加农业农村发展方面的专题研讨会，认真听取科技特派员关于乡村振兴等方面的意见建议，把科技特派员的真知灼见吸纳到党委、政府的相关决策中来。

最后我还想说的是，科技特派员们的工作很辛苦，有的放弃城里舒适生活长年累月驻扎在海岛、山区，有的天天和蔬菜大棚、养殖大棚打交道，有的大热天还要在田间地头工作、台风洪水来时还要冲到一线帮农民抗灾减灾。对大家的付出和牺牲，省委、省政府都是看在眼里的，也是记挂在心上的。省委、省政府将一如既往地在政治上、工作上、生活上关心支持科技特派员队伍，让广大科技特派员舒心干工作、安心扎基层。也希望广大科技特派员珍惜历史机遇、担当时代重任，把自己的事业抱负、科技专长同经济发展、社会进步、人民幸福更加紧密结合起来，真正“把论文写在大地上、把科技送到基层去”，努力在“两个高水平”建设中再创佳绩、再立新功。

2018年浙江省科技创新工作基本情况

2018年以来，全省科技系统坚持以习近平新时代中国特色社会主义思想为指引，深入贯彻习近平总书记对浙江工作重要指示精神，省委十四届三次、四次全会等重要会议精神，以"'八八战略'再深化、改革开放再出发"为主线，以"大学习、大调研、大抓落实"活动为抓手，以打造"产学研用金、才政介美云"十联动创新创业生态系统为目标，坚持"四个强省"工作导向，深入实施创新驱动发展战略，为高质量发展提供了有力支撑。全省实现高新技术产业增加值7542.85亿元，同比增长9.4%，增速高于规模以上工业2.1个百分点，对规模以上工业增长的贡献率达70.4%；高新技术产业新产品产值18469亿元，同比增长18%，新产品产值率达54.7%，高于规模以上工业18.3个百分点，体现了高质量发展的要求；高新技术产业投资增长22.6%（全年目标10%）；新认定高新技术企业3187家，累计达14649家；新认定科技型中小微企业10539家，累计达50898家；技术交易总额达到989.33亿元。

一、坚持和加强党对科技创新工作的全面领导

（一）深入学习贯彻习近平新时代中国特色社会主义思想

研究制定厅工作和议事规则，共召开党组理论学习中心组（扩大）会30次，确保上级重要会议精神和重大决策部署在厅系统第一时间得到贯彻落实。组织厅系统全部98名处级干部参加党的十九大精神集中轮训班，通过科技学堂、"三会一课"、主题党日活动、"创新微党课"等形式，推进"两学一做"学习教育常态化制度化，举办"科技学堂"9期。

（二）深化"大学习、大调研、大抓落实"活动

根据省委"大学习、大调研、大抓落实"和省政府"强谋划、强执行，提高行政质量、行政效率、政府公信力"要求，在全省科技系统开展"读、访、创"活动和"科技双服务"行动，梳理"三创"成果案例26项，遴选报送省直机关工委11项。

（三）持之以恒推进全面从严治党

制定实施《关于推进省科技厅系统清廉建设的实施办法》，修订并层层签订《党风廉政建设和意识形态工作责任书》，坚持季度分析党风廉政建设和意识形态工作，以清单式、销号制压紧压实管党治党责任。坚持正风肃纪高压态势，在春节、中秋、国庆等节假日前夕发布警示通知，做到"逢节必提、逢节必查"。开展违反中央八项规定精神、私设小金库、违规发放津补贴、办公用房超标、违规兼职取酬等问题的自查自纠和整改落实，严格防止"违规发放津补贴、办公用房超标"。按省委统一部署，扎实开展机构改革工作，做好人员转隶、"三定"编制、办公用房调整等工作，严格遵守中央和省

委关于机构改革的各项纪律，做到思想不乱、工作不断、队伍不散。树立重担当重实干的鲜明用人导向，做好干部选拔任用和考核评价工作，激励干部新时代新担当新作为。

二、科技创新顶层设计和体制改革不断加强

(一)科技创新的顶层设计不断完善

研究制定“科技新政 50 条”，明确打造“互联网 +”和生命健康两大科技创新高地的总目标，提出“五倍增、五提高”的科技创新预期目标，着力构建“产学研用金、才政介美云”十联动的创新创业生态系统。认真研究全省贯彻落实党中央、国务院关于加强基础研究，加强科研诚信建设，深化项目评审、人才评价、机构评估“三评”改革，优化科研管理提升科研绩效、深化科技奖励制度改革等文件的实施意见，出台《关于深化浙江省重点研发计划改革的意见》，推进专家库的分级分层，着力解决科研项目“怎么选、谁来做、如何评价”的问题。

(二)以“最多跑一次”改革牵引的政府数字化转型扎实推进

制定实施“数字科技”建设方案，健全“网上办事大厅”功能，完善“浙政钉”和“浙里办”，在省级部门中率先实现掌上办公。进一步精简优化业务流程，减少申报表单字段 871 个，共享字段 572 个，为科研人员减少近 40% 的填报字段。规范统一全省科技系统 233 项群众和企业“最多跑一次”事项，其中省级“最多跑一次”事项全部实现网上办理和数据共享，并实现科技创新云服务平台与浙江政务服务网的统一身份认证、数据调用和“一证通办”。

(三)市县基层科技改革发展成效初显

“两市两县两区”全面创新改革试验区加快建设，杭州市高新技术企业培育、新昌县产学研协同创新、滨江区海内外高层次人才创业创新等改革经验加快推广。绍兴市、金华市获批开展国家级创新型城市建设，全省国家创新型试点城市累计达到 6 个。新获批 5 个国家创新型县(市)，占全国的 1/10。研究制定《关于推进县域创新驱动发展的实施意见》，坚持和完善市县党政领导科技进步目标责任制考核，突出创新强省建设等内容。

三、重大创新平台建设加快推进

(一)全力推进之江实验室建设

召开学术咨询委员会第一次会议、第一届理事会第二次会议，研究制订支持实验室建设的若干意见、三年行动计划等，凝练启动智能无障感知的芯片与系统、城市大脑等 5 个重大科研项目，立项启动 4 个重大科学装置，之江实验室园区正式开工，2018—2022 年省财政安排 100 亿元支持之江实验室发展，积极探索“一体两核多点”的体制机制优势。

(二)加快推进国家自创区建设

2 月 1 日，国务院批复同意建设宁波温州国家自主创新示范区，本省成为继广东之

后第2个拥有2个国家自主创新示范区的省份。省委、省政府隆重召开宁波温州国家自主创新示范区建设推进大会，印发实施《关于推进宁波温州国家自主创新示范区建设的若干意见》。

(三)积极推进杭州城西科创大走廊建设

认真做好杭州城西科创大走廊年度工作计划和重点工作任务的分解落实工作，研究起草推进大走廊建设的实施意见和专项资金管理办法，积极筹备第五次联席会议，大走廊继续保持高速、高质发展的良好态势。出台专项政策举措，大力支持西湖大学、北京航空航天大学杭州创新研究院加快发展。

(四)认真做好重大科学装置的谋划建设

支持浙江大学等加快建设超重力离心模拟与实验装置，积极推动组建国家数据智能技术创新中心，推进省部共建农产品质量安全国家重点实验室相关工作，认真做好CEPC-SPPC(环形正负电子对撞机—超级质子对撞机)项目落地我省的地质调查、电力供应等工作，密切关注工作进展。

四、高新产业发展稳中向好

(一)着力促进高新区提质增效

高新区的高新技术产业发展核心载体作用进一步凸显。全省39家高新区以仅占全省千分之二的土地，创造了全省1/4的工业增加值、1/3以上的高新技术产业产值，集聚了全省1/3以上的高新技术企业和1/10以上的科技型中小企业。1—12月，全省高新区的规上工业增加值达4450亿元，同比增长9.7%，对全省规模以上工业增加值的贡献率达37.5%；高新技术产业增加值达3243.23亿元，占全省高新技术产业的43%，引领全省产业结构优化贡献明显。台州、舟山、金华三个省级高新区升级国家高新区相关工作有序推进，积极做好杭州高新区的经验总结推广和“一区多园”模式的探索深化，指导有关地区积极创建省级高新区。

(二)联动推进产业创新服务综合体建设

调研指导市县制订产业创新服务综合体建设规划和方案，及时协调解决困难问题，省市县三级已启动建设131家，其中省级创建、培育类共65家。

(三)合力推进数字经济发展

贯彻落实省委、省政府关于实施数字经济“一号工程”的重大决策部署，编制《数字科技创新中心行动计划方案》，加快打造具有全球影响力的数字科技创新中心。深入实施《浙江省新一代人工智能发展规划》，牵头建立工作协调推进机制，明确任务分工，制定工作要点，主动设计和公开招标科技项目38项。

(四)加快完善科技企业培育机制

研究起草《科技企业培育“双倍增”行动计划(2018—2022年)》，量质并举加快科技型中小企业和高新技术企业发展。大力发展科技企业孵化器和众创空间，新认定省级孵化器 31 家、众创空间 99 家。注重发挥企业的创新主体作用，在智能网联及新能源汽车、先进制造及专用装备等领域，启动实施以企业为主体、联合高校院所开展科技攻关的省级重点研发计划项目 426 项。组织实施省自然科学基金重大项目 24 项。做强企业研发机构，推进省级重点企业研究院的问题整改，新培育省级企业研究院 246 家、省级高新技术企业研发中心 497 家。

五、成果转化和科技合作体系更加完善

（一）加快建设国家科技成果转移转化示范区

研究起草加快推进技术转移体系建设的若干意见、建设国家技术产权交易所方案、技术市场培育管理办法等，推进首批 32 家省级示范工程建设，积极开展科技大市场贯标工作，迭代建设网上技术市场 3.0 版，认真筹备网上技术市场活动周。浙江知识产权交易中心与省内外 28 家高校院所签订科技成果转化合作协议并进场交易，目前累计成交科技成果 1094 项、交易金额 3.87 亿元。创新完善科技成果竞拍等市场化转化机制，擦亮“浙江拍”品牌。省科技大市场组织成果竞拍 22 场，成交科技成果 476 项、金额 6.2 亿元，成交数和金额均创历年新高。

（二）加快推进国内外科技合作

与芬兰、奥地利、比利时签订科技合作备忘录，组织举办国际科研医疗设备技术交流展览会、第三届中国—中东欧创新合作大会、浙奥科技创新合作对接等活动，立项实施省“一带一路”科技合作专项、产业联合研发计划等项目，新建 12 家省级国际科技合作基地。出台《浙江省海外创新孵化中心建设与管理办法（试行）》，完成首批 7 家中心的绩效评价，新创建培育 11 家。召开浙江与清华大学深化省校科技合作座谈会，签署《深化省校合作 推动新时代创新驱动发展备忘录》。认真筹备与中国工程院的《省院共建中国工程科技发展战略浙江研究院合作协议》签署活动。研究起草引进大院名校共建高端创新载体的实施意见和支持浙江清华长三角研究院发展的政策意见与考核办法。

（三）科技军民融合积极推进

研究起草《中央军委科技委 浙江省人民政府科技军民融合发展战略合作框架协议》《浙江军民融合创新中心建设方案》，按照“一中心一小镇两基金三基地”模式，积极推进柔性电子技术（军民融合）协同创新中心建设。在航空航天、空间遥感、核电关联等领域，首次主动设计并立项实施 13 个军民融合省级重点研发计划项目，支持“军转民”“民参军”“军民共用”科技项目的研发与转化。成功举办国防科技动员建设成果展和 2018 中国浙江军民融合科技合作促进大会。

（四）推进长三角科技合作和对口支援

协同制定长三角科技合作三年行动计划推进方案，签署《长三角地区加快构建区域创新共同体战略合作协议》《长三角技术市场资源共享互融互通合作协议》《长三角地区知识产权一体化发展合作框架协议》，联合举办“首届长三角国际创新挑战赛”，成立 G60 科技市场联盟，启动建设长三角科技资源共享服务平台。认真做好科技援

疆、援藏、援青、援川、援吉、援黔、援鄂工作，制定实施《浙江省科技扶贫与对口援助工作方案》，不断完善科技对口支援机制。

六、科技支撑乡村振兴日益强化

（一）谋划制订创新驱动乡村振兴科技行动计划

确定农业科技创新能力提升等六大具体行动和相应的工作、政策、指标、评价体系，努力为乡村振兴提供高质量科技支撑。农业新品种选育扎实推进，完善育种专项运行管理体系，推进数据库和监管系统建设。蔬菜和水产育种工作成效明显，实现本省首次牵头承担国家良种重大科研联合攻关项目的突破。

（二）深化科技特派员和科技扶贫工作

认真做好科技特派员工作 15 周年总结表彰大会相关工作，制定科技特派员经费管理办法，启动科技特派员工作第三方评估考核，推进团队特派员和法人特派员管理制度的改革完善。主动对接磐安、景宁、龙游、常山等，全力做好扶贫结对科技下乡等工作。

（三）加强农业创新载体建设

做好农业科技园区、重点农业企业研究院和星创天地的创建，新创建培育省级农业科技园区 15 家、重点农业企业研究院 11 家、星创天地 34 家，新获批 2 家国家级农业科技园区。支持丽水市推进国家农业高新技术产业示范区创建。

（四）大力实施农业农村科技专项

在生态农业创新、智慧农业、现代农机装备、农产品质量安全等七大领域组织实施重点研发计划项目 98 项，着力提升农业科技创新水平。

七、科技惠民扎实推进

（一）深入实施科技助推蓝天保卫战行动

出台《科技创新助推蓝天保卫战若干意见》，研究制订《全面加强生态环境保护坚决打好污染防治攻坚战科技行动方案》，组建首席技术顾问团和百人专家库，赴基层开展技术指导服务。深入开展“五水共治”“三改一拆”、小城镇环境综合整治、垃圾分类等督查，加强节能减排、低碳环保等先进适用技术成果的推广应用，助力打好“碧水、蓝天、净土、清废”四场硬仗。

（二）大力推进重大医学研究计划

扎实推进首批 3 家省级临床医学研究中心建设，积极支持相关单位创建国家临床医学研究中心，新获批 3 家，新获批数居全国第二（仅次于北京），实现全省国家级临床医学研究中心“零”的突破。有序推进细胞治疗技术创新发展和医疗器械产业精准对接精准服务，启动实施国家重点研发计划“国产创新医疗设备区域应用示范”项目。在重大疾病诊治、新药创制、医疗器械与医工信结合等领域，主动设计实施重点研发计划项目 131 项，切实加强项目管理，着力提升社会发展领域科技创新能力。

（三）积极促进区域可持续发展和科技文化融合

启动首批省可持续发展创新示范区建设，新创建 5 家。建立省文化科技融合推进工作联席会议制度，组织申报创建国家文化和科技融合示范基地 3 个。

八、创新生态环境持续优化

（一）大力引进培育科技人才团队

贯彻落实《高水平建设人才强省行动纲要》，印发厅内分工方案，建立专家联系制度。印发实施《关于实行以增加知识价值为导向分配政策的实施意见》，切实激发科研人员的创新创业积极性。推进省领军型创新创业团队培育引进，新引进培育 25 个。做好科技部创新人才推进计划的审查评审和推荐工作，共入选中青年科技创新领军人才 14 名、科技创新创业人才 13 名、重点领域创新团队 2 个、创新人才培养示范基地 2 个，比上年有较大增长。

（二）推动落实普惠制创新政策

积极配合省人大开展“一法两条例”执法检查工作，推动“一法两条例”落实。加大创新政策落实与宣传培训力度，在全省各地举办培训班 20 场，培训 4400 人次，高新技术企业税收优惠、企业研发费加计扣除等政策得到进一步落实。大力推广应用创新券，上线运行创新券系统 2.0 版，推进创新券与上海、江苏、安徽的通用通兑。全省新发放创新券 11.3 亿元、使用 8 亿元，服务企业 3.5 万次。

（三）积极推进科技金融结合

加快推进省创新引领基金实质性运行，加强科技保险在全省和长三角的推广拓展，支持各地探索建立“贷款 + 保险保障 + 财政风险补偿”的专利权质押融资新模式。

（四）持续加强知识产权创造保护运用

实施专利质量提升和知识产权强企工程，推进市、县（市、区）、园区知识产权示范创强，启动首批 4 家省级知识产权服务业集聚发展示范区建设，新获批国家知识产权示范企业 16 家、优势企业 72 家，新认定省专利示范企业 154 家。深化打击假冒专利和电商领域专利保护专项行动，全国 25 个省、10 个市知识产权局加入协作执法网络。健全诉调对接、仲调对接机制，成立浙江知识产权仲裁调解中心。全力推进中国（浙江）知识产权保护中心建设。经过一年多的精心谋划和积极争取，2018 年 3 月国家知识产权局批复同意建设中国（浙江）知识产权保护中心，面向新一代信息技术和新能源产业，通过快速审查、快速确权、快速维权等机制，助力我省相关产业创新发展。

（五）营造浓厚的创新创业氛围

召开全省科技奖励大会，开展专利奖评选，高水平举办第七届中国创新创业大赛暨第五届浙江省“火炬杯”创新创业大赛、第三届中国创新挑战赛（浙江），全省各地开展丰富多彩的科技（科普）活动周、“全国科技工作者日”“4·26 知识产权宣传周”等活动，合力营造鼓励创新、包容失败的浓郁氛围。

2019年浙江科技创新工作重点

高举习近平新时代中国特色社会主义思想伟大旗帜，全面贯彻落实党中央、国务院和省委、省政府各项决策部署，按照“‘八八战略’再深化、改革开放再出发”总要求，持续深化“大学习、大调研、大抓落实”活动，牢固树立“四个强省”工作导向，聚焦“抓战略、抓规划、抓政策、抓服务”，以实施“科技新政”为主抓手，以“一强三高新十联动”（创新强省，高新企业、高新技术、高新平台，“产学研用金、才政介美云”十联动创新创业生态系统）为重点，加快打造“互联网+”和生命健康两大科技创新高地，努力为“两个高水平”建设提供有力科技支撑。

2019年力争全省R&D经费支出增长12%以上，占GDP的比重达2.6%；高新技术产业增加值6600亿元，增速高于规模以上工业2个百分点；高新技术产业投资增长10%；新增高新技术企业2000家、科技型中小企业6000家；技术市场交易额740亿元。重点推进八方面工作。

一、聚焦关键核心技术攻坚，实施科技创新“大项目”

（一）实施重大科技专项

围绕打造“互联网+”和生命健康两大科技创新高地，启动数字经济和生命健康2个重大科技专项，其中在以“城市大脑”为标志的大数据、时空技术、人工智能、工业互联网、新一代集成电路等“互联网+”领域，组织实施75项以上重大科技项目，其中人工智能领域50项以上。深入实施数字科技创新中心建设行动方案，加快打造具有全球影响力的数字科技创新中心。认真做好“省部会商”准备工作，签订新一轮会商议定书，积极争取国家资源支持。探索联合科技部共同组织实施人工智能、工业互联网、新药创制、传染病防治等国家科技重大专项，推动我省数字经济和生物医药产业竞争力整体提升。

（二）实施产业关键核心技术攻坚工程

突出数字经济“一号工程”，紧扣八大万亿产业发展和“10+1”传统产业升级改造的技术需求，在信息通讯、生物医药、新材料、新能源与节能、高端装备制造、农业新品种、生态环境保护与修复等前沿领域开展技术攻关，努力掌握一批事关我省产业竞争力的关键核心技术，推动产业转型升级。

（三）加强基础研究

瞄准世界科技前沿，聚焦国家战略，在信息科学、生命健康等前沿领域，组织实施一批重大基础研究专项，立项实施省自然科学基金重大项目25项。积极推动与国家自然科学基金委共同设立数字经济联合基金。

二、聚焦区域协同创新发展，谋划高新产业“大布局”

（一）优化高新技术产业平台布局

以“三廊两区”（“三廊”即杭州城西科创大走廊、G60科创走廊、宁波甬江科创大走廊，“两区”即杭州、宁波温州两个国家自主创新示范区）为重点，以“两市两县两区”全面创新改革试验区为引领，统筹杭州湾四新区（杭州江东新区、宁波前湾新区、绍兴滨海新区、湖州南太湖新区）、国家和省级高新区、高新技术特色小镇等，明确各区域创新发展定位，努力打造环杭州湾高新技术产业带。全年总结并复制推广5项以上“两市两县两区”全面创新改革成果。

（二）提升高新技术产业平台能级

按照“两个标志性”要求，加快杭州城西科创大走廊发展，推动紫金港科技城、未来科技城和青山湖科技城联动发展。会同嘉兴市、杭州市等研究编制G60科创走廊发展规划，着力打造长三角创新高地。高水平推进杭州和宁波温州两个国家自创区建设，推进两区突出特色、错位分工、一体化发展，加快先行先试形成可复制推广的经验和模式。推动高新区转型升级，支持“一区多园”建设，推动杭州国家高新区建设世界一流园区，支持台州、舟山、金华升级国家高新区，力争国家高新区设区市全覆盖。完善高新区评价机制，推进有条件的地区创建高新区，支持经济开发区、工业园区向高新区转型，力争工业大县省级高新区全覆盖。支持建设一批以高新技术为主导的特色小镇，引领高新技术在特色小镇的集聚发展。

（三）深入推进产业创新服务综合体建设

召开产业创新服务综合体建设工作推进会，研究制订加快产业创新服务综合体建设的政策意见。督促指导市县政府编制总体规划、出台专项政策、制订年度计划，并把市县综合体建设工作纳入年度市县党政领导科技进步目标责任制考核，压实市县主体责任。创新综合体运行管理机制，探索多元化创建模式，完善创新资源配置机制，强化目标导向的绩效考核和优胜劣汰，努力为广大中小企业创新发展提供全链条服务，打造“十联动”创新生态的生动样板。全年创建和培育省级产业创新服务综合体30家以上。

三、聚焦高端创新资源集聚，建设科技创新“大平台”

（一）加快之江实验室建设

认真贯彻之江实验室理事会第二次全体会议精神，印发实施加快之江实验室发展的政策意见，充分发挥理事会秘书处作用，加强与“一体两核”的协调配合，全力支持实验室实施重大项目、引进高端人才团队、谋划重大科学装置、推进园区建设，健全“一体两核多点”体制机制，积极争创国家实验室。

（二）加强科研条件建设

支持创新型领军企业打造国际顶级科研平台，推动组建国家数据智能技术创新中心，支持企业牵头，联合高校院所建立若干家浙江省技术创新中心。新建省级重点实验室(工程技术研究中心)30家左右,探索建设浙江省实验室。

(三)提升高校院所科技创新能力

以浙江大学、之江实验室、北京航空航天大学杭州创新研究院等为主体,加快建设超重力离心模拟与实验装置,积极筹建重大工程工业控制系统信息安全等大型实验装置。支持浙江大学、西湖大学等加快建设高水平研究型大学,提升重点高校科技创新能力。

(四)推进新型研发机构建设

研究制订支持新型研发机构建设的政策意见,鼓励知名高校、跨国公司、央企等在省内发起设立独立法人性质的新型研发机构。深入实施引进大院名校共建高端创新载体的政策意见,进一步加强与中国科学院、中国工程院、北京大学、清华大学、国防科技大学、北京航空航天大学等合作。支持浙江清华长三角研究院、中国科学院宁波材料技术与工程研究所、北京航空航天大学杭州创新研究院等建设成为具有国际先进水平的新型创新载体,积极推广“一院一园一基金”模式。

四、聚焦企业创新能力提升,培育科技企业“大主体”

(一)深化科技企业“双倍增”行动

积极发挥省中小企业发展专项资金作用,着力构建科技企业“微成长、小升高、高壮大”的梯次培育机制,培育壮大科技型企业队伍。全年新增高成长科技型中小企业1000家、创新型领军企业15家以上。积极做好国家科技型中小企业评价入库和技术先进型服务企业认定管理工作。做强企业研发力量,优化整合省级重点企业研究院、企业研究院、高新技术企业研发中心,推动规模以上工业企业研发活动、研发机构“全覆盖”。

(二)切实加强分类指导

对高新技术企业,重点支持“卡脖子”技术的解决和市场拓展问题,着力培育更多具有自主知识产权和核心竞争力的独角兽企业、隐形冠军企业。对科技型中小企业,在全省科技系统组织开展“百千万”专项行动,即百个产业创新服务综合体、千个人才团队,结对帮扶万家科技型中小企业,助力成长为高新技术企业。对微型科技企业,重点完善科技企业孵化器和众创空间服务功能,全年新认定省级以上科技企业孵化器10家以上,备案省级以上众创空间50家以上,推进创业孵化基地“双清零”行动,即力争省级以上高新区、国家级科技企业孵化器(国家级众创空间)全覆盖,各市、县(市、区)省级科技企业孵化器(省级众创空间)全覆盖。

(三)优化企业政策服务

大力宣传落实国家和省委、省政府出台的企业研发费加计扣除、高新技术企业税收优惠等创新政策。继续开展创新政策全省巡讲,全年培训15场、培训4000人次以上。深入推广普惠制创新券制度,进一步拓宽支持范围,优化服务流程,提高兑付比例,加快推进长三角区域通用通兑,切实降低中小微企业科技创新成本,全年新增创新券发放额3亿元,服务企业2万家次。

五、聚焦乡村振兴科技惠民，强化科技创新“大支撑”

（一）强化科技支撑乡村振兴

围绕农业供给侧结构性改革主线，以产业兴旺为主攻方向，深入贯彻《创新驱动乡村振兴科技行动计划》，全面启动“农业科技创新能力攀高、农业科技成果转化、农业高新技术产业培育、农村生态宜居支撑、农业农村富民强县、农村科技型人才培育”六大工程，全力支撑乡村振兴。贯彻落实科技特派员工作 15 周年总结表彰大会精神，及时总结“科技特派员 + 基地（协会）+ 农户”、科技特派员技术入股、科技特派员组团服务等经验，深化科技特派员管理制度改革，健全省级科技特派员工作联席会议制度，完善省市县联动管理机制，“双向选派”345 名省级科技特派员，启动以企业产业技术需求为导向的企业科技特派员选派工作。高质量推进国家和省级农业领域重大科技专项的布点布局，组织实施 100 项左右省级重点科技项目，加强农业科技成果转化和推广应用。加强农业创新平台载体建设，新建省级农业科技园区 4 家、重点农业企业研究院 6 家、星创天地 10 家，启动省级农业高新技术产业示范区建设，支持符合条件的地区争创国家级农业高新技术产业示范区。完善农业科技创新政策体系，研究起草或修订农业新品种选育专项经费管理办法、农业高新技术产业示范区实施办法等政策，着力构建更有效、更科学、更具活力的农业科技创新机制。打好科技扶贫脱贫攻坚战，协同做好扶贫规划编制、工作任务分解、科技项目经费安排等工作，积极开展“送科技下乡”等活动，安排 10 个重点研发项目支持 26 县发展特色优势农业。

（二）强化科技支撑民生改善

聚焦打造生命健康科技创新高地，调研提出切实可行的目标任务、重点工作和时间表、路线图。谋划实施生命科学与生物医药重大科技专项，落实责任制，加强全过程服务监管，着力提升项目绩效。加快推进国家临床医学研究中心建设，力争集聚更多全国优质临床医学资源和人才团队，造福全省人民。指导推进首批省临床医学研究中心建设，开展第二批建设，努力在重大、高发疾病领域实现基本覆盖，加快临床医学研究中心协同创新网络向县域发展。系统推进细胞治疗技术研究，持续推进医疗器械产业精准对接精准服务，做好国产创新医疗器械产品的示范应用。发挥好科技专家组对地方“五水共治”、蓝天保卫战的指导服务作用，加速治水、治气先进技术成果的推广应用，助力打好污染防治攻坚战。认真践行“两山”理念，加强对首批省可持续发展创新示范区的服务指导，指导创建第二批 3 家。

六、聚焦创新创业活力激发，深化科技体制“大改革”

（一）深化科研管理改革

聚焦解决科研项目“怎么选、谁来做、如何评价”问题，深化“三评”改革，着力“把创新主体的活力激发出来，把创新主体的责任挺在前头”。优化重点研发计划立项和组织实施方式，完善省级科技计划（专项、基金）设置与布局，明确项目承担单位主体责任，逐步形成政府部门立项、承担单位实施、专业机构评估的全程精细化、专业化、透明化管理体制。省重大科技专项和领军型创新创业团队推行首席专家负责制，赋予技术路线决定权和人财物支配权。深化省属科研院所管理体制改革,推进省水科院改革试点,力争实现人财物统一管理。

(二)优化科研管理提升科研绩效

简化科研项目申报和过程管理,健全分级责任担当机制,强化科研项目绩效评价,以“双随机”方式开展项目实施和经费使用监督检查,提高财政科技经费使用绩效。完善省市县一体的科技项目管理系统,整合省自然科学基金项目管理系统,争取与科技部和国家自然科学基金委实现数据共享,着力打破数据孤岛。

(三)完善科技奖励和科研诚信制度

修订《浙江省科学技术奖励办法》《浙江省科学技术奖励办法实施细则》,实行提名制,提高科技奖励标准。完善科研诚信管理工作机制和责任体系,建立完善科研诚信信息系统,加强科研诚信教育和科研活动全流程诚信管理,对信用情况好的单位和个人,在科技项目和经费管理上给予更多自主立项权和管理权,对严重违背科研诚信要求的行为依法依规实行终身追究。大力倡导科学家精神和企业家精神,打造浙江科技文化。

七、聚焦创新要素优化配置,打造创新创业“大生态”

(一)引进培育创新人才

贯彻落实“人才新政25条”“人才强省行动纲要33条”、引进外国人才实施意见等,突出“高精尖缺”导向,做好国家和省“千人计划”“万人计划”、国家创新人才推进计划、省领军型创新创业团队、省“151人才工程”等重大人才计划有关工作,研究制(修)订省领军型创新创业团队引进培育计划实施细则、省外国专家工作站实施办法、外国人才表彰制度等,推进绍兴柯桥“高端外国人才创新集聚区”建设,推动一批能级高、专业化服务功能强的外国人才科技创新平台落地。全年新培育20个省领军型创新创业团队,引进各类海外工程师150名左右。

(二)推进国家科技成果转移转化示范区建设

加快打造中国浙江网上技术市场3.0版,大力推进科技大市场运营服务规范贯标,积极争取设立浙江技术产权交易所,以市场化和国际化要求不断创新科技成果交易模式,打响“浙江拍”品牌,加快构建省市县联动、线上线下融合的科技大市场体系。

(三)深化国内外科技合作

制定实施“一带一路”科技合作全球精准对接行动计划,精准对接全球创新资源,深化与“一带一路”、欧美日等重点国家和地区的交流合作,推动建立政府间科技合作关系,实施好省“一带一路”科技合作、国际联合产业研发计划等项目,推进研发与管理的国际化。加强海外创新孵化中心和国际科技合作基地等的建设发展和统一管理,推动各类载体平台加强与基层、企业的对接合作,助推国际技术、项目和人才落地转化。充分利用长三角区域优质创新资源,共建共享高端科研装置平台,优势互补承接国家战略任务和开展科技攻坚,加快建设长三角科技资源共享服务平台,共建“全球技术交易市场”,联合举办长三角国际创新挑战赛,加快打造长三角区域科技创新共同体。

（四）加强科技军民融合

实施好与军委科技委的战略合作协议，建立健全军地协调机制。以“军转民”“民参军”方式，鼓励企业与军工大企业、军校大院所、军队大后勤加强产业对接和配套协作，提升军民融合科技创新能力。充分发挥省科技大市场、两用技术应用中心等作用，搭建军民融合科技服务平台，支持浙江大学、浙江清华长三角研究院等做强军民融合协同创新平台。加快建设一批军民融合高新产业基地，推动培育一批军民融合高新特色小镇，争取建立国家级军民融合协同创新平台。

（五）促进科技金融深度融合

实施好省创新引领基金，引导社会资本设立科技“大基金”，投资重大创新项目和创新型企业，积极争取国家科技成果转化引导基金在我省设立子基金。推动创业风险投资、多层次资本市场与科技企业对接，探索政府基金与社会资本合作成立天使投资基金。

（六）深化以“最多跑一次”改革为牵引的政府数字化转型

大力推进省市县一体的“科技大脑”建设，重点建好科技创新云服务平台、科技政务协同办公平台、创新驱动高质量发展决策支撑平台、科技部门数据仓，完善“浙政钉”和“浙里办”，推进“只填一张表”行动，加快科技业务流程再造和公共数据共享。深化“最多跑一次”改革，完善《科技系统省市县三级群众和企业到政府办事事项指导目录》，实现动态管理。

八、聚焦全面从严治党，筑牢科技事业发展“大保障”

（一）把政治建设摆在首位

坚决维护习近平总书记在党中央和全党的核心地位，坚决维护以习近平同志为核心的党中央权威和集中统一领导，牢固树立“四个意识”、坚定“四个自信”，严格遵守政治纪律和政治规矩，在政治立场、政治方向、政治原则、政治道路上同以习近平同志为核心的党中央保持高度一致，确保党中央、国务院和省委、省政府各项决策部署在科技系统及时得到全面贯彻落实。

（二）加强思想理论武装

深入学习贯彻习近平新时代中国特色社会主义思想，特别是关于科技创新的重要论述，努力在学懂弄通做实上下功夫。扎实推进“两学一做”学习教育常态化制度化，按部署开展“不忘初心、牢记使命”主题教育。持续深化“大学习、大调研、大抓落实”和“三服务”活动，树立正确政绩观，增强科技服务能力水平，服务好科研人员和科技企业。

（三）打造风清气正的政治生态

严格执行党内政治生活若干准则，严格落实“三会一课”、主题党日等政治生活和组织生活制度。深入实施党支部建设提升工程，切实提升基层组织的组织力。旗帜鲜明树立“担当作为”的选人用人导向，健全完善干部考核评价机制，加强优秀年轻干部培养，激励干部新时代新担当新作为。

（四）推进厅系统清廉建设

深入贯彻《关于推进省科技厅系统清廉建设的实施办法》，着力构建科技干部清正有为、科技管理清廉高效、科研生态清明公正、创新环境清朗惠民的生态体系。压紧压实全面从严治党和意识形态“两个责任”，全面落实党组主体责任、纪检监察机构监督责任和领导班子成员“一岗双责”，层层签订“个性化”的《党风廉政建设和意识形态工作责任书》。坚持作风建设永远在路上，严格执行中央八项规定精神和省委实施办法、《中国共产党纪律处分条例》，持之以恒纠正“四风”，特别是克服形式主义和官僚主义。深化运用监督执纪“四种形态”，坚持重要节点提醒，加强对立项评审、经费管理、成果评奖等重点领域的风险排查和防控，抓早抓小、防微杜渐，保持高压态势。

浙江省人民政府关于全面加快科技创新推动高质量发展的若干意见

浙政发〔2018〕43号

各市、县(市、区)人民政府,省政府直属各单位:

推动高质量发展必须深入实施创新驱动发展战略。为加快创新强省建设,着力构建“产学研用金、才政介美云”十联动创新创业生态系统,为“两个高水平”建设提供科技支撑,现提出如下意见。

一、总体要求

坚持把发展作为第一要务、创新作为第一动力、人才作为第一资源,牢固树立创新强省工作导向,聚焦聚力高质量竞争力现代化,创新引领,融合联动,精准高效实施撬动高质量发展的科技新政,大力推进以科技创新为核心、创新生态圈为基础的全面创新,为建设现代化经济体系提供战略支撑。

加快打造“互联网+”和生命健康两大世界科技创新高地,在以“城市大脑”为标志的大数据、人工智能、工业互联网、新一代集成电路等“互联网+”领域和以创新药物研发与精准医疗为标志的结构生物学、靶向药物、免疫与基因治疗等生命健康领域,掌握一批事关我省产业国际竞争力的关键核心技术。力争通过5年的努力,建成10个左右具有国际竞争力的高能级创新平台,取得100项左右国际先进的标志性科技成果,培育100家左右具有核心技术竞争力的创新型领军企业,形成创新主体高效协同、创新要素顺畅流动、创新资源优化配置的创新创业生态圈,数字经济、生物医药、新材料、航空航天、新能源汽车、高端装备制造、绿色石化等产业进入全球价值链中高端。

到2022年,主要科技创新指标实现“五倍增、五提高”,即全社会软投入达到6700亿元、高新技术企业达到2万家、科技型中小企业达到6万家、技术交易额达到1200亿元、PCT(专利合作条约)国际专利申请量达到3000件,比2017年翻一番;全社会R&D(研究与开发)经费支出占地区生产总值(GDP)比重达到3%,每万名从业人员中研发人数达到130人年,每万人发明专利拥有量达到25件,高新技术产业增加值占规模以上工业增加值比重高于50%,科技进步贡献率达到68%。科技创新成为实现高质量发展的强大动能,新经济成为推动高质量发展的主引擎,创新强省建设走在全国前列。

二、全面加快科技创新

(一)开展关键核心技术攻坚,支撑新经济快速发展

1. 加强基础研究。瞄准世界科技前沿,聚焦经济社会发展战略需求,实施5个以上重大基础研究专项。重点在信息科学领域的人工智能、大数据计算、智能感知计算认

知、脑机融合、集成电路、网络安全和量子计算等方向,生命健康领域的生物大分子结构学、脑科学、免疫与基因治疗、精准医疗等方向,以及新材料、先进制造等技术依赖度较高的科学领域,加强前沿基础理论研究布局,强化变革性、交叉性基础研究,实现前瞻性基础研究、引领性原创成果重大突破,取得一批具有全球影响力的重大基础研究成果。推动与国家自然科学基金共同设立数字经济联合基金。(责任单位:省科技厅)

2. 实施产业关键核心技术攻坚工程。紧扣新兴产业培育发展和传统产业改造提升的技术需求,按照产业链、创新链、资金链、政策链融合要求,创新攻关体制,实施15个以上重大科技专项。在信息通信、生物医药、新材料、新能源与节能、高端装备制造、农业新品种、生态环境保护与修复等前沿领域,掌握一批关键核心技术,开发一批战略创新产品。加快突破万亿级产业和汽车、五金、机械、石化等块状特色产业关键共性技术,推动产业转型升级。省财政5年投入省级重大科技专项60亿元以上,市县两级财政联动投入200亿元以上,带动全社会研发投入1000亿元以上。(责任单位:省科技厅、省经信厅、省财政厅,有关市、县〔市〕政府)

3. 启动数字经济、生命健康2个重大科技专项。以国家新一代人工智能开放创新平台"城市大脑"建设为核心,以创新药物研发与精准医疗为重点,促进基础研究、应用研究与产业化对接融通,推动数字经济和生物医药产业竞争力整体提升。每个专项确定10个左右主攻方向,产学研结合、省市县联动、滚动实施,省财政按照省重大科技专项政策每年给予每个主攻方向2000万元以上的支持。(责任单位:省科技厅、省财政厅,有关市、县〔市、区〕政府)

4. 推动关键核心技术融合应用创新。推进"城市大脑"在城市治理中的全面应用,加快智慧城市建设。推动人工智能、物联网、云计算、大数据等信息技术在农业、制造业和服务业的应用和融合创新。开展细胞治疗技术创新发展试点,支持在智能汽车、智慧医疗、数字农业、数字文化等的应用场景开展先行先试。支持杭州建设国际金融科技中心,做大做强金融科技产业,打造移动支付之省。(责任单位:省经信厅、省科技厅、省交通运输厅、省农业农村厅、省卫生健康委、省地方金融监管局、人行杭州中心支行、浙江银保监局筹备组,有关设区市政府)

5. 提升承接国家重大科技计划项目能力。对接国家战略,谋划新一轮中长期科技发展规划。争取与国家有关部委联合组织人工智能、工业互联网、新药创制、传染病防治等国家科技重大专项,探索科技投入和科技计划管理新机制,按规定予以足额经费支持。支持企业承担国家科技重大专项、重点研发计划等,按国家规定予以配套,项目申报前明确配套资金。实施长三角区域科技创新联合攻关,共同承接面向2030重大战略项目和国家科技重大专项。(责任单位:省科技厅、省发展改革委、省经信厅、省财政厅)

6. 加快建设具有全球影响力的数字科技创新中心和生物医药研发中心。汇聚全球科技资源、人才资源,支持龙头企业开展网络信息、人工智能、生命健康领域的基础理论和科学研究,建设具有国际先进水平的科学中心和研发平台。加快推进医药产业创新发展,争取国家药品审评审批改革试点,打造国内领先、国际有影响力的医药强省。到2022年,数字经济年增加值达到4万亿元,新一代信息通信技术产业增加值占数字经济核心产业的比重达到50%;20个以上创新药物获批临床研究或投放市场,建成一批年产值500亿元以上的产业集聚区和百亿级产业基地。(责任单位:省科技厅、省委人才办、省委网信办、省发展改革委、省经信厅、省商务厅、省卫生健康委、省市场监管局、省地方金融监管局)

（二）强化区域协同创新，打造湾区高新技术产业带

1. 高水平建设国家自主创新示范区。以杭州城西科创大走廊和杭州、临江国家高新区为核心，将杭州国家自主创新示范区打造成为“互联网+”科技创新中心；以宁波国家高新区为核心建设国际一流的新材料和智能制造创新中心，以温州国家高新区为核心建设具有全国影响力的生命健康创新中心和智能装备基地，并辐射带动台州市、舟山市，建设宁波温州国家自主创新示范区，打造民营经济创新创业新高地。主动融入长三角科技创新圈，谋划建设杭州江东新区、宁波前湾新区、绍兴滨海新区、湖州南太湖新区等新区，打造环杭州湾高新技术产业带。支持杭州、宁波、温州等市设立国家自主创新示范区创新发展专项基金，重点投资重大创新项目，对于符合条件的项目，省创新引领基金通过市场化方式予以倾斜支持。（责任单位：省科技厅、省财政厅，有关设区市政府）

2. 全力打造杭州城西科创大走廊。理顺杭州城西科创大走廊管理体制，明确责任分工。支持杭州紫金港科技城打造以科研及成果转化为核心、研发服务为支撑的新兴高能级板块，推动杭州未来科技城和青山湖科技城成为技术研发、企业孵化和成果转化基地，支持特色小镇建设，打造之江数字文化产业园。到2022年，力争集聚高水平科研院所100家、科创团队100个、高新技术企业1000家，战略性新兴产业产值比重达到70%以上，成为国家级科技创新策源地和重大科研基础设施集群区。（责任单位：省科技厅、省发展改革委，杭州市政府）

3. 加快G60科创走廊建设。支持杭州、湖州、嘉兴、绍兴、金华等市联合制定实施发展规划和支持举措，布局建设各具特色的高新区、科技城、特色小镇、产业园，打造以智能制造、航空航天、工业互联网、微电子、生物医药、新能源为特色的高新技术产业集聚带，推进长三角区域科技创新一体化发展，建设具有全国影响力的产业协同发展示范区。支持有关市、县（市、区）设立G60科创走廊建设专项基金，重点投资重大创新项目，对于符合条件的项目，省创新引领基金通过市场化方式予以支持。（责任单位：省科技厅、省发展改革委、省经信厅，有关设区市政府）

4. 加快宁波甬江科创大走廊建设。在新材料、智能制造、生命健康等重点领域取得一批具有自主知识产权的科技成果，培育一批占据全球高端制造业主导权的科技型企业，打造全球一流的新材料与制造领域产业技术创新基地。到2022年，在智能制造、新材料等领域建立30家左右省级以上重点研发机构、制造业创新中心、工程研究中心和工业设计中心，高新技术产业增加值比重达到60%以上。（责任单位：省科技厅、省发展改革委、省经信厅，宁波市政府）

5. 深化全面创新改革试验区建设。全面推进各项改革试点，持续推广县域创新发展的新昌经验和打造全国一流高新区的滨江经验。支持研发和人才“飞地”发展，“飞地”新引进落户高层次人才在子女入学等方面可以享受工作地居民同等待遇。选择衢州、丽水等地若干市县开展创新型城市（县、区）试点。到2022年，全省50%以上的设区市建成国家创新型城市，争取建设一批国家级县域创新型示范县（市）。（责任单位：省科技厅，有关设区市政府）

6. 推动高新区成为高新技术产业发展的核心载体。统一规划、标准，加强协同管理，支持“一区多园”建设，做大做强国家高新区。引导经济开发区、工业园区向省级高新园区转型，力争工业大县省级高新园区全覆盖，并确保质量。建立高新区发展评估制

度，对年度综合评估全国排名前50%的国家高新区、全省排名前5位的省级高新园区，在重点研发计划项目、创新团队、创新载体等方面给予每家2000万元以上的省级科技专项经费组合支持。建立省级高新园区退出机制。（责任单位：省科技厅，有关设区市政府）

7. 建设高新技术特色小镇。在国家高新区和省级高新园区择优规划建设一批以高新技术产业为主导的特色小镇。对每个获批的高新技术特色小镇，在重点研发计划项目、创新人才、创新载体等方面给予1000万元以上省级科技专项经费组合支持。到2022年，建成一批以高新技术产业为支柱、创新创业高度专业化、产业链与创新链高度融合的特色小镇，形成一批全国有影响力的科技强镇。（责任单位：省科技厅、省发展改革委，有关市、县〔市、区〕政府）

8. 实施科技支撑乡村振兴战略行动。推动农业农村领域科技研发、产业基地、人才队伍一体化发展，创新驱动乡村振兴。加快培育农业高新技术产业，建设一批重点农业企业研究院和农业科技园区。深入实施科技特派员制度，鼓励科技特派员创办农业科技企业和星创天地，加快农业科技成果推广应用。（责任单位：省科技厅、省农业农村厅、省林业局）

（三）打造高能级创新载体，集聚高端创新资源

1. 加快之江实验室建设与发展。制定之江实验室建设发展的若干意见，完善"一体两核多点"新型研发机构体制机制，争创国家实验室。建设人工智能研究院和未来网络技术研究院，在智能云、工业物联网、大脑观测及脑机融合等领域谋划建设若干重大科研基础设施。建立省市区三级联动的财政保障机制，2018—2022年省财政安排100亿元支持之江实验室建设（含购建大科学装置）。（责任单位：省科技厅、省发展改革委、省财政厅，杭州市政府）

2. 支持创新型领军企业打造顶级科研机构。引导企业在大数据、量子计算、芯片技术、生命科学、创新药物等领域突破一批关键核心技术，在数字经济、生命健康等产业领域跻身全球领先地位。推动组建国家数据智能技术创新中心，形成辐射带动产业发展的技术创新网络。加快培育发展面向市场的新型研发机构，符合划拨用地目录的，建设用地可采用划拨方式供地，市县根据其研发经费支出可给予不超过20%的财政补助。（责任单位：省科技厅、省财政厅、省自然资源厅，杭州市政府）

3. 加快建设大科学装置及试验基础设施。建设超重力离心模拟与实验装置，筹建重大工程工业控制系统信息安全大型实验装置等重大科技基础设施（装置）项目。到2022年，力争建成2个以上大科学装置。推动长三角区域国家实验室等高水平创新平台共建共享，促进重大科技基础设施集群融合发展，合力参与国际或国家大科学计划。（责任单位：省发展改革委、省科技厅，有关设区市政府）

4. 支持浙江大学加快建设世界一流大学。瞄准国家战略目标和国际学术前沿，面向未来科技、产业和社会重大需求，建设具有引领作用的跨学科、大协同的创新基地。聚焦生命科学、信息科学、物质科学的交叉融合，围绕脑科学与人工智能、生命调控与医药健康、生物技术与绿色智慧农业、纳米科技与功能材料等重点领域，集聚全球顶尖学者和创新人才，打造享有世界声誉的顶尖科技创新中心和杰出人才培养基地。（责任单位：省教育厅、省发展改革委、省科技厅、省财政厅，有关设区市政府）

5. 支持西湖大学加快建设高水平研究型大学。集聚顶尖人才，建设重大科研基础设施，努力打造具有全球影响力的生命科学等研究中心。鼓励在生命科学、理学、工学

等领域参与各类科技计划,对于符合条件的,在基础公益研究、重点研发、创新团队、创新载体等方面给予竞争性立项支持。(责任单位:省教育厅、省科技厅、省财政厅,杭州市政府)

6. 实施高校创新能力提升工程。推进有关高校一流学科建设,扶持省重点建设高校创建国内一流大学,加强数字经济、生物医药等相关优势特色学科建设,力争一批学科进入国内前列、世界一流行列。引导高校加强科研管理制度创新,加大对自主开展科学研究的稳定支持力度。支持跨学科团队合作和集智创新。(责任单位:省教育厅、省科技厅、省财政厅,有关设区市政府)

7. 引进大院名校共建创新载体。支持引进建设具有先进水平的新型创新载体。鼓励国内外知名企业、高校、科研院所在我省设立研发机构和研发总部,从事竞争前技术研发,对于符合条件的,省财政给予最高3000万元支持。发挥地方政府和高校的积极性,争取20所左右国内外著名高校来浙办学。(责任单位:省科技厅、省教育厅、省财政厅、省国资委,有关设区市政府)

8. 加快国家级重大创新载体建设。支持企业建设高水平研发机构,统筹优化省级重点实验室,提升各类科技创新基地创新能力和活力。对我省企业新获批牵头承担国家级重大创新载体建设任务的,省财政给予最高3000万元支持;对事业单位等其他主体新获批的国家级重大创新载体,采取"一事一议"方式给予支持。到2022年,我省国家级重大创新载体达到40家左右。(责任单位:省科技厅、省发展改革委、省经信厅、省教育厅、省财政厅、省卫生健康委,有关市、县〔市、区〕政府)

(四)强化企业主体地位,全面提升企业创新能力

1. 实施科技企业"双倍增"行动。省中小企业发展等相关专项资金要加大对科技型中小企业扶持力度,加快培育高新技术企业。实施高新技术产业地方税收收入增量返还奖励政策,经国家认定的高新技术企业的企业所得税(地方部分)增收上缴省当年增量部分,全额返还所在市、县(市)。建立科技型企业数据库和高新技术企业后备库,有条件的地方对企业入库、成长为高新技术企业的可分别给予20万元以上的财政奖励。(责任单位:省科技厅、省经信厅、省财政厅、浙江省税务局,有关市、县〔市〕政府)

2. 实施企业技术创新赶超工程。引导龙头骨干企业主动对标全球领先企业,建立对标指标体系,强化核心技术研发,努力成为全球细分领域的领军者。深入实施"中国制造2025"浙江行动和"凤凰行动""雄鹰行动""雏鹰行动",加快传统产业高技术化,培育一批高成长科技型企业,支持其境内外上市。鼓励科技型企业上市和并购重组中引入保险机制。到2022年,力争培育数字经济上市企业150家,重点支持100家骨干高新技术企业成为创新型领军企业,上市的高新技术企业占全省上市公司的比重达到60%以上。(责任单位:省地方金融监管局、省经信厅、省科技厅、浙江银保监局筹备组、浙江证监局,有关设区市政府)

3. 推动规模以上工业企业研发活动、研发机构、发明专利全覆盖。推进省级重点企业研究院扩面提质,实行事前资助与事后补助相结合的经费支持方式。对于新获批建设省级重点企业研究院的企业,省财政对其研发项目按照省级重点企业研究院建设与管理办法给予支持。完善企业研发机构管理体系,到2022年,新增国家级企业技术中心30家左右、省级重点企业研究院50家左右。(责任单位:省科技厅、省经信厅、省财政厅)

4. 加强科技创新开放合作。开辟多元化科技合作渠道,发挥科技创新在我省参与

"一带一路"建设中的引领和支撑作用，全面提升科技创新合作的层次和水平。鼓励有条件的机构和有实力的龙头企业建设海外研发中心、海外创新孵化中心，到 2022 年力争达到 100 家，对创建工作成效显著的单位，按规定分类给予支持。（责任单位：省科技厅、省委人才办、省财政厅、省人力社保厅、省商务厅、省科协）

5. 发挥企业转化科技成果的主体作用。以吸引大院名校科技成果来浙转移转化为重点，省市县联动、多元化资金支持，激励企业牵头实施重大科技成果产业化，各级政府创新创业专项基金通过市场化方式予以支持。鼓励企业和社会资本建设为科技型中小企业提供技术集成、熟化和工程化试验服务的开放型中试基地。建立发明专利产业化评价体系，实施与转化绩效挂钩的奖励制度，每年推动 2000 个授权发明专利产业化。（责任单位：省科技厅、省财政厅，有关市、县〔市、区〕政府）

6. 推进创新型重大产业项目落地建设。开展企业软投入统计调查，完善省重大产业项目申报及奖励管理办法，聚焦引领性的重点项目和人才团队，加大研发资金和人力资本投入。在产业项目审批中，将研发支出和人力资本等软投入视同固定资产投入，支持软投入达到 3000 万元的项目优先申报省重大产业项目。围绕制造强省产业发展重点，组织实施 100 项以上新兴产业示范项目。（责任单位：省发展改革委、省经信厅、省科技厅、省自然资源厅、省统计局）

7. 引导企业加大创新投入。全面落实研发费用税前加计扣除、高新技术企业所得税优惠等普惠政策，争取国家在我省开展相关政策试点，激励企业加大研发投入。引导企业规范研发项目管理。推行企业研发准备金制度，对符合加计扣除政策的研发支出，经审核后，市、县（市）可给予一定比例的财政补助，省财政对研发经费支出占主营业务收入比重排名前 500 位的规模以上工业企业给予奖励。国有企业当年研发投入可以在经营业绩考核中视同利润。（责任单位：省科技厅、省财政厅、省国资委、浙江省税务局，有关市、县〔市〕政府）

8. 深化完善科技创新券制度。建设长三角区域科技资源开放共享平台，推进科技创新券长三角区域范围内通用通兑，拓宽科技创新券用途。省财政对提供服务的省级创新载体，按照政策支持范围内上年度实际兑付总额给予不超过 30% 的补助。到 2022 年，新增发放科技创新券 15 亿元，服务企业 5 万家次。（责任单位：省科技厅、省财政厅）

9. 完善创新产品政府采购政策。制定符合国际规则的创新产品推荐目录，落实和完善政府采购促进中小企业创新发展的相关措施，加大创新产品和服务的采购力度。逐步推行科技应用示范项目与政府首购相结合的模式，促进创新产品的研发和规模化应用。对符合国家首台（套）重大技术装备推广应用指导目录的工业企业产品，在实现首台（套）销售后，市县可视财力情况对首台（套）产品给予奖励。（责任单位：省财政厅、省经信厅、省科技厅）

10. 实施专利和标准国际化战略。完善专利资助政策，激励企业知识产权创造和运用。对企业首件国内发明专利授权的申请费和代理费，企业所在地市县财政可给予一定奖励。加强专利的海外布局，对通过 PCT 途径向国外申请专利的企业，省财政给予每件专利申请不超过 1 万元的费用补助。加大科技计划对关键技术标准研制的支持力度，加强优势特色产业和战略性新兴产业领域国际标准研制的前瞻布局，鼓励优势企业参与研制国际标准，推动自主知识产权标准成为国际标准。（责任单位：省市场监管局、省科技厅、省财政厅）

（五）深化科技体制改革，激发全社会创新活力

1. 深化项目评审、人才评价、机构评估改革。实施分类评价制度。改革重大科技专项、重点研发计划项目立项和组织实施方式，从过程管理向效果管理转变。科学设定人才评价指标，推行代表作评价制度，注重个人评价、团队评价和同行评价相结合。建立科研事业单位中长期绩效评价制度，充分发挥绩效评价在财政拨款、科技计划项目立项、科技人才推荐、绩效工资总量核定等方面的激励约束作用。（责任单位：省科技厅、省委人才办、省人力社保厅）

2. 优化科研管理，提升科研绩效。简化科研项目申报和过程管理，完善分级责任担当机制，强化科研项目绩效评价。推行省重大科技专项和领军型创新创业团队项目首席专家负责制，赋予科研人员更大的人财物自主支配权和技术路线决策权。推进科技计划体系改革，建立公开统一的科技计划管理平台，逐步形成政府部门立项、承担单位实施、专业机构评估的全程精细化、专业化、透明化科技计划管理体制。省级科技计划项目一般采取公开竞争的方式择优遴选承担单位，对聚焦关键核心技术攻坚的重点或重大科技计划项目，可采取定向择优或定向委托等方式确定承担单位，强化成果导向。（责任单位：省科技厅、省财政厅）

3. 深化科研院所分类改革。以建设一流科研院所为目标，理顺省属科研院所领导体制和管理体制，开展省属科研院所中长期绩效评价改革试点，对绩效显著的科研院所在科研条件、科研项目、绩效工资等方面给予优先支持。加大省属公益类科研院所稳定支持力度，推动应用类、转制类科研院所向科技集团发展。（责任单位：省科技厅、省委编办、省财政厅、省人力社保厅）

4. 深化科技成果转化机制改革。实施以增加知识价值为导向的分配政策，下放科技成果使用、处置和收益权，落实职务科技成果转化现金和股份奖励的个人所得税优惠政策。探索赋予职务科技成果所有权或长期使用权，对完成科技成果作出重要贡献的人员可给予70%以上的权属奖励。完善高校、科研院所科研评价体系，将科技成果转化成效作为项目和人才评价的重要内容，到位经费达到一定规模的横向技术开发、技术转化项目视同省级科技计划体系项目。（责任单位：省科技厅、省教育厅、省财政厅、省人力社保厅、浙江省税务局）

5. 深化科技奖励制度改革。修订科技奖励办法，实行提名制，推行分级评审，优化科技奖励结构，提高科技奖励标准，增强科技人员荣誉感、责任感和使命感。（责任单位：省科技厅、省财政厅）

6. 加强科研诚信建设。完善科研诚信管理工作机制和责任体系，建立完善科研诚信信息系统，加强科研诚信教育和科研活动全流程诚信管理，教育引导广大科技工作者强化责任意识。对学术不端行为实行“零容忍”，依法依规对严重违背科研诚信要求行为实行终身追究。（责任单位：省科技厅、省教育厅、省科协、省社科联等，各设区市政府）

（六）统筹整合要素资源，构建创新创业生态系统

1. 构建“产学研用金、才政介美云”十联动创新创业生态系统。发挥体制机制优势，统筹政府、产业、高校、科研、金融、中介、用户等力量，整合技术、资金、人才、政策、环境、服务等要素，形成创新链、产业链、资金链、人才链、服务链闭环模式，打造创新人才、创业企业、创投资本、科技中介等创新创业群体的理想栖息地和价值实现地。（责任单位：省

科技厅、省委人才办、省发展改革委、省经信厅、省教育厅、省人力社保厅、省地方金融监管局等，各设区市政府）

2. 打造具有特色的十联动创新联合体。坚持政府引导、企业主体，高校、科研院所、行业协会以及专业机构参与，加快建设集创业孵化、研究开发、技术中试、成果推广等功能于一体的产业创新服务综合体。支持龙头企业整合高校、科研院所力量，建立专业领域技术创新联合体。到2022年，省市县三级建成300个产业创新服务综合体，其中省级产业创新服务综合体达到100个，实现块状经济和产业集群全覆盖；省财政5年投入30亿元以上，市县联动投入100亿元以上，引导社会资本投入300亿元以上。（责任单位：省科技厅、省发展改革委、省经信厅、省财政厅等，有关市、县〔市〕政府）

3. 推广校地合作模式。总结推广浙江清华长三角研究院"北斗七星"创新发展模式和"一园一院一基金"校地合作模式。全面深化产教融合，支持高校、科研院所到市县设立应用技术研究院，推广"企业出题，高校、科研院所解题，政府助题"等新型产学研合作模式，鼓励企业与高校联合培养专业技术人才和高技能人才。推进校（所）企联合共建重点实验室、工程技术中心等协同创新载体。（责任单位：省科技厅、省发展改革委、省经信厅、省教育厅、省财政厅，有关市、县〔市、区〕政府）

4. 建设全国一流的科技成果交易中心和面向全球的技术转移枢纽。推进国家科技成果转移转化示范区建设，构建省市县三级联动的科技成果转化体系，推广特色鲜明的科技成果转化模式。加快建设"互联网+"浙江科技大市场，打响"浙江拍"品牌。鼓励高校、科研院所建立具有法人资格的专业化技术转移机构，加快浙江知识产权交易中心建设，打造长三角区域技术市场共同体。（责任单位：省科技厅、省教育厅，有关设区市政府）

5. 加强军民科技协同创新能力建设。争取建立国家级军民融合协同创新平台，支持龙头骨干企业联合军工科研院所合作建设军民融合创新载体。对于承担军工科研项目的企业，有条件的市、县（市、区）可按照项目合同金额给予最高35%的资助。到2022年，引进和培育10个以上特色鲜明的军民融合科技协同创新平台及军民协同创新联盟，实施100项军民融合产业重大项目。（责任单位：省委军民融合办、省发展改革委、省经信厅、省科技厅）

6. 坚持金融资本、社会资本、政府基金有机结合构建科创金融体系。发挥钱塘江金融港湾金融资源集聚效应，扩大对科技型中小企业的服务范围和信贷规模。拓展贷款、保险、财政风险补偿捆绑的专利权、商标权等质押融资业务。完善政策性融资担保体系，为科技型中小微企业服务。落实创业投资企业和天使投资个人投资种子期、初创期科技型企业的税收优惠政策，扩大创业投资规模。省创新引领基金出资5亿元以上与社会资本合作设立天使投资基金，以阶段性参股形式支持初创企业的天使投资和科技型企业的风险投资。到2022年，全省创业投资资本规模达到2000亿元左右，成为国内领先的创业投资集聚地。（责任单位：人行杭州中心支行、省发展改革委、省经信厅、省科技厅、省财政厅、省市场监管局、省地方金融监管局、浙江省税务局、浙江银保监局筹备组，有关设区市政府）

7. 加快创新人才梯度化引进和培育。深入实施省"千人计划""万人计划""151人才工程"，加大力度引进和培育国际顶尖人才和高层次人才。有条件的市、县（市、区）可以设立人才专项基金，集聚支撑新经济新产业的高精尖缺人才。扩大省自然科学基金规模，加强青年人才战略储备，发挥青年科学家作用。鼓励企业采取股权期权激励、项目制奖励、岗位分红等市场化激励机制。到2022年，新引进和培育省领军型创新创业团队

100个以上,新遴选青年科技人员5000名,给予省自然科学基金启动研究项目支持。(责任单位:省委人才办、省科技厅、省财政厅、省人力社保厅)

8. 引导全社会加大研发投入。优化科技投入结构,把科技投入列为公共财政的支出重点,在年初预算安排和年度预算执行中的超收安排时予以重点保障。省级财政科技投入聚焦基础研究、应用基础研究和共性技术攻关,高校、科研院所科研经费聚焦原创能力建设,市县财政科技投入聚焦产业研发活动和科技成果转化,带动全社会加大研发投入。省财政5年安排600亿元左右,市县财政联动投入600亿元左右,引导金融资本、社会资金投入2900亿元左右,撬动全社会研发投入9000亿元左右。(省财政厅、省科技厅,各设区市政府)

9. 加快形成覆盖创新创业全链条的科技服务体系。大力发展技术经纪、知识产权、检验检测等第三方专业化服务,支持科技企业孵化器、大学科技园、众创空间等孵化机构为科技型中小企业提供创业辅导、企业融资、工业设计等社会化、市场化服务,并按照国家和省有关规定享受优惠政策。加快国家"双创"示范基地建设,支持大学科技园到市县设立创新创业基地。到2022年,引进和培育100家拥有知名品牌的科技服务机构,涌现一批新型科技服务业态,形成一批科技服务产业集群。(责任单位:省科技厅、省发展改革委、省经信厅、省市场监管局、浙江省税务局等)

10. 实行严格的知识产权保护制度。加快建设知识产权保护中心,建立查处知识产权侵权行为快速反应机制,加大侵权行为惩治力度,优化电子商务等领域知识产权保护环境。建立从申请到保护的全流程一体化知识产权维权制度,完善知识产权综合执法体系、多元化国际化纠纷解决体系。争取设立杭州知识产权法院。(责任单位:省市场监管局)

11. 加强知识产权综合管理和公共服务。建立重大经济活动知识产权审查评议制度,在重大产业规划、重大经济和科技项目等活动中开展知识产权评议试点。建设知识产权托管、评估、交易公共服务平台,引进和培育专业化、国际化的知识产权服务机构,建成1—2个具有全国影响力的国家知识产权服务业集聚发展示范区。加强知识产权国际合作交流,完善长三角地区知识产权合作机制。(责任单位:省市场监管局)

12. 营造创新创业最美环境。以"最多跑一次"改革为牵引,推动政府数字化转型、企业数字化运营和社会数字化治理,推进智能制造和企业上云,完善"政采云"政府采购服务平台,加快民生领域"互联网+"应用,打造"掌上办事之省""掌上办公之省"。制订提升全民科学文化素质行动计划,倡导科学家精神和企业家精神,营造尊重知识、尊重人才、鼓励创新、宽容失败的文化环境。创建国家可持续发展议程创新示范区,建设宜居宜业、宜创宜游的幸福美好家园。(责任单位:省发展改革委、省经信厅、省科技厅、省人力社保厅、省科协等,各设区市政府)

三、保障措施

(一)加强组织领导

将省科技体制和创新体系建设领导小组调整为省科技领导小组,省政府主要领导任组长,分管副省长任副组长,研究、审议全省科技发展战略、规划、重大政策、重大科技任务和重大项目,协调重大事项。建立市、县(市、区)政府一把手抓科技创新的工作机制,加强对科技创新工作的统筹协调、督促落实,形成各地、各部门联动推进创新改革、制定创新政策、建设创新平台、实施创新项目、引进和培育创新人才的工作体系，提升创新体系整体效能。

（二）强化政策协同

建立创新政策调查和评价制度，定期开展评价和清理工作，及时修订或废止有违创新规律、阻碍新产业和新业态发展的政策条款。强化科技、教育、财政、投资、土地、税收、人才、产业、金融、知识产权、政府采购、军民融合、审计等政策协同，形成目标一致、协作配合的政策合力，最大限度发挥各种支持政策的叠加效应。

（三）完善指标体系

按照创新强省建设总目标，聚焦全社会研发投入、高新技术产业发展、科技成果转移转化、科技企业培育、创新人才引进和培育、科技体制改革、创新环境营造等重点工作，将全社会软投入和 R&D 经费支出、高新技术企业数、科技型中小企业数、PCT 国际专利申请量、发明专利授权量、高新技术产业增加值、技术交易额、研发人员数作为设定各地年度科技创新工作目标任务的主要指标。建立定量与定性相结合的指标体系，细化落实主要目标和重点任务。

（四）严格考核督查

将全社会 R&D 经费支出作为科技进步目标责任制考核主要指标，对年度全社会 R&D 经费支出占 GDP 比重和财政科技投入增幅双下降的市、县（市、区），在考核时实行“一票否优”。进一步完善科技进步目标责任制考核办法，建立以科技创新基础能力、年度目标任务完成情况、创新性工作评价为主要内容的科技创新考核体系，营造勇于担当、敢于改革的浓厚氛围。

浙江省人民政府
2018 年 11 月 29 日

（此件公开发布）

浙江省加快培育发展新动能行动计划

浙政发〔2018〕20 号

为全面贯彻落实党的十九大和省第十四次党代会精神，推进创新强省建设，加快形成发展新动能，特制订本行动计划。

一、总体要求

高举习近平新时代中国特色社会主义思想伟大旗帜，坚定不移沿着“八八战略”指引的路子阔步前进，聚焦聚力高质量、竞争力、现代化，以重大创新为牵引、以数字经济为核心、以“双创”生态为关键、以大湾区为主战场、以平台项目为抓手，培育壮大经济发展新动能，加快新旧动能接续转换。力争到 2022 年，创新实力显著提升，新经济成为推动全省经济高质量发展的主引擎，建设全国新动能培育先行区，打造全球数字经济创新高地。到 2035 年，形成若干世界级新兴产业集群，成为具有全球重要影响力的创新创业高地。

（一）建设全国新动能培育先行区

到 2022 年，新经济增加值达到 2.5 万亿元，对全省经济增长的贡献率达到 50% 以上；“两化”融合发展水平指数达到 100 以上，规模以上工业企业全员劳动生产率年均增长 7% 左右，形成大企业“顶天立地”和科技型中小微企业“铺天盖地”的发展格局。

（二）打造全球数字经济创新高地

到 2022 年，全社会研发投入占地区生产总值比例达到 2.8% 以上，科技进步贡献率提高到 68%；建成一批具有国际影响力的数字经济研究中心和科创平台，重点领域创新水平居世界前列，构建起全球领先的数字经济体系。

二、主要任务

（一）实施科技能力突破工程

1. 推进之江实验室建设。聚焦未来网络计算、泛化人工智能、泛在信息安全、无障感知互联、智能制造与机器人等方向，形成一批具有国际影响力的重大技术成果。到 2022 年，网络信息、人工智能相关理论和技术取得重要成果，科技创新能力进入全球前列，成为全球领先的信息科学研究中心，争创国家实验室。（责任单位：省科技厅，杭州市政府）

2. 推进大科学装置建设。推进国家超重力离心模拟与实验装置建设工作，谋划启动新的重大科学基础设施项目。到 2022 年，力争建成 2 个大科学装置。（责任单位：省发展改革委、省科技厅，有关设区市政府）

3. 推进名校大院建设。支持浙江大学等加快“双一流”(世界一流大学和一流学科)建设,高水平建设西湖大学,实施重点高校创新能力提升工程,在四大都市区建设高水平、国际化的大院名校集聚区。到2022年,力争新引进20所国内外著名高校,新增建设10家世界一流的科研院所。(责任单位:省教育厅、省发展改革委、省财政厅、省科技厅,有关设区市政府)

4. 加快产业创新能力建设。加强产业关键共性技术、前沿引领技术、颠覆性技术等领域创新能力建设,不断提高科技公共服务能力。到2022年,通过省市县联动,力争建成1个国家产业创新中心、1个国家制造业创新中心、300个产业创新服务综合体。(责任单位:省发展改革委、省科技厅、省经信委、省财政厅)

5. 促进国际科技合作。深度参与“一带一路”科技合作,探索建立二十国集团(G20)国际技术转移中心。加强国际科技合作基地建设,鼓励园区、企业、高校院所等牵头建设海外创新孵化中心、国际合作联合实验室、海外研发中心等载体。到2022年,力争建成40家国际科技合作创新载体。(责任单位:省科技厅)

6. 实施重大科技专项。实施信息科学等前沿领域3个重大科技基础研究专项,力争取得一批重大原始创新成果,推进项目成果转移转化。实施新一代信息网络等15个重大科技攻关专项,形成一批核心关键技术,开发一批重大战略新产品。实施移动互联技术示范应用等7个重大科技示范应用专项,建立100个科技产业化应用示范点。(责任单位:省科技厅,有关设区市政府)

专栏1 重大科技专项

3个重大科技基础研究专项:信息科学领域部署网络空间安全主动防御、大数据计算两个方向;材料科学领域部署传感材料与器件、材料显微结构与性能表征研究两个方向;生命科学领域部署脑认知与脑机交互研究、干细胞与再生医学研究、作物品质形成和抗病毒研究三个方向。

15个重大科技攻关专项:人工智能及产业化、新一代集成电路关键技术及高端芯片、智能制造装备与智能测控部件、增材制造(3D打印)材料及控制部件、石墨烯应用及高性能产品、新型激光发生器与应用、生物基高分子材料、重大高发疾病精准医疗与新药创制、高端医疗装备与器械、智能农业装备、超大型船舶设计与制造、农业新品种选育、安全生态“三药”创制、渔场修复与海洋蓝色粮仓、健康营养食品制造与安全。

7个重大科技示范应用专项:基于第四代移动通信技术升级版/第五代移动通信技术(4G+/5G)的移动互联技术示范应用、人工智能应用示范、大数据智能示范应用、大功率新能源发电装备开发与示范应用、特色制造业智能制造示范应用、环保治理技术与装备示范应用、高效安全生态种养殖技术研发及示范应用。

(二)实施新经济领跑工程

1. 主攻数字经济。加快5G、物联网、互联网协议第6版(IPv6)等下一代信息基础设施在我省试验与推广建设,深入推进国家信息经济示范区建设,实施大数据等数字经济产业专项,推动数字经济和实体经济深度融合,建设国际领先的数字经济中心。到2022年,全省数字经济核心产业增加值达到10000亿元。(责任单位:省经信委、省发展改革委、省科技厅、省委宣传部、省委网信办,有关设区市政府)

专栏2　数字经济发展重点领域

大数据:开发一批具有国际竞争力的大数据处理、分析、可视化等软件和海量数据存储设备、大数据一体机等,丰富大数据应用终端设备和服务产品。

新一代人工智能:加快启动人工智能重大基础理论研究专项,超前布局类脑智能计算等基础研究,突破智能软硬件技术,加快人工智能在智能制造、智慧农业和消费服务领域的应用推广。

5G移动通信:推动5G技术研发,大力发展基于5G的移动智能终端、射频前端芯片、传输设备、光纤光缆等。

物联网:重点突破传感芯片、通信网络、终端设备、应用平台等关键技术,增强系统集成服务能力,带动数字安防、车联网等发展。

机器人:突破高精密减速器、高性能传感器、高档伺服电机、智能数控系统等关键技术,加快发展工业机器人、服务机器人和特种机器人。

集成电路:重点发展专用集成电路设计、制造、封装测试和配套产业,发展砷化镓/氮化镓有源射频集成电路,引进发展大尺寸生产线。

虚拟现实:加快发展虚拟现实/增强现实/混合现实(VR/AR/MR)技术,重点支持虚拟显示器件、光学器件、高性能真三维显示器、开发引擎等产品。

区块链:研发区块链底层技术、共识算法硬件、应用技术、应用服务等,推动区块链技术应用。

高端软件:支持基础软件、嵌入式软件快速发展,推动工业控制、信息安全、医疗卫生等行业软件向高端化、国际化发展。

数字海洋:大力发展海洋电子、海洋大数据、海洋通信等,构建海洋与渔业海陆通信网络及海洋与渔业一体化数据库。

数字文化:加强数字技术研发,重点发展数字生产技术、数字传播技术,加快发展网络文学、网络影视、动漫游戏、数字音乐、数字电视、数字教育等产业。

2. 做强生物经济。实施生物经济发展专项,加快基因工程等生物技术应用,加大生物产品开发,扶持评价检测、安全测试等公共技术平台建设,打造全国生物经济强省和健康产业大省。到2022年,力争全省生物经济增加值达到2000亿元。(责任单位:省发展改革委、省经信委、省卫生计生委、省科技厅、省农业厅、省食品药品监管局,有关设区市政府)

专栏3　生物经济发展重点领域

原创新药:加快发展创新化学药、具有自主知识产权的疫苗、生化试剂和基因工程药物等生物技术药物。

高端医疗装备:高精尖大型医疗设备、大型医学影像和诊断设备、先进治疗性设备等先进医疗器械,支持国家级、省级创新医疗器械发展。

植(介)入产品:加快植入型心律转复除颤器、可降解血管支架、人工瓣膜、骨及周围神经等修复材料、人工关节、人工角膜、人工晶体、人工耳蜗等植(介)入医疗器械新产品的创新和产业化。

智能诊疗:加快突破可穿戴智能医疗设备,发展智能医疗设备、软件、配套试剂和全方位远程医疗服务平台,打造智慧医疗新业态。

精准医疗：利用基因测序、影像、大数据分析等手段，在产前胎儿罕见病筛查、肿瘤、遗传性疾病等方面实现精准的预防、诊断和治疗。

生物农业：推进生物种业、生物农药、生物兽药、生物饲料和生物肥料等新产品开发与应用。

生物制造：提高生物制造产业创新发展能力，推动生物基材料、生物基化学品、新型发酵产品等规模化生产与应用。

3. 壮大绿色低碳经济。重点支持智能网联汽车发展，推进5G车联网智能交通示范应用基地建设，率先开展智能网联汽车开发试验和应用推广。加大新能源和节能环保装备研发投入力度，加强核心技术攻关，提高装备成套化和核心零部件国产化程度，推动先进技术、产品及服务广泛应用。到2022年，全省绿色低碳经济增加值达到4000亿元。（责任单位：省发展改革委、省经信委、省环保厅、省科技厅，有关设区市政府）

专栏4　绿色低碳经济发展重点领域

智能网联汽车：突破无人驾驶、汽车智能控制、容错控制等核心技术；开发车载互联系统、人机交互系统、安全防护系统、信息娱乐系统等核心系统；开展车辆分时租赁、车辆性能监测、云服务等车网融合新技术创新；研发车速高、续航里程长的新能源汽车。

新能源：发展高密度高可靠性动力电池、氢燃料电池；突破大规模储能、分布式能源系统集成、新一代光伏、氢能等产业核心技术，创新能源互联网技术；发展生物能源装备、海上风力发电机组、潮流能发电机组及关键部件、核岛蒸发器等核电关键部件。

节能环保：重点发展大气细颗粒物污染防控设备，水污染、固体废弃物处理处置及土壤污染修复技术装备，节能电机，余热余压回收装备，节能家用电器与办公设备，高效节能照明等领域。

4. 培育重量级未来产业。聚焦更具前瞻性的航空航天等重量级未来产业，加大力度引进核心技术和人才团队，积极抢占发展制高点。到2022年，全省未来产业增加值达到1000亿元。（责任单位：省发展改革委、省经信委、省科技厅，有关设区市政府）

专栏5　重量级未来产业发展重点领域

航空航天：加快发展大型干线飞机、通用飞机、无人机、先进航空电子、航空新材料等，推进高分辨率对地观测系统、北斗导航等卫星遥感推广应用，开发应用导航定位及位置服务相关产品。

量子信息：重点突破量子通信、量子计算、量子传感和测量等技术领域，发展量子通信干线建设和运营、干线网络防火墙和入侵防御系统（IPS）设备、量子通信设备等。

柔性电子：重点发展柔性新型显示、柔性传感、柔性固体器件等。

前沿新材料：加快发展石墨烯、增材制造、超导材料、先进高分子材料、高端结构材料等。

5. 发展金融科技。充分利用大数据等技术创新，广泛应用于银行、证券、保险、支付清算、交易结算、财富管理等金融领域，创造新的业务模式、应用、流程或产品。打造杭州国际金融科技中心，支持发展新金融业态。探索完善监管方式，加强金融科技监管。（责任单位：省金融办、省科技厅、省经信委、省商务厅、人行杭州中心支行、浙江银监局、浙江证监局，有关设区市政府）

专栏6　金融科技发展重点领域

金融科技应用:运用信息科技加快升级金融基础设施,推进大数据、人工智能、云计算、区块链等技术在交付、交易、结算、风控等方面的广泛应用,有效提高开户和支付效率,优化贷款业务流程,创新交易撮合和登记结算等新业务模式,增强风险控制。

新金融业态:支持发展互联网金融、移动支付、消费金融、供应链金融、区块链金融、智能投顾、私募金融、绿色金融等新兴金融业态。

金融科技监管:积极探索金融科技的有效监管方法,发展监管科技,探索开展监管沙盒试点,提升监管能力。

6. 发展高技术服务业。围绕研发设计等领域,培育具有行业影响力的高技术服务企业,推动专业服务机构市场化运作,建设或开放一批公共测试平台、软件平台、资源信息库。到2022年,高技术服务业增加值达到4000亿元。(责任单位:省发展改革委、省经信委、省科技厅、省质监局,有关设区市政府)

专栏7　高技术服务业发展重点领域

研发设计服务:鼓励发展服务外包、工业设计、创意设计服务,引进培育各类研发中心、设计机构等,支持高校和科研院所面向市场提高研发服务能力。

检验检测服务:加速质量和安全检验、检测、检疫、标准、计量、认证认可等第三方机构发展,引进培育国际知名和民族品牌检验检测机构,推进国家检验检测高技术服务业集聚区(浙江)建设。

知识产权服务:发展知识产权咨询、检索、分析、数据加工等基础服务,培育评估、交易、转化、托管等增值服务。

科技中介服务:发展技术咨询、融资租赁、科技经纪、科技代理以及相关法律、会计、审计、税务、商务等服务。

(三)实施新模式推广应用工程

1. 深化"互联网+"行动。深入实施"互联网+"行动,组织开展工业互联网、企业上云、智能制造、城市大脑等一批"互联网+"重大专项,在全国率先推进5G、物联网等新一代信息技术与各领域结合的应用试点,打造具有全球影响力的互联网技术与应用中心。到2022年,培育形成20个以上"互联网+"示范园区。(责任单位:省经信委、省发展改革委、省科技厅、省委网信办等)

2. 打造世界电子贸易(eWTP)商务平台。推进eWTP杭州实验区建设,推动eWTP秘书处落户杭州,孵化世界电子贸易合作机制,建设多方参与的eWTP,加快与eWTP其他试点国家和地区在贸易便利化、信息共享、单证互认等领域进行探索实践,建立适应互联网时代的国际贸易新模式,助力打造新型贸易中心。(责任单位:省商务厅)

3. 促进新消费发展。增强旅游、医疗、养老、教育、文化、体育等中高端服务供给,升级和扩大信息消费、体验消费、创意消费,推广线上线下融合等新零售模式,培育和满足中高端消费需求。(责任单位:省商务厅、省经信委、省发展改革委)

4. 推进现代供应链创新应用。积极争取国家供应链创新与应用试点城市和试点企业,开展省级试点示范建设,推进供应链在农业、制造业、流通等重点领域的应用。到

2022年，培育20家国内领先、具有全球影响力的供应链龙头企业，争创一批全国供应链创新与应用示范城市和示范企业。（责任单位：省商务厅、省发展改革委、省经信委）

5. 打造共享经济平台。建设科研仪器、知识技能等创新能力共享平台，建设生产设备使用、生产资源开放、分散产能整合等生产能力共享平台，建设交通出行、文化教育、健康医疗等生活资源共享平台。到2022年，建成25个国内知名、行业领先的共享经济平台。（责任单位：省发展改革委、省经信委）

6. 加速军民深度融合。加快省级军民融合创新示范区和军民融合产业基地建设，布局一批重大军民融合项目，培育一批军民融合示范企业。到2022年，建成24个省级军民融合创新示范区，建设50个省级特色军民融合产业基地。（责任单位：省发展改革委、省经信委、省科技厅、省军区、省委网信办）

（四）实施科创平台建设工程

1. 建设科创大走廊。支持杭州城西科创大走廊建设，到2022年，力争集聚科研院所、科创团队各100家，高新技术企业达到1000家，打造全球领先的“互联网+”科技创新高地。推动宁波甬江科创大走廊建设，打造全球智造创新高地。推进嘉兴沪嘉杭G60科创走廊建设，深化与上海重大创新平台及科研机构的战略合作，共建具有全球影响力的产业科技创新高地。（责任单位：省科技厅、省发展改革委，杭州市、宁波市、嘉兴市政府）

2. 建设国家自主创新示范区。加快推进杭州国家自主创新示范区市域全覆盖，建设综合创新能力全国领先、数字经济全球领先的杭州“硅谷”。强化宁波、温州国家自主创新示范区创新能级，打造民营经济创新创业新高地，辐射带动台州、舟山高新技术产业发展。（责任单位：省科技厅，有关设区市政府）

3. 建设中心城市科技城。重点推进杭州未来科技城等建设，支持台州科技城、湖州科技城等其他设区市科技城建设。到2022年，力争实现设区市科技城全覆盖。（责任单位：有关设区市政府，省科技厅）

专栏8 重点建设科技城发展导向

杭州未来科技城：重点发展新一代信息技术产业、大健康产业、高端装备制造业和现代科技服务业，打造全国领先的互联网创新示范区、高端人才资本集聚区、新兴产业发展源头区、科技体制改革试验区。

青山湖科技城：重点发展高端装备制造、新一代信息技术、节能环保、生物医药四大主导产业，建设国际先进、国内一流的科技资源集聚区、技术创新源头区、高新企业孵化区、低碳经济示范区。

宁波新材料科技城：主攻前沿新材料、磁性材料、高性能金属材料、合成新材料，建设国际一流、国内领先的新材料创新中心和宁波创新驱动先行区、新兴产业引领区、高端人才集聚区、生态智慧新城区。

嘉兴科技城：主攻网络信息技术产业、高端装备制造业和科技服务业，打造全国知名的省校（院地）合作示范区、接轨上海先行区、科技改革试验区、成果转化孵化区和信息经济集聚区。

中国（舟山）海洋科学城：重点发展船舶与海洋工程科技服务、海洋通信、海洋大数据、海洋电子商务、海洋文化创意等，建设我国最具创新力的海洋科技产业集聚地、海洋大数据产业发源地、海洋卫星通信产业应用先行示范区。

温州浙南科技城：重点发展激光与光电、新材料和生命健康主导产业，培育新能源环保和新一代信息技术新兴产业，建设浙南创新驱动新载体、温商“二次创业”全球新高地、科技金融改革先行区、产城融合发展示范区。

金华科技城：重点发展先进装备制造与数字经济产业、科研服务产业，建设金义科创走廊的关键节点，引领浙闽赣皖四省九市的科技高地和高端制造业集聚中心。

4. 建设高新技术产业园区。支持杭州、宁波国家高新区创建具有全球竞争力的一流高科技园区，加快绍兴、温州、衢州、萧山临江、嘉兴秀洲和湖州莫干山等国家高新区提升创新能级，推进台州、舟山、金华等省级高新园区升级国家高新区，鼓励开发区、工业园区转型升级为高新技术园区。到2022年，力争实现设区市国家高新区全覆盖，产业集聚区和工业大县省级高新技术园区全覆盖。（责任单位：省科技厅，有关设区市政府）

5. 建设“双创”示范基地。进一步探索和推广“双创”经验，深化“双创”示范基地建设，推动创新创业资源向“双创”示范基地集聚，强化示范基地的功能集成。支持开展各类创新创业活动，优化“双创”生态环境。到2022年，力争新建20个省级以上“双创”示范基地。（责任单位：省发展改革委、省科技厅）

6. 建设高新技术特色小镇。进一步加强对省级建设和培育类高新技术特色小镇的指导与服务，建成一批产业链与创新链高度融合的高新技术特色小镇。（责任单位：省科技厅、省发展改革委，有关设区市政府）

（五）实施创新型企业培育工程

1. 培育千亿级新经济龙头企业。精选一批致力于发展新经济、营业收入可达千亿级规模的大企业，作为重点培育企业。支持培育企业开展科技创新、资本运作、跨境投资，鼓励企业扩大规模，提升国际竞争力，带动产业链创新发展。到2022年，力争培育10家千亿级新经济龙头企业。（责任单位：省经信委、省发展改革委、省商务厅）

2. 培育独角兽企业。聚焦数字经济、生物经济、绿色低碳经济、未来产业、金融科技、高技术服务业等新经济领域，加快独角兽企业生态圈建设。选择一批发展潜力巨大的企业作为重点培育对象，加大政策力度，促进独角兽企业快速成长。到2022年，独角兽企业达到50家。（责任单位：省经信委、省金融办、省发展改革委、省科技厅）

3. 培育创新型领军企业。实施高新技术企业“百企创强”培育专项行动，加大研发平台建设、高端人才引进培育等支持力度，促进企业成长壮大。到2022年，力争培育100家以上浙江品牌创新型领军企业。（责任单位：省科技厅）

4. 扶持中小微创新型企业发展。滚动实施“小微企业三年成长计划”，开展小微企业质效提升行动，推进科技企业“微成长、小升高、高壮大”梯次培育。到2022年，力争全省高新技术企业和科技型中小微企业分别达到1.6万家和6万家，八大万亿产业领域新增小微企业20万家。（责任单位：省科技厅、省工商局、省经信委）

（六）实施“双创”环境优化工程

1. 增强金融服务实体经济能力。持续深化区域金融改革，推广前期试点经验，谋划实施新改革项目，增强金融服务实体经济能力。持续优化融资结构，积极实施“凤凰行动”计划，形成企业成长—企业上市—并购重组的发展格局。支持企业提高直接融资比例，切实降低实体经济融资成本。（责任单位：省金融办、人行杭州中心支行、浙江银监局、浙江证监局、浙江保监局，有关设区市政府）

2. 完善人力资本服务。培育专业化、国际化人力资源服务机构，鼓励发展人力资源服务外包和管理咨询、高级人才寻访等业态，规范发展人才测评和技能鉴定、人力资源培训等服务。支持中心城市、重大科创平台建设人力资源服务产业园，进一步完善人才引进政策和便利化措施。到2022年，建成3家国家级人力资源服务产业园。（责任单位：省人力社保厅、省公安厅、省国资委、省外侨办，有关设区市政府）

3. 推进科技成果转移转化。提升发展“互联网+”浙江科技大市场，加快浙江知识产权交易中心建设，打造全国一流的科技成果交易中心。培育社会化技术转移机构，在数字经济、生物经济等重点领域开展专利导航试点。完善中小企业知识产权公共服务体系，加速科技成果资本化产业化。到2022年，每年推动1000项授权发明专利实施产业化。（责任单位：省科技厅〔省知识产权局〕）

4. 推进数据资源开放共享。全面打破信息孤岛，完善全省政务信息资源共享体系，建设数字型政府。引导企业、行业协会、科研机构、社会组织等采集并开放数据。促进政企数据融合，推动公共数据资源市场化开发和增值利用。（责任单位：省数据管理中心、省委网信办、省发展改革委、省经信委）

5. 优化创新创业政务环境。深化“最多跑一次”改革，推进全程电子化登记推广应用，实现企业登记“零上门”。实施公平开放的市场准入，探索部门协同监管，强化信用监管、事中事后监管。（责任单位：省工商局、省发展改革委、省经信委、省科技厅）

三、保障措施

（一）建立工作协调机制

建立健全推进新动能培育发展工作的组织协调机制，省发展改革委要会同省级相关单位发挥统筹协调作用和谋划推进作用，加强规划编制、政策制定、指导服务等。各地要建设相应工作协调机制，形成推进新动能培育发展工作的合力。（责任单位：省发展改革委、省科技厅、省经信委等，各市、县〔市、区〕政府）

（二）加大政策扶持力度

优化相关财政专项资金扶持政策，加大对重大科技能力、科创平台建设等新动能项目的支持力度。引导省、市政府产业基金，创业投资引导基金与社会资本合作设立相关专项子基金，鼓励社会资本参与新技术、新产业、新业态、新模式等领域产业项目。加强项目用地等要素保障，符合条件的项目优先列入省重大产业项目库享受相关政策。建立创新产品和服务推广计划，加大政府首购、订购力度。（责任单位：省财政厅、省金融办、省发展改革委、省国土资源厅、省建设厅、省环保厅等，各设区市政府）

（三）抓好重点项目建设

实施精准招商，完善招商目录，绘制重点领域产业链全景图，建立招商数据库，在大项目、好项目招引上取得实效。强化重点项目建设的全过程服务，确保项目按期达产达效。（责任单位：省发展改革委、省科技厅、省经信委等）

（四）完善工作推进和评价体系

制订新动能培育发展年度实施计划，明确年度任务、工作进度。加强新旧动能转换的现状监测和成效总结，强化“三新”统计调查和监测分析，促进数据搜集、处理、发布和共享工作。加强工作督查，确保各项工作稳步推进。（责任单位：省发展改革委、省经信委、省科技厅、省统计局）

（五）加大宣传推介力度

加强对新动能培育发展的政策解读和舆论宣传，大力推广先进经验和典型案例。积极举办项目推介会、创业创新活动等活动，营造良好发展环境。（责任单位：省委宣传部、省发展改革委，各市、县〔市、区〕政府）

关于实行以增加知识价值为导向分配政策的实施意见

为全面贯彻党的十九大精神和习近平新时代中国特色社会主义思想，深入实施创新驱动发展战略，加快推进"四个强省"建设，进一步激发科研人员的积极性、主动性和创造性，促进科技成果产出和转化，根据中共中央办公厅、国务院办公厅印发的《关于实行以增加知识价值为导向分配政策的若干意见》精神，结合我省实际，现提出如下实施意见。

一、规范和逐步提高科研人员收入

高校、科研院所要按照国家规定实行岗位绩效工资制度，使科研人员收入与岗位职责、工作业绩、实际贡献等紧密联系，稳定提高基本工资，加大绩效工资分配激励力度，落实科技成果转化奖励等激励措施。完善高校、科研院所等事业单位预算拨款制度，加大基本支出保障力度，增加科研事业费的财政投入。深化科技奖励制度改革，加大对作出突出贡献科研人员、创新团队的奖励力度，按有关规定提高省科学技术奖、省哲学社会科学优秀成果奖等奖励标准。进一步落实科技特派员制度，鼓励科研人员服务基层和加快发展地区。

二、完善优绩优酬的绩效工资激励机制

将"双一流"建设高校、省重点建设高校的核心建设目标任务完成情况作为绩效工资总量调整的重要依据。其他高校和科研院所由其主管部门制定绩效考核和绩效工资总量挂钩的调整办法，对考核合格及以上的单位，按规定增加一定比例的绩效工资总量。绩效工资总量调整按隶属关系报人力社保部门和财政部门备案后实施。经备案同意的绩效工资新增额度由单位自主分配，原则上主要用于突出贡献科研人员和高层次人才的分配。

三、完善高层次人才薪酬政策

高校、科研院所依据我省高层次人才标准及相关政策引进高层次人才，可自主探索实行年薪工资、协议工资、项目工资等多种薪酬分配制度，其薪酬待遇水平可由单位自主确定。鼓励国有企业根据发展需要，按照上年度销售额的一定比例，设立人才发展专项资金，主要用于地方政府或相关主管部门支持引进的高层次人才、急需紧缺人才的科研经费、生活补贴和绩效奖励。国有企业当年研究开发投入以及引进高层次人才经费可以在经营业绩考核中视同利润。

四、建立科学合理的人才评价机制

完善以市场委托方式获得经费的科研项目（横向项目）和列入财政科技计划的科

研项目(纵向项目)等效评价制度,对转化应用的发明专利与公开发表的学术期刊论文同等对待,对到位经费达到一定规模的横向项目与纵向项目同等对待,探索将新型产学研合作项目纳入省级科技计划体系。提高科技成果转化在专业技术职务评聘中的权重,从事科技成果转移转化科研人员参加职称评审,不将论文指标作为评审的限制性条件。对科技工作成绩突出、科技成果转化成效显著的科研院所,可适当提高高级专业技术岗位结构比例。

五、扩大高校、科研院所薪酬分配自主权

在核定的绩效工资总量内,高校、科研院所可根据自身特点制定合理的科技创新人才收入分配激励办法,自主决定绩效考核和绩效分配办法。单位在进行内部分配时,应根据教学人员、科研人员、实验设计与开发人员、辅助人员和专门从事科技成果转化人员等承担的工作任务和取得的业绩,合理调节单位内部各类岗位的收入差距,不得将个人收入与承担项目多少、获得经费高低直接挂钩;实绩突出的科研人员绩效工资水平可明显高于本单位人均水平。

六、建立高校、科研院所中长期目标考核机制

在重点考核高校、科研院所公益目标任务完成情况的基础上,将科研成果转化取得的经济效益和社会效益作为对单位绩效评价的重要内容。建立与考核评价结果挂钩的经费拨款制度、员工收入和科研项目申报调整机制,对评价优秀的加大经费、项目支持和绩效激励力度。开展合同管理制度试点,对有条件的科研院所探索按绩效考核挂钩方式给予财政支持。

七、发挥财政科研项目资金的激励引导作用

高校、科研院所要建立健全符合自身特点的劳务费、间接经费管理方式。利用本省财政性资金设立的科研项目,间接费用的核定比例按照省委办公厅、省政府办公厅印发的《关于进一步完善省财政科研项目资金管理等政策的实施意见》的规定执行。项目承担单位在统筹安排间接经费时,取消绩效支出比例限制,绩效支出安排与科研人员在项目工作中的实际贡献挂钩。赋予人才更大的经费支配权,按有关规定下放科研项目直接费用预算经费调整审批权。项目实施期间,年度剩余资金可结转下一年度继续使用。项目完成任务目标并通过验收后,结余资金按规定留归项目承担单位使用,在2年内由项目承担单位统筹安排用于科研活动的直接支出;2年后未使用完的,由财政部门按规定收回。

八、完善哲学社会科学研究领域项目经费管理

对符合条件的智库项目推行政府购买服务制度。修订哲学社会科学研究领域项目资金管理办法,推进咨询类、服务类研究项目经费按合同约定管理使用。逐步提高个人智力劳务报酬、稿费和版税等付酬标准。探索实行哲学社会科学研究成果后期资助和事后奖励制度。

九、扩大横向项目经费等收入使用自主权

高校、科研院所等从事科研活动的事业单位以市场委托或者政府采购方式取得的

技术开发以及在科技成果转化工作中开展的技术咨询、技术服务、技术培训等技术活动收入,纳入单位财务管理,按照合同约定扣除经费支出后,可以根据本单位规定对完成项目的科技人员给予奖励。横向项目研发团队可按合同约定获得劳务报酬,没有合同约定的按单位内部管理办法获得劳务报酬,并依法缴纳个人所得税。

十、提高科研人员的科技成果转化收益

根据《浙江省促进科技成果转化条例》的规定,高校、科研院所应当依法对职务科技成果完成人和为成果转化作出重要贡献的其他人员给予奖励,其中承担科技成果转化的技术转移机构工作人员和管理人员获得奖励的份额不低于奖励总额的5%。以职务科技成果作价入股作为对科技人员的奖励涉及股权注册登记及变更的,无须报高校、科研院所的主管部门审批。高校、科研院所对其持有的科技成果的转化,未与科技成果完成人签订实施协议,且在专利授权后或者其他科技成果登记备案后超过1年未组织实施、转让或者作价投资的,科技成果完成人可以自行实施或者与他人合作实施该项科技成果,所得收益归科技成果完成人所有。

十一、允许担任领导职务科研人员获得成果转化奖励

担任高校、科研院所及其他从事科技活动的事业单位(不含内设机构)正职领导职务人员,是科技成果主要完成人或对科技成果转化作出重要贡献的,可按规定获得现金奖励,原则上不得获取股权奖励。担任其他领导职务的科研人员,是科技成果主要完成人或对科技成果转化作出重要贡献的,可依法获得现金、股份或出资比例等奖励和报酬。担任领导职务的科技人员科技成果转化收益分配实行公开公示制度。

十二、允许单位与科研人员约定科技成果权属

支持高校、科研院所开展职务科技成果权属改革试点并制定相关操作细则,单位依照科技成果转化有关法律法规及各项政策规定对作出重要贡献的科研人员实施奖励,可以给予一定比例的权属份额。对于接受企业、其他社会组织委托的横向项目,项目委托单位、承担单位和科研人员可以通过合同约定科技成果归属,允许赋予科研人员科技成果所有权或长期使用权。

十三、完善国有企业科研人员激励机制

按照财政部、科技部、国资委制定的《国有科技型企业股权和分红激励暂行办法》的规定,支持国有科技型企业提高职务科技成果转化或转让收益分红比例,鼓励企业采取项目收益分红、岗位分红等激励方式。国有科技型企业在符合相关规定的情况下,可按不超过近3年税后利润累计形成的净资产增值额的15%,以股权奖励方式奖励在本企业连续工作3年以上的重要技术人员。支持有条件的国有企业开展经营管理者、核心技术人员和业务骨干持股试点,建立创新项目跟投机制,鼓励项目负责人、骨干员工出资参与企业创新项目投资,形成收益共享、风险共担机制。

十四、落实创新创业财税激励政策

认真贯彻《财政部国家税务总局关于完善股权激励和技术入股有关所得税政策的通知》和《财政部税务总局 科技部关于科技人员取得职务科技成果转化现金奖励有关

个人所得税政策的通知》精神,落实职务科技成果转化现金和股份奖励的个人所得税激励政策,非上市公司奖励本公司科技人员职务科技成果而授予的股权奖励,符合规定条件的,经向主管税务机关备案,可实行递延纳税政策,即员工在取得股权激励时可暂不纳税,递延至转让该股权时纳税;股权转让时,按照股权转让收入减除股权取得成本以及合理税费后的差额,适用"财产转让所得"项目,按照20%的税率计算缴纳个人所得税;依法批准设立的非营利性高校和科研机构根据《中华人民共和国促进科技成果转化法》规定,从职务科技成果转化收入中给予科技人员的现金奖励,可减按50%计入科技人员当月工资、薪金所得,依法缴纳个人所得税。进一步做好高层次人才税收服务工作,有条件的市、县(市、区)应当对本地产业发展有特殊贡献的科研人员予以奖补。

十五、允许科研人员兼职取酬

科研人员在履行好岗位职责、完成本职工作的前提下,经所在单位同意,可以到企业和其他科研机构、高校、社会组织等从事科学研究、技术创新和科技成果转化工作,并按照合同约定取得报酬。科研人员与兼职单位应当订立协议,明确服务期限、工作报酬、保密义务、成果归属等事项。实行科研人员兼职公示制度,科研人员兼职按规定获取的合法报酬原则上归个人所有。科研人员在兼职单位的工作表现和业绩作为参加本单位职称评审、岗位聘用、年度考核等的重要依据。

本实施意见适用于国家设立的高校、科研机构和国有独资企业(公司)。其他单位对知识型、技术型、创新型劳动者可参照本实施意见精神,结合各自实际,制定具体收入分配办法。

第二部分

专 题 篇

Science
Technology

第一章　自主创新环境建设

一、科技政策与法规

（一）科技政策法规基本情况

2018 年是中国改革开放 40 周年，是全省实施“十三五”规划的第三年，也是加快建设创新型省份的重要一年。全省上下深入贯彻习近平总书记对浙江工作重要指示精神和省委十四届三次、四次全会精神，坚持以习近平新时代中国特色社会主义思想为指引，以“‘八八战略’再深化、改革开放再出发”为主线，以打造“产学研用金、才政介美云”十联动创新创业生态系统为目标，坚持“四个强省”工作导向，深入实施创新驱动发展战略，为高质量发展提供了有力支撑。出台《关于推进宁波温州国家自主创新示范区建设的若干意见》《关于实行以增加知识价值为导向分配政策的实施意见》《浙江省加快培育发展新动能行动计划》《关于强化实施创新驱动发展战略深入推进大众创业万众创新的实施意见》《关于全面加快科技创新推动高质量发展的若干意见》等政策。省科技厅单独或会同相关部门制定了《〈浙江省新一代人工智能发展规划〉实施责任分工》《开展产业创新服务综合体建设财政专项激励资金竞争性分配方案（试行）》《浙江省海外创新孵化中心建设与管理办法（试行）》《关于做好科技型中小企业认定与管理有关工作的通知》《关于进一步加强省派科技特派员和省级星创天地工作的通知》《浙江省科技计划（专项、基金）科技报告管理暂行办法》《浙江省创新驱动乡村振兴科技行动计划（2018—2022 年）》《浙江省中央引导地方科技发展计划管理细则》等，科技创新的顶层设计不断完善。

1. 制定《关于推进宁波温州国家自主创新示范区建设的若干意见》。为全面落实《国务院关于同意宁波、温州高新技术产业开发区建设国家自主创新示范区的批复》精神，加快实施创新驱动发展战略，推动经济高质量发展，省委、省政府出台《关于推进宁波温州国家自主创新示范区建设的若干意见》（以下简称《若干意见》）。《若干意见》提出了宁波温州国家自主创新示范区建设的总体要求和建设目标，力争到 2022 年，宁波、温州两个国家高新区研发投入占地区生产总值的比重达到 5%，每万人发明专利拥有量达到 100 件，高新技术产业增加值占规模以上工业（以下简称“规上工业”）增加值比重达到 50% 以上，技术合同交易额年均增长 20% 以上，综合创新能力进入全国示范区第一方阵。带动宁波、温州两市研发投入占地区生产总值的比重达到 3% 以上，每万名从业人员中研发人员数达到 140 人年，科技型中小企业达到 30000 家以上，高新技术企业达到 5000 家以上，引进海内外高层次创新创业人才 30000 名以上，投向科技创新创业领域的民间资本和创投资金规模达到 1500 亿元。具体任务包括六大方面：一是加强统筹优化和融合发展，建设区域创新一体化示范区，优化空间布局，强化宁波国家高新区核心引领作用，加快提升温州国家高新区的综合实力和创新能力，加强与杭州国家自主创新示范区的融合发展，积极融入长三角城市群建设；二是加强创新创业平台和服务体系建设，激活创新创业活力，谋划建设基础科研平台，布局建设高能级创新平台，优化完善创业服务体系，强化产学研协同创新；三是聚焦特色产业，加快建设现代产业体系，推进主导高新技术产业集聚发展，培育发展新产业新业态，推动传统制造智能化升级，加快推进高技术服务业发展，实施科技型企业倍增计划；四是加强对外合作，建设开放创新的发展体系，积极融入全球创新网络，布局建设海外创新孵化中心，优化国际合作园布局；五是坚持深化改革，建立适应创新发展的体制机制，推进政策先行先试，引导民营资本开展创新创业，完善科技成果转移转化机制，加强知识产权创造保护和运用，加快高层次科技人才引进培养，推进政府服务改革创新；六是加强组织领导，为示范区建设提供有力保障，建立健全工作推进机制，建立政府间会商机制。

2. 制定《关于实行以增加知识价值为导向分配政策的实施意见》。为全面贯彻党的十九大精神和习近平新时代中国特色社会主义思想，深入实施创新驱动发展战略，加快推进"四个强省"建设，进一步激发科研人员的积极性、主动性和创造性，促进科技成果产出和转化，根据中共中央办公厅、国务院办公厅印发的《关于实行以增加知识价值为导向分配政策的若干意见》精神，省委办公厅、省政府办公厅出台《关于实行以增加知识价值为导向分配政策的实施意见》（以下简称《实施意见》）。《实施意见》对浙江省高校或科研院所科研人员科研成果转化收益分配、成果权属奖励、横向项目管理、兼职取酬等方面提出了 15 条政策措施。一是规范和逐步提高科研人员收入。稳定提高基本工资，加大绩效工资分配激励力度，落实科技成果转化奖励等激励措施。二是完善优绩优酬的绩效工资激励机制。将"双一流"建设高校、省重点建设高校的核心建设目标任务完成情况作为绩效工资总量调整的重要依据。三是完善高层次人才薪酬政策。可自主探索实行年薪工资、协议工资、项目工资等多种薪酬分配制度；鼓励国有企业根据发展需要，设立人才发展专项资金。四是建立科学合理的人才评价机制。完善以市场委托方式获得经费的科研项目（横向项目）和列入财政科技计划的科研项目（纵向项目）等效评价制度，提高科技成果转化在专业技术职务评聘中的权重。五是扩大高校、科研院所薪酬分配自主权。六是建立高校、科研院所中长期目标考核机制。七是发挥财政科研项目资金的激励引导作用。高校、科研院所要建立健全符合自身特点的劳务费、间接经费管理方式。八是完善哲学社会科学研究领域项目经费管理。九是扩大横向项目经费等收入使用自主权。十是提高科研人员的科技成果转化收益。十一是允许担任领导职务科研人员获得成果转化奖励。十二是允许单位与科研人员约定科技成果权属。十三是完善国有企业科研人员激励机制。国有科技型企业可按不超过近 3 年税后利润累计形成的净资产增值额的 15%，以股权奖励方式奖励在本企业连续工作 3 年以上的重要技术人员。十四是落实创新创业财税激励政策。非上市公司奖励本公司科技人员职务科技成果而授予的股权奖励，可实行递延纳税政策；股权转让时，按照股权转让收入减除股权取得成本以及合理税费后的差额，按照 20% 的税率计算缴纳个人所得税；从职务科技成果转化收入中给予科研人员的现金奖励可减按 50% 计入科研人员当月工资、薪金所得，依法缴纳个人所得税。十五是允许科研人员兼职取酬。

3. 制定《浙江省加快培育发展新动能行动计划》。为全面贯彻落实党的十九大和省第十四次党代会精神，推进创新强省建设，加快形成发展新动能，省政府出台《关于印发浙江省加快培育发展新动能行动计划的通知》(浙政发〔2018〕20号)(以下简称《行动计划》)。《行动计划》提出,力争到2022年,创新实力显著提升,新经济成为推动全省经济高质量发展的主引擎,建设全国新动能培育先行区,打造全球数字经济创新高地。到2035年,形成若干世界级新兴产业集群,成为具有全球重要影响力的创新创业高地。围绕新技术、新经济、新模式、新平台、新企业、新服务等方面,《行动计划》提出新动能培育的六大工程33项重点任务。一是实施科技能力突破工程。重点推进之江实验室、大科学装置、国家产业创新中心、国家制造业创新中心、G20国际技术转移中心、名校大院等建设。二是实施新经济领跑工程。主攻数字经济,建设国际领先的数字经济中心;做强生物经济;壮大绿色低碳经济;培育航空航天、量子信息、柔性电子、前沿新材料等重量级未来产业,并加快发展金融科技和高技术服务业。三是实施新模式推广应用工程。重点深化"互联网+"行动、打造世界电子贸易(eWTP)商务平台,促进新消费发展、推进现代供应链创新应用、打造共享经济平台、加速军民深度融合。四是实施科创平台建设工程。重点打造一批具有国际影响力的科创大平台,推动杭州城西科创大走廊、宁波甬江科创大走廊、G60科创走廊建设,增强杭州和宁波、温州自主创新示范区辐射带动能力。五是实施创新型企业培育工程。加强千亿级新经济龙头企业、独角兽企业的培育,扶持中小微创新型企业发展。六是实施"双创"环境优化工程。重点增强金融服务实体经济能力,完善人力资本服务,推进科技成果转移转化,推进数据资源开放共享,优化创新创业政务环境。在保障措施上,要求建立工作协调机制,加大政策扶持力度,抓好重点项目建设,完善工作推进和评价体系,加大宣传推介力度。

4. 制定《关于强化实施创新驱动发展战略深入推进大众创业万众创新的实施意见》。为贯彻落实《国务院关于强化实施创新驱动发展战略进一步推进大众创业万众创新深入发展的意见》,进一步优化我省创新创业生态环境,充分释放全社会创业创新潜能,在更大范围、更高层次、更深程度上推进大众创业万众创新,省政府出台《关于强化实施创新驱动发展战略深入推进大众创业万众创新的实施意见》(浙政发〔2018〕31号)(以下简称《实施意见》)。《实施意见》共五部分,24条。一是促进科技成果转化。制定《浙江省促进科技成果转化条例实施细则》,完善配套政策措施。健全技术转移体系,大力发展"互联网+"科技大市场,构建全国性技术交易网络,加快浙江知识产权交易中心建设。对通过网上技术市场交易、成交金额超过100万元的产业化项目,按成交金额的15%给予一次性补助,最高不超过100万元。对通过参加竞价(拍卖)方式实现交易的产业化项目,按实际成交金额的20%给予一次性补助,最高不超过200万元。引导众创空间、创业孵化基地向专业化、精细化方向升级,支持龙头骨干企业、高校、科研院所围绕优势细分领域建设平台型众创空间。探索在战略性新兴产业相关领域率先建立利用财政资金形成的科技成果限时转化制度。二是拓展企业融资渠道。鼓励商业银行合理下放审批权限,提高小微企业、"三农"贷款审批效率。建立政银担保等不同类型的风险补偿机制,发展"贷款+保险保障+财政风险补偿"专利权质押融资新模式。进一步提升省级创业投资(科技成果转化)引导基金,以及财政出资各类创业投资企业的市场化运作水平。实施"凤凰行动"计划,支持高新技术和战略性新兴产业领域的企业对接境内外资本市场,支持创新型、创业型和成长型中小微企业在"新三板"市场和区域股权市场挂牌,支持浙江股权交易中心国际人才板等企业板块建设。完善财政等配套政策,推动金融与科技融合,鼓励企业充分利用区块链、大数据、云计算等技术发展新金融业态。健全创新券管理制度和运行机制,出台省内通用通兑办法,探索长三角地区内创新券跨区域流动。三是促进实体经济转型升级。进一步整合利用创新资源,加快建设之江实验室,争创国家实验室。支持大型企业开放供应链资源和市场渠道,构建产业链协同研发体系。实施数字经济"一号工程",制订实施数字经济五年倍增行动计划,构建以数字经济为核心、新经济为引领的现代化经济体系。出台共享经济培育政策,引导各类市场主体探索分享经济新业态新模式。推进中国(浙江)知识产权保护中心建设,改善知识产权保护环境。企业利用存量土地办众创空间,实行建设用地按原用途和土地权利类型使用的过渡期政策。四是激励各类人才创新创业。建立高校、科研院所科研人员绩效工资正常增长机制。开展海外高层次人才服务"一卡通"试点。进一步完善柔性引才机制,建立以创新创业实效为导向的人才评价办法。加快将现有支持"双创"相关财政政策措施向返乡下乡人员创新创业拓展。五是创新政府服务管理方式。深化"最多跑一次"改革,改善营商环境,放宽市场准入。完善以负面清单为主的产业准入制度。加快国家、省级双创基地建设,支持全面创新改革试验区、国家自主创新示范区等谋划创新改革举措,破除体制机制障碍,加快形成一批可复制、可推广的"双创"模式。

5. 制定《关于全面加快科技创新推动高质量发展的若干意见》。推动高质量发展必须深入实施创新驱动发展战略。为加快创新强省建设,着力构建"产学研用金、才政介美云"十联动创新创业生态系统,为"两个高水平"建设提供科技支撑,省政府出台《关于全面加快科技创新推动高质量发展的若干意见》(浙政发〔2018〕43号),即"科技新政50条"(以下简称"科技新政")。"科技新政"提出了浙江省科技创新工作总目标,重点打造"互联网+"和生命健康两大世界科技创新高地。力争通过5年的努力,建成10个高能级创新平台,取得100项标志性科技成果,培育100家创新型领军企业,形成十联动创新创业生态圈,数字经济、生物医药等战略性新兴产业进入全球价值链中高端。到2022年,主要科技创新指标实现"五倍增、五提高",即全社会软投入达到6700亿元、高新技术企业达到2万家、科技型中小企业达到6万家、技术交易额达到1200亿元、PCT(专利合作条约)国际专利申请量达到3000件,比2017年翻一番;全社会R&D(研究与开发)经费支出占地区生产总值(GDP)比重达到3%,每万名从业人员中研发人数达到130人年,每万人发明专利拥有量达到25件,高新技术产业增加值占规上工业增加值比重高于50%,科技进步贡献率达到68%。"科技新政"明确了全面加快浙江科技创新的六大任务。一是开展关键核心技术攻坚,支撑新经济快速发展。加强基础研究,实施5个以上重大基础研究专项,推动与国家自然科学基金委共同设立数字经济联合基金,在人工智能、精准医疗、先进制造等方向实现原创成果重大突破。实施产业关键核心技术攻坚工程,紧扣产业需求,组织15个以上重大科技专项,研发一批核心技术和战略创新产品。率先启动数字经济和生命健康2个重大科技专项。加快建设具有全球影响力的数字科技创新中心和生物医药研发中心。二是强化区域协同创新,打造湾区高新技术产业带。高水平建设国家自主创新示范区;加快杭州城西科创大走廊、G60科创走廊、宁波甬江科创大走廊三条科创大走廊建设;深化全面创新改革试验区建设,持续推广县域创新发展的新昌经验和打造一流高新区的滨江经验;推动高新区成为高新技术产业发展的核心载体,建设一批以高新技术为主导的特色小镇;实施科技支撑乡村振兴战略行动,深入实施科技特派员制度,加快农业科技成果推广应用。三是打造高能级创新载体,集聚高端创新资源。加快之江实验室建设与发展,积极争创国家实验室,2018—2022年省财政安排100亿元支持之江实验室建设(含购建大科学装置)。支持创新型领军企业打造世界顶级科研机构,积极组建国家数据智能技术创新中心,加快建设大科学装置及试验基础设施,到2022年,力争建成2个以上大科学装置。支持浙江大学加快建设世界一流大学;支持西湖大学加快建设高水平研究型大学,打造具有全球影响力的生命科学等研究中心;实施高校创新能力提升工程;引进大院名校共建创新载体,加快国家级重大创新载体建设,到2022年,国家级重大创新载体达到40家左右。四是强化企业主体地位,全面提升企业创新能力。实施科技企业"双倍增"行动,实施企业技术创新赶超工程,到2022年,力争培育数字经济上市企业150家,重点支持100家骨干高新技术企业成为创新型领军企业,上市的高新技术企业占全省上市公司的比重达到60%以上。推动规上工业企业研发活动、研发机构、发明专利全覆盖;加强科技创新开放合作,建设100家海外研发中心和海外创新孵化中心。发挥企业转化科技成果的主体作用,引导企业加大创新投入,全面落实研发费用加计扣除等激励企业创新的普惠政策。深化完善科技创新券制度,完善创新产品政府采购政策,制定符合国际规则的创新产品推荐目录。实施专利和标准国际化战略。五是深化科技体制改革,激发全社会创新活力。深化项目评审、人才评价、机构评估改革;优化科研管理,提升科研绩效;深化科研院所分类改革;深化科技成果转化机制改革,探索赋予职务科技成果所有权或长期使用权,对完成科技成果作出重要贡献的人员可给予70%以上的权属奖励;深化科技奖励制度改革;加强科研诚信建设,对学术不端行为实行"零容忍"。六是统筹整合要素资源,构建创新创业生态系统。构建"产学研用金、才政介美云"十联动创新创业生态系统;打造具有特色的十联动创新联合体,到2022年,建成300个产业创新服务综合体,实现块状经济和产业集群全覆盖;推广校地合作模式;建设全国一流的科技成果交易中心和面向全球的技术转移枢纽;加强军民科技协同创新能力建设;坚持金融资本、社会资本、政府基金有机结合构建科创金融体系,到2022年,全省创业投资资本规模达到2000亿元左右,成为国内领先的创业投资集聚地;加快创新人才梯度化引进和培育;引导全社会加大研发投入;加快形成覆盖创新创业全链条的科技服务体系;实行严格的知识产权保护制度;加强知识产权综合管理和公共服务;营造创新创业最美环境。在保障措施上,一是加强组织领导,二是强化政策协同,三是完善指标体系,四是严格考核督查。

6. 制定《〈浙江省新一代人工智能发展规划〉实施责任分工》。为加快推进浙江省人工智能发展及整合应用,省科技体制改革和创新体系建设领导小组出台《〈浙江省新一代人工智能发展规划〉实施责任分工》(浙科改〔2018〕2号)(以下简称《责任分工》)。《责任分工》分三部分。第一部分主要任务共六大点。一是重点突破核心基础理论和技术瓶颈。围绕增加人工智能创新的源头供给,加快启动人工智能重大基础理论研究专项;新一代人工智能核心关键共性技术的研发要以数据、算法、硬件为核心,以提升感知识别、知识计算、认知推理、人机交互能力为重点,形成开放兼容、稳定成熟的技术体系;推动人工智能核心算法的硬件化、系统化和平台化。二是加快推进人工智能产业化。加强图像与视频精准识别、生物特征识别、智能感知、深度学习等多项关键技术研究;着力突破新能源汽车整车智能化技术、"车网融合"技术、智能汽车芯片和车载智能操作系统、高精度地图及定位、智能感知、智能决策与控制等重点技术;推动互联网技术以及智能感知、模式识别、智能分析、智能控制等技术在工业机器人领域的深度应用;重点突破智能传感、安全通信、人机交互、数据挖掘等关键技术;大力发展与人工智能关联的核心元器件、智能硬件和智能终端产品，延伸人工智能产业链。三是优化人工智能产业布局。杭州市努力打造全国人工智能产业集群引领区。宁波市加快形成以人工智能高端制造为核心的产业体系。鼓励并支持有条件的市县争取国家人工智能创新应用试点示范。支持德清加快推进智能生态城建设，争创国家人工智能创新应用试点示范县。四是推动人工智能示范应用。加快推进制造业智能化应用推广和智能农业示范应用，开展消费服务领域人工智能应用，实现人工智能在公共服务领域的融合应用。五是培育一批人工智能创新型企业。孵化一批人工智能创业企业，培育一批人工智能领军企业，发展一批人工智能服务型企业。六是培育引进一批人工智能高端人才。加强人工智能相关学科专业建设，培育高水平人工智能创新人才和团队，加大高端人工智能人才引进力度。第二部分要素支持，要求一是加大资金支持力度，加大财政资金支持力度，运用好浙江省与国家自然科学基金联合基金，推进省级科技成果转化引导基金与试点市县和特色小镇合作，优先设立人工智能天使投资和创业风险投资基金；二是加强重大项目组织实施，增设人工智能重大基础研究专项，加快实施脑认知与脑机交互应用基础研究专项，谋划和建设 100 个重大产业项目，形成千亿级的投资规模；三是加强创新平台布局建设；四是健全专业公共服务平台。第三部分保障措施，要求加强组织领导、政策支持、创新合作和保障支撑。

7. 制定《开展产业创新服务综合体建设财政专项激励资金竞争性分配方案（试行）》。为认真贯彻落实党的十九大精神，充分发挥创新是引领发展的第一动力作用，推进现代化经济体系建设，加快建设创新强省，根据省政府办公厅《关于印发浙江省产业创新服务综合体建设行动计划的通知》要求，经省政府同意，决定在 2018—2022 年实施产业创新服务综合体建设财政专项激励资金政策，实行竞争性分配。省科技厅联合省发展改革委、省经信委和省财政厅制定了《开展产业创新服务综合体建设财政专项激励资金竞争性分配方案（试行）》（浙科发条〔2018〕30 号）（以下简称《方案》）。《方案》共四部分。第一部分提出工作目标，2018—2020 年，每年择优选定 10 个左右市、县（市、区）开展产业创新服务综合体建设，建设期限为 3 年；到 2022 年，全省建成 50 个以上产业创新服务综合体。一是产业创新体系更加完善；二是产业创新能力显著增强；三是产业质量效益明显改善；四是绿色发展成为主流。第二部分明确了竞争主体和申报条件。专项激励资金面向全省（不含宁波），以各市、县（市、区）人民政府为创建主体，具体由各市、县（市、区）科技、经信、财政等部门联合组织实施，并按照省级财政资金竞争性分配程序，2018—2020 年每年择优选定 10 个左右市、县（市、区）进行专项激励。符合《浙江省产业创新服务综合体建设导则》要求的市、县（市、区）均可申报。第三部分明确了工作程序。一是联合发布工作方案；二是组织开展申报工作；三是确定专项激励名单；四是下拨财政奖励资金。2018—2022 年，省财政每年统筹安排专项激励资金，对入选专项激励的市、县（市、区）连续奖励 3 年，在对单个综合体申报情况考核评估的基础上，对 X 个综合体进行综合评价。根据综合体的个数、质量和区域产业创新体系建设情况的综合评价绩效结果，激励资金给予差异化支持。其中，属于已列入振兴实体经济财政专项激励的县（市、区）给予每年 0.2 亿—0.4 亿元的激励；其他入选的县（市、区）给予每年 0.5 亿—0.7 亿元的激励，其他入选的设区市给予每年 0.25 亿—0.35 亿元的激励。第四部分明确了保障措施。

8. 制定《浙江省海外创新孵化中心建设与管理办法（试行）》。为深入实施创新驱动发展战略，加大全球创新创业资源开发力度，进一步支持浙江省海外创新孵化中心建设,根据《中共浙江省委 浙江省人民政府关于印发〈高水平建设人才强省行动纲要〉的通知》等文件精神,省科技厅联合省委人才办、省财政厅、省人力社保厅、省商务厅、省科协等部门,研究制定了《浙江省海外创新孵化中心建设与管理办法(试行)》(浙科发外〔2018〕63 号)(以下简称《办法》)。《办法》共五章,31 条。第一章总则,明确了海外创新孵化中心的定义,是在全球创新资源集聚的国家和地区设立的,以海外科技成果转化、人才引进、技术转移、创新团队及企业孵化、国内外资源对接为目标的公共性开放创新服务平台,是集聚全球创新资源、构建境内外协同互动的创新创业模式、支撑培育发展经济新动能的重要创新力量。建立省支持海外创新孵化中心建设工作联席会议,负责统筹协调省海外创新孵化中心建设工作、审议相关政策文件和重大活动方案、协调落实支持政策等工作。第二章申报和评审,明确了海外创新孵化中心的目标任务,及申报单位应具备的条件。第三章绩效评价,提出进行百分制综合评分,计算“工作内容”“工作绩效”和“附加绩效”三部分的得分总和,评价结果分为“优秀、合格、不合格”三个等级。对评价优秀的海外创新孵化中心给予奖励支持。每家奖励 100 万—200 万元,5 年内累计奖励支持不超过三次,支持总额最高不超过 600 万元。对评价结果为“不合格”的海外创新孵化中心,予以警告。对累计两次评价不合格的取消“浙江省海外创新孵化中心”称号。第四章过程管理,省科技厅联合相关部门加强对海外创新孵化中心的日常管理与服务工作。借助浙江科技创新云平台建立全过程管理的信息系统,加强对海外创新孵化中心统计、监测分析和综合评价。第五章附则。

9. 制定《关于做好科技型中小企业认定与管理有关工作的通知》。为加大科技型中小企业的培育力度,提升科技型中小企业发展质量,进一步推进创新创业,省科技厅出台《关于做好科技型中小企业认定与管理有关工作的通知》(浙科发高〔2018〕48 号)(以下简称《通知》)。《通知》共分三部分。第一部分认定与备案,要求一是要有序推进,各设区市科技部门要牵头做好省级科技型中小企业认定报备工作的统筹安排,逐批认定,按时报备;二是要排序通报,各设区市科技部门要对照科技企业“双倍增”行动计划的年度目标任务,提高认定工作的时效性,省科技厅将对各地各节点认定报备的情况实时排序通报;三是要规范审核要求。第二部分扶持与服务,要求一是开展经常性服务,建立健全服务科技型中小企业的长效工作机制,了解企业发展情况,及时协调解决企业发展中的实际问题;二是加大培育扶持力度,进一步加强政策研究、宣传和落实,集成科技计划项目、研发机构建设、创新券服务和科技金融扶持等创新资源给予倾斜支持,帮助其尽快成长为国家科技型中小企业和高新技术企业;三是优化孵化体系建设,各级科技部门要充分发挥所辖科技企业孵化器和众创空间的核心载体作用,为在孵科技企业特别是初创企业提供专业化平台和全方位服务。第三部分监督与管理,要求一是加强统计管理,省科技厅适时开展科技型中小企业的清理工作;二是加强日常管理,各设区市科技管理部门对已破产清算、倒闭注销、经营关停或整体搬迁的企业要及时汇总清理,分别于 6 月和 11 月底前报省科技厅。对名称变更、证书遗漏的企业要及时报请换(补)证;三是开展备案抽查,2018 年起,省科技厅将按照一定比例继续开展科技型中小企业备案抽查工作,其中不拥有知识产权的企业将作为针对性抽查对象。

10. 制定《关于进一步加强省派科技特派员和省级星创天地工作的通知》。为进一步规范省派科技特派员制度和省级星创天地建设工作,充分发挥这两项工作在实施乡村振兴战略中的引领推动作用,根据《国务院办公厅关于深入推行科技特派员制度的若干意见》《浙江省人民政府办公厅关于深入推行科技特派员制度的实施意见》《科技部关于发布〈发展星创天地工作指引〉的通知》和《浙江省科学技术厅关于建设星创天地的实施意见》等文件要求,省科技厅出台《关于进一步加强省派科技特派员和省级星创天地工作的通知》(浙科发农〔2018〕56 号)(以下简称《通知》)。《通知》分四部分。第一部分提出了加强个人科技特派员工作的具体要求,一是务实安排个人科技特派员项目,省财政安排资金经费用于补助个人科技特派员项目实施;二是明确项目管理职责,各县(市、区)科技局负责对所属区域内科技特派员项目的全过程管理,为科技特派员开展工作提供服务、做好年度总结等;三是严格经费管理,每年 10 万元项目经费补助,每期个人科技特派员项目经费补助 20 万元(2 年一期);四是实施绩效评估,省科技厅每 2 年委托第三方机构对各县(市、区)科技特派员项目实施的整体绩效进行评价,并根据评价情况安排下一期个人科技特派员名额。第二部分事业法人科技特派员,是指高校、科研院所的事业法人服务地方、服务产业发展,与地方共同开展产学研合作的一项制度,随后提出了对事业法人科技特派员的工作要求,一是明确主要工作任务,包括开展各类科技特派员培训、统计,推进本单位科技特派员工作的信息化建设,与县(市、区)联合推动科技特派员工作站建设等;二是严格经费使用,包括科技特派员基地建设、科技特派员培训及其他相关领域;三是规范日常管理。第三部分团队科技特派员,主要是指由 5 人以上科技人员组成科技服务团队,帮助县(市、区)培育一个产业或做大做强一个产业,提供产前、产中、产后全程科技服务的一项制度,具体要求包括:一是明确责任主体和主要工作任务,团队科技特派员所在的县(市、区)科技局和首席专家负责团队的日常工作;二是加强专项经费管理,经费由省财政支付给各县(市、区),主要用于团队科技特派员基地建设、会议差旅、培训及其他相关领域;三是开展绩效评估,对现有的 125 个团队科技特派员,以设区市为单位,对各县(市、区)的团队科技特派员运作情况实事求是地开展绩效评估;四是深化团队科技特派员改革。第四部分星创天地,主要任务包括:一是明确省级财政补助资金使用范围,财政补助资金主要用于星创天地的孵化平台建设,包括线上服务内容开发、设备采购维护、创新创业培训和新品种、新技术、新装备的示范基地建设等;二是加强省级星创天地动态监测;三是统一规范省级星创天地标牌。

11. 制定《浙江省科技计划(专项、基金)科技报告管理暂行办法》。为推动省级科技计划(专项、基金)科技报告的统一呈交、集中收藏、规范管理和共享使用,省科技厅研究制定了《浙江省科技计划(专项、基金)科技报告管理暂行办法》(浙科发计〔2018〕130 号)(以下简称《办法》)。《办法》共五章,22 条。第一章总则,明确指出科技报告是按照标准化规范,对科研活动的过程、进展和结果进行翔实记载的重要科技成果资源。第二章职责分工,要求建立由省科技行政管理部门、科技报告管理中心、项目承担单位、项目负责人组成的科技报告组织管理体系,科技报告管理中心由省科技行政管理部门委托第三方专业机构负责组建。第三章工作要求,科技报告呈交情况作为省级科技计划项目实施和验收的考核指标。最终科技报告在项目验收时作为验收必要材料之一呈交。第四章开放共享与权益保护,科技报告按照公开与受控使用相结合的原则,通过浙江科技报告共享服务系统向社会开放共享,切实做好科技报告的安全保密管理和知识产权保护工作。第五章附则。

12. 制定《浙江省创新驱动乡村振兴科技行动计划(2018—2022 年)》。为深入实施创新驱动发展战略和乡村振兴战略，根据《国家乡村振兴战略规划（2018—2022年）》《中共科学技术部党组关于创新驱动乡村振兴发展的意见》，省委、省政府《全面实施乡村振兴战略高水平推进农业农村现代化行动计划（2018—2022年）》精神，省科技厅会同省农业农村厅联合编制了《浙江省创新驱动乡村振兴科技行动计划（2018—2022年）》（浙科发农〔2018〕181号）（以下简称《行动计划》）。《行动计划》共分三部分。第一部分总体要求，提出了到2022年底，实施省级重点科技项目500项，培育省级重点农业企业研究院30家，打造省级农业科技园区50家，建设星创天地100家。农业科技进步贡献率达到66%以上。第二部分重点任务，提出实施六大工程。一是实施农业科技创新能力攀高工程，提升农业核心竞争力。以农业科技成果源头供给结构性调整为主线，每年布局实施100项左右省级重点科技项目，获取一批前瞻性、颠覆性、创新性、具有自主知识产权的农业科技成果，提升农业核心竞争力。稳定支持农业新品种选育，持续开展生态农业技术研发，着力推进生物农业技术研发，优化布局智慧农业技术装备研发，重点加强现代食品制造技术研发。二是实施农业科技成果转化工程，提高科技向农业现实生产力转化的效率。畅通农业科技成果转化渠道中农业科技—生产—经济实现等各环节。积极推进农业科技成果协同转化推广，探索开展多元化转化示范模式，建立多层次转化媒介服务体系，切实提升农业科技成果转化效能。实施农业科技成果协同转化推广项目，建设农业科技成果转化示范基地，培育农业科技成果转化中介。三是实施农业高新技术产业培育工程，促进产业融合提升。聚焦重点农业高新技术产业培育，大力培育农业高新技术企业，优化布局农业科技产业，打造一二三产业融合发展的新局面。培育现代农业新业态，按照全产业链融合思路发展农业高新技术产业；壮大农业高新技术企业，创建30家以上省级重点农业企业研究院；建设农业科技园区，布局创建50家省级农业科技园区。四是实施农村生态宜居支撑工程，推动人与自然和谐共生。启动绿色生态宜居重点研发项目，推进可持续发展创新示范区建设，促进乡村社会事业发展。五是实施农业农村富民强县工程，加快农村农民共同富裕。实施农业科技帮扶行动，每年安排10个重点研发项目用于支持26县发展地区特色优势农业；不断深化科技特派员制度，每年"双向选派"330名省级科技特派员；着力打造农业领域的科技孵化器——星创天地；积极开展县域创新驱动发展试点。六是实施农业农村科技型人才培育工程，强化创新人才队伍支撑。引育农业科技创新领军人才，加强农业农村科技服务人才队伍建设，培育科技型农业实体企业家，打造科技型职业农民队伍。第三部分保障措施，一是强化组织保障，成立由省科技厅、省发展改革委等部门共同组成的农业联合会议领导小组；二是完善管理机制，建立新型农业科技管理部门会商机制；三是创新投入方式，推动农业企业直接补贴和免税政策向科技创新补贴激励政策转变，省重大科技专项加大力度支持我省乡村振兴发展中的重大关键核心技术攻关与应用示范；四是加强合作共享，借助海外浙商、海外创新孵化中心、国际技术转移机构等渠道优势和国际科技合作基地、海外研发中心等平台优势，不断开拓国际国内市场。

13. 制定《浙江省中央引导地方科技发展计划管理细则》。为规范中央引导地方科技发展计划管理，根据《财政部 科技部关于印发〈中央引导地方科技发展专项资金管理办法〉的通知》，结合浙江省实际，省科技厅和省财政厅联合制定了《浙江省中央引导地方科技发展计划管理细则》（浙科发计〔2018〕198号）（以下简称《管理细则》）。《管理细则》分六章，共20条。第一章明确了《管理细则》制定的目的，专项实施的目标和原则。第二章明确了重点支持方向和范围。科研基础条件和能力建设、专业性技术创新平台、科技创新创业服务机构、科技创新项目示范是国家明确要求的 4 大类重点支持方向。支持范围新增了新型研发机构、临床医学研究中心、国际科技合作基地、县域创新县(市、区)、科技大市场、技术转移机构、科技特派员工作站和星创天地等内容。第三章明确了项目遴选程序。一是项目初选,由各业务处围绕浙江“四个强省”工作导向、富民强省十大行动计划,突出数字经济“一号工程”和生物医药等省委、省政府明确的重点发展领域,在各类专项资金项目库中筛选提出推荐的项目建议清单;没有管理办法或没有项目储备的,应当组织科学论证后提出项目安排建议。二是专家评审。通过召开专家评审会的方式,对推荐项目的实施方案和绩效目标等进行评审,并结合专项资金年度预算,提出拟支持的项目和补助金额。三是编报三年滚动规划,由省科技厅会同省财政厅报送科技部、财政部。四是编报实施方案,报财政部、科技部备案,并抄送专员办。第四章明确了支持方式和标准。通过直接补助、后补助、以奖代补、贷款贴息、发放创新券等多种方式,对不同的项目类型给予支持。同时进一步明确科技创新创业服务机构原则上每家补助不超过 200 万元,其他支持项目原则上每项补助不超过 500 万元,重大项目可“一事一议”。直接补助的项目实行合同制管理,合同书(任务书、责任书),并作为项目实施、结题验收、责任期考核和绩效评价的依据。项目实施和经费管理按照相关规定执行。第五章明确了监管与绩效评价。各市科技行政部门和有关单位按要求做好项目推荐审查、项目实施和资金使用监督管理等工作。项目承担单位应切实履行好主体责任,自觉接受监督检查和绩效评价。省科技厅采取定期检查、不定期抽查等方式,牵头做好项目实施和经费使用监督管理,并会同省财政厅建立绩效管理制度,组织实施绩效评价。同时,明确发现截留、挤占、挪用或骗取资金等违法违纪行为,或存在违反规定审批、分配、拨付、使用和管理资金的,纳入科研失信行为记录,并依照有关法律法规的规定追究相应责任。第六章附则。

(二)加强依法行政与法治政府建设工作

1. 加强法治政府建设领导工作。认真贯彻落实《浙江省党政主要负责人履行推进法治建设第一责任人职责实施办法》,坚持党对法治政府建设的领导。按照《浙江省重大行政决策程序规定》,制定《浙江省科学技术厅工作和议事规则》,严格遵循公众参与、专家论证、风险评估、合法性审查、集体讨论决定的重大行政决策法定程序,确保决策制度科学、程序正当、过程公开、责任明确。落实领导班子集体学法制度,组织领导班子集体学习宪法修正案、监察法等法律法规,提高领导干部依法行政意识和依法履职能力。制定《2018 年度法治政府建设厅内任务分解表》等相关文件,落实领导干部法治能力建设任务,将依法行政、规范行政决策、政务公开、普法等内容作为重要内容,明确 22 项重点工作的责任处室和任务目标。

2. 积极推进科技系统“最多跑一次”改革。印发《科技系统省市县三级群众和企业到政府办事事项指导目录》,做到群众和企业到科技部门办事事项“最多跑一次”100% 全覆盖,全面统一科技系统办事事项的适用依据、申请材料、办理时限、表单内容等要素,按照减事项、减次数、减材料、减时间的要求,开展办事事项和办事指南的动态调整。推进政府数字化转型工作,实现全部 19 项“最多跑一次”事项的全流程网上办理和办事系统的数据共享,对省科技厅涉及的 41 项业务工作事项进行 3 轮集中梳理,精简优化各事项原有申报表单中的 3799 个字段,减少字段 871 个,共享字段 572 个,为科研人员减少近40%的填报字段。规范统一全省科技系统233项“最多跑一次”事项，其中省级事项全部实现网上办理和数据共享。

3. 推进科技创新领域立法工作。积极开展立法前调研工作，提出将《浙江省技术市场条例》（修订）、《浙江省自然科学基金条例》《浙江省实验动物管理条例》列入省人大2019年二类立法计划项目的建议，将《浙江省科学技术奖励办法》（修订）列入2019年省政府规章制定计划。做好“一法两条例”执法检查工作，按照省人大常委会年度工作安排，配合省人大常委会开展促进科技成果转化“一法两条例”（《中华人民共和国促进科技成果转化法》《浙江省促进科技成果转化条例》《浙江省专利条例》）执法检查工作，先后赴宁波、绍兴、衢州、杭州等地检查调研，组织召开高校院所专题座谈会，起草“一法两条例”贯彻落实情况报告，推动激发科技人员创新活力、促进科技成果转化的各项政策法规落实落地。

4. 强化科技创新政策法规普及工作。严格按照“谁执法谁普法”责任制要求，制定《全省科技系统落实“谁执法谁普法”普法责任制实施意见》，明确普法重点，落实普法责任。加强创新驱动发展战略方面的法律法规政策宣传服务工作，开展对全省范围内高新技术企业和科技型中小企业的政策培训，包括企业研发费用加计扣除政策和高新技术企业认定政策要点和最新变化、企业研发费用财务归集和研发经费支出统计方法、国家科技型中小企业评价系统操作等课程内容，共举办20场次的培训班，培训企业相关工作负责人和各级科技管理部门工作负责人约4400人次。积极开展《浙江省促进科技成果转化条例》学习宣传和贯彻实施工作，组织召开有关座谈会、培训班，为条例全面贯彻实施营造良好氛围。

5. 加强规范性文件监督管理。根据国务院办公厅《关于加强行政规范性文件制定和监督管理工作的通知》《浙江省行政规范性文件管理办法》等相关文件要求，做好规范性文件合法性审查和备案审查工作，将公开征求意见、合法性审查、集体讨论、厅门户网站公开、政策解读等列为必经程序。严格按照规范性文件审查要求，提出合法性审查意见，符合条件的予以报备，对以省科技厅名义发文的7件规范性文件和代省委、省政府（或省委办、省府办）拟订的4件规范性文件进行合法性审查，并在文件正式印发后通过厅门户网站和省政府网站进行公开和解读。根据《国务院关于在市场体系建设中建立公平竞争审查制度的意见》《浙江省人民政府关于在市场体系建设中建立公平竞争审查制度的实施意见》等相关文件要求，认真开展涉及工商登记、黑名单制度、公平竞争审查、数据开放共享等内容的专项清理工作和全面清理工作，对涉及相关内容的3件省政府规范性文件提出具体清理意见。

6. 深入贯彻行政程序规定。严格实施《浙江省行政程序办法》等省政府规章，稳步推行“双随机、一公开”监管工作，及时完成落实情况自查整改工作。在财政科研经费使用和专项审计中，运用好“双随机、一公开”监管工作方法，加强科技计划项目事中事后管理，在精简管理程序、方便科研人员的同时，着力提升科研绩效。深入贯彻《浙江省重大行政决策程序规定》，印发《关于做好科技系统重大行政决策事项工作的通知》，明确将制定科技方面地方性法规、规章草案、科技发展中长期规划、重大科技政策和改革方案、关系科技人员切身利益或者社会关注度高的其他重大事项，纳入重大决策范围，同时要求各地科技部门根据本地区、本单位实际情况作出重大行政决策具体规定并公布重大行政决策目录。

7. 积极推行法律顾问制度。认真落实省政府办公厅《关于进一步深化政府法律顾问工作的意见》要求,明确法律顾问在重大科技决策、立法项目研究论证、规范性文件制定、行政复议和诉讼案件、信访案件、重大涉法事件、重大科技项目等方面的职责。开展法律顾问到期聘任工作,续签常年法律顾问聘任合同,约定服务范围、服务方式、权利义务、聘任期限、工作费用等内容。在开展规范性文件制定、政府信息依法公开、行政复议、行政诉讼等工作中,多次征求省科技厅法律顾问意见。

8. 规范行政执法工作。印发《关于贯彻落实〈浙江省行政执法监督实施办法〉的通知》,要求全省各级科技部门自觉接受、配合行政执法监督,加强与当地政府法制部门的沟通联系,形成工作合力,并将行政执法监督作为提高办案质量和推进依法行政的一项长效机制来抓,不断提高依法行政工作水平。结合行政执法专项监督工作,组织开展科技系统行政执法案卷评查工作,重点对6个实验动物生产和使用许可案卷进行认真评查和整改落实,提高行政执法水平。落实行政执法全过程记录制度,加强科技执法设备配备工作,各地行政执法部门均配有照相机、录音笔等执法设备,杭州、湖州等市购置专用执法软件,为更好地推进科技行政执法全过程记录工作提供重要保障。

9. 做好行政复议和行政诉讼工作。认真落实《关于规范告知行政复议申请权的通知》要求,在行政许可、行政处罚决定书中落实行政复议申请权告知义务,维护群众合法利益。认真做好高新技术企业申报材料政府信息公开行政复议案件,经多次沟通协调,申请人撤回复议申请。配合做好衢州市科技局专利补助系列行政诉讼案件的应诉工作,积极做好省科技厅因行政复议作为共同被告的行政诉讼案件的应诉,按期提交行政答辩状和证据材料,会同省科技厅法律顾问参加庭审等相关应诉工作。

10. 健全完善政务公开工作机制。积极落实2018年政务公开工作要点,围绕重点领域加大主动公开力度。以省科技厅门户网站为主,以"创新浙江"微信号、腾讯微博、新浪微博等新媒体为辅,全面加强政务信息主动公开。在省科技厅门户网站专门设立重点领域信息公开专栏,将财政预决算和行政执法案件公开情况列入重点领域信息公开,增强信息公开工作的针对性、实效性。2018年,省科技厅紧紧围绕科技创新中心工作,主动发布各类信息10183条。主动做好政策解读工作,专门在省科技厅门户网站设置政策解读专栏,充分利用新媒体,对浙江省出台的科技创新政策及时开展解读,全年共对提请省委、省政府印发的3件规范性文件和省科技厅制发的3件规范性文件开展解读。进一步规范依申请公开政府信息工作内部办理流程,全年共收到政府信息公开申请12件,其中网上申请11件、当面申请1件,均按规定时限答复。其中8件属于已主动公开范围内容,1件描述不准确出具了补正告知书,3件为依申请公开的政务信息,均按申请人要求的公开方式给予答复。

二、市县党政领导科技进步目标责任制考核、创新型城市(县、区)创建

(一)市县党政领导科技进步与人才工作目标责任制考核评价

为深入实施创新驱动发展战略,加快推进创新强省、人才强省建设,根据《浙江省科学技术进步条例》和《浙江省中长期人才发展规划纲要(2010—2020年)》及省委办公厅、省政府办公厅《关于坚持和完善市县党政领导科技进步目标责任制考核评价工作的通知》、省委办公厅《关于进一步加强党管人才工作的实施意见》的有关要求,开展2017年度市县党政领导科技进步与人才工作目标责任制考核评价工作。

考核评价内容中突出贯彻落实省第十四次党代会、省委十四届二次全会精神，加快建设创新强省，落实“一转四创”目标任务，为“两个高水平”建设提供强有力的科技支撑等工作。

省委组织部、省科技厅、省人力社保厅分别牵头，率省科技体制改革和创新体系建设领导小组、省委人才工作领导小组有关成员单位成立三个考核组，分别对宁波、杭州、湖州等地市县党政领导科技进步与人才工作目标责任制实施情况进行了实地考评。经市、县(市、区)自查、考核、推荐和省考核组考核，结合省统计局的科技进步统计监测评价报告、年度目标任务、创新性工作开展情况，并报省委、省政府同意，确定杭州市等4个市、杭州市滨江区等22个县(市、区)为2017年度市县党政领导科技进步目标责任制考核优秀单位(表2-1-1)，杭州市等4个市、杭州市滨江区等13个县(市、区)为2017年度市县党政领导人才工作目标责任制考核优秀单位(表2-1-2)。

表2-1-1　2017年度市县党政领导科技进步目标责任制考核优秀市、县(市、区)

分　类	优秀市、县(市、区)
优秀市	杭州市、宁波市、温州市、嘉兴市
优秀县(市、区)	杭州市滨江区、杭州市萧山区、杭州市余杭区、宁波市北仑区、慈溪市、温州市瓯海区、乐清市、嘉善县、海宁市、德清县、长兴县、绍兴市柯桥区、新昌县、武义县、义乌市、衢州市柯城区、龙游县、舟山市定海区、温岭市、玉环市、丽水市莲都区、缙云县

表2-1-2　2017年度市县党政领导人才工作目标责任制考核优秀市、县(市、区)

分　类	优秀市、县(市、区)
优秀市	杭州市、宁波市、湖州市、绍兴市
优秀县(市、区)	杭州市滨江区、杭州市余杭区、宁波市鄞州区、余姚市、平阳县、海宁市、德清县、绍兴市柯桥区、义乌市、龙游县、舟山市普陀区、台州市椒江区、青田县

(二)国家创新型试点城市和创新型县(市)建设

科技部、国家发改委发布《关于支持新一批城市开展创新型城市建设的函》(国科函创〔2018〕59号)，支持17个城市开展创新型城市建设，绍兴市、金华市名列其中，浙江省国家创新型试点城市达到6个。

为贯彻落实《国务院办公厅关于县域创新驱动发展的若干意见》(国办发〔2017〕43号)提出的“在有条件的县(市)建设创新型县(市)”要求，根据《科技部关于印发〈创新型县(市)建设工作指引〉的通知》(国办发〔2018〕130号)，科技部组织开展了创新型县(市)建设工作。经地方推荐、形式审查、咨询评议和实地考察等程序，科技部确定了全国52个县(市)为首批创新型县(市)建设县(市)，其中浙江有长兴、新昌、慈溪、乐清、安吉等5个县(市)获批，居全国首位。

三、重点调研课题

2018年，全省科技系统针对科技发展的热点和难点问题，深入开展调查研究工作，其中省科技厅安排厅领导重点调研课题 9 项（表 2 - 1 - 3），取得了一批高质量、有实效的调研成果，提升了科技创新的决策和服务水平。

表 2 - 1 - 3　2018 年浙江省科技厅重点调研课题

序号	项目名称	参与（依托）单位
1	省自然科学基金支持重点领域基础研究及人才队伍培养的对策研究	省科技厅办公室、法规处、计财处、条件处
2	之江实验室探索国家实验室体制机制创新的实践与思考	省科技厅办公室、计财处、条件处
3	加大全社会研发投入路径和对策研究	省科技厅计财处、省科技信息研究院（省科技发展战略研究院）
4	浙江省科技创新政策分析评估	省科技厅法规处、计财处、省科技信息研究院（省科技发展战略研究院）
5	高质量高水平推进乡村振兴战略的对策研究	省科技厅农村处、省科技信息研究院（省科技发展战略研究院）
6	浙江省加快军民融合科技合作和人工智能产业发展对策研究	省科技厅成果处、高新处、省科技信息研究院（省科技发展战略研究院）
7	加快产业创新服务综合体建设的思路与对策研究	省科技厅条件处、省科技信息研究院（省科技发展战略研究院）、省生产力促进中心
8	加强财政科技专项资金监管工作的调研与思考——以青山湖科技城引进共建创新载体专项资金监管为例	驻省科技厅纪检监察组、省科技厅计财处、成果处、机关党委
9	浙江省物联网产业知识产权战略研究	省科技厅知识产权发展处、专利管理处、专利保护处

第二章　科技成果转化

近年来，聚焦打造全国一流的科技成果交易中心和面向全球的技术转移枢纽，围绕科技成果转移转化的关键问题和薄弱环节，浙江积极完善全链条科技成果转移转化管理和服务体系，强化科技成果精准对接，全力推动科技成果与浙江战略、市场需求相结合，促进科技与经济社会融通发展。

一、国家科技成果转移转化示范区建设

加快建设国家科技成果转移转化示范区，研究制定技术转移体系、国家技术产权交易所建设等政策，统筹推进线下科技大市场贯标和网上技术市场3.0版建设，全年实现技术交易额989亿元。

（一）科技大市场建设

启动建设3.0版浙江科技大市场，充分利用大数据、人工智能和区块链技术，加速打造集线上服务平台、线下服务中心和技术转移生态体系于一体的“互联网+”浙江科技大市场。一是优化提升线上平台功能，结合新一代信息技术，建立技术供需、投资融资、知识产权、政策法规、服务机构、专家人才等一批基础数据库，加强与国家科技成果数据资源互联互通，探索建立各类科技资源汇集、供给需求智能对接的成果转化云平台；二是加快推进线下交易大厅的改造提升，围绕技术产权产业化的思路，合理规划线下大厅布局，打造集成果发布、路演推介、技术评估、综合查询等全链条服务于一体的科技服务社区。截至2018年底，已形成由1个省级中心、11个市级市场、94个县级分市场和29个专业市场组成的科技成果线上平台，累计发布技术难题9.43万项、科技成果24.04万项，成交并签约项目4.6万项，成交金额522亿元；线下大市场已建成55家，覆盖了全省11个设区市，同时还在福建等地建立了合作市场，并积极筹建海外市场。各市级分市场发展情况见表2-2-1。

表2-2-1　2018年中国浙江网上技术市场各市市场发展情况

分市场	技术成果（项）	技术需求（项）	签约合同数（项）	合同金额（万元）	会员数（家）
杭州	701	709	531	49855.6	111
宁波	22	26	31	1357.3	14
温州	1401	550	386	72416.1	22
绍兴	6045	573	116	27696.1	19
台州	2976	586	56	7436.2	43
嘉兴	2013	437	216	125021.6	108
湖州	1505	754	447	120273.7	12

续表

分市场	技术成果(项)	技术需求(项)	签约合同数(项)	合同金额(万元)	会员数(家)
金华	918	591	249	71273.4	11
衢州	766	353	190	35517.5	35
丽水	213	388	282	38064.7	72
舟山	398	262	51	10921	9

(二)科技成果竞价拍卖

围绕"平台规范化、能力专业化、交易市场化、网络国际化、服务品牌化"五化融合,研究制订《打造科技成果"浙江拍"品牌工作方案》,创新科技成果转化模式,特别是拍卖的新模式,加快推进科技成果竞拍专业化、常态化、品牌化。精准化开展成果对接活动。积极拓展全球技术交易网络,充分利用高校院所的国际技术交流资源,在浙江大学国际联合学院建立全省首个国际科技成果路演交易中心。2018 年,全省各地举办科技成果路演拍卖 22 场,拍卖成交 476 项、金额 6.2 亿元,创历年新高,"浙江拍"品牌越擦越亮。自 2012 年首次开展市场化竞拍以来,至今累计举办 60 多场,其中省级 12 场竞拍 1539 项、成交额 25.56 亿元,溢价幅度达 35% 以上,在全国闯出了一条新路子。

(三)浙江网上技术市场活动周

2018 年底,以"登高望远 · 勇立潮头 · 成果转化谋新篇"为主题的浙江网上技术市场活动周成功举办。大会发布了"双指数",即衡量全省各地科技成果转化能力的浙江科技成果转化指数和体现高校科技成果转移能力的浙江高校知识产权交易指数。共汇集 219 项科技成果,总起拍价 2.48 亿元,最终成交 216 项科技成果,总成交价 3.14 亿元,总溢价达 27%。

(四)浙江知识产权交易中心建设

积极推动省内外高校院所进场交易,先后与中国科学院上海生命科学院、航天五院等省内外 28 家高校院所签订了科技成果转化合作协议并进场交易,进场交易的发明专利数量占到浙江省高校发明专利总量的 77.8%。加强国际科技合作与交流,先后与美国、德国等 10 个国家的机构建立合作关系,线上线下推广海外专利、科技项目 220 余项。按照构建互联互通的全国性交易网络的要求,围绕国家自主创新示范区建设,与温州市联合谋划建设国家技术产权交易所,努力打造全国性的技术产权交易枢纽。

二、科技孵化器建设

近年来,浙江积极扶持一批新型科技企业孵化器,出台《做好创业孵化基地建设"双清零"有关工作的通知》,引导各地、高新区和高新技术特色小镇加大培育建设力度,提升创业服务能力,力争省级以上高新区、国家级科技企业孵化器全覆盖,各市、县(市、县)省级科技企业孵化器全覆盖。2018 年,新认定杭州运河汽车互联网产业园等省级科技企业孵化器 31 家(表 2-2-2)。截至 2018 年底,全省拥有省级科技企业孵化器 167 家,国家级科技企业孵化器 68 家。

表2－2－2　2018年新认定省级科技企业孵化器

序号	孵化器名称	单位名称	类型	所在辖区
1	杭州运河汽车互联网产业园	杭州运河汽车互联网产业园有限公司	专业型	杭州市
2	新禾联创科技企业孵化器	杭州祝融投资管理有限公司	综合型	杭州市
3	基因小镇	浙江迪安基因健康创业中心有限公司	专业型	杭州市
4	浙江商业职业技术学院创业园	杭州商苑企业管理有限公司	综合型	杭州市
5	大华·江虹国际创新园	杭州江虹科技有限公司	综合型	杭州市
6	王道公园(优迈)孵化器	杭州多助信息技术有限公司	综合型	杭州市
7	金绣国际孵化器	杭州金绣花边有限公司	综合型	杭州市
8	启迪之星(杭州·滨江)	杭州启迪东信孵化器有限公司	专业型	杭州市
9	正泰中自科技园	浙江正泰中自企业管理有限公司	综合型	杭州市
10	杭州里士湖科创园	杭州里士湖企业管理有限公司	专业型	杭州市
11	湘湖科创园	浙江朴鲁投资管理有限公司	综合型	杭州市
12	纳斯科创园	杭州纳斯实业有限公司	综合型	杭州市
13	新塘科创园	杭州萧山新塘科创园管理有限公司	专业型	杭州市
14	浙江省生物医药孵化器	杭州余杭生物医药科技服务有限公司	专业型	杭州市
15	银湖创新中心孵化器	杭州富阳银湖科创投资管理有限公司	综合型	杭州市
16	青山湖银江孵化器	杭州青山湖银江孵化器有限公司	综合型	杭州市
17	腾腾智能产业孵化基地	浙江腾腾电气有限公司	专业型	温州市
18	苍南县公益性科技企业孵化器	苍南县科技创新服务中心	综合型	温州市
19	嘉兴光伏科创园	嘉兴秀洲光伏小镇开发建设有限公司	专业型	嘉兴市
20	浙江欧美生物科技产业孵化器	浙江欧美生物科技产业开发有限公司	专业型	嘉兴市
21	嘉兴市杭州湾新经济园	嘉兴市杭州湾新经济园发展有限公司	综合型	嘉兴市
22	嘉善科文科技园	嘉善科文科技园管理有限公司	综合型	嘉兴市
23	浙江“千人计划”德清产业园	德清智创产业园建设发展有限公司	综合型	湖州市
24	长兴画溪智慧创业谷	长兴画溪智慧创业谷园区管理有限公司	综合型	湖州市
25	浙江奇创科技有限公司高科技创业中心	浙江奇创科技有限公司	综合型	绍兴市
26	高新园区科技孵化器	新昌县工业区发展有限公司	专业型	绍兴市

续表

序号	孵化器名称	单位名称	类型	所在辖区
27	兰溪市科技创业园	兰溪市科技企业创业服务中心	综合型	金华市
28	浦江县科技创业园	浙江浦江汇业科技创业园开发有限公司	综合型	金华市
29	衢州颐高科技创业园	衢州颐高科技创业园有限公司	综合型	衢州市
30	舟山高新技术产业园区科技孵化器	浙江舟山群岛新区大学科技园发展有限公司	综合型	舟山市
31	丽水经济技术开发区科技孵化园	丽水南城新区投资发展有限公司	综合型	丽水市

三、众创空间培育

近年来,浙江顺应网络时代大众创业、万众创新的新趋势,培育发展众创空间等新型创业服务平台,呈现出良好的发展势头。充分利用国家和省级高新区、特色小镇、科技企业孵化器、小微企业创业基地、大学科技园和高校、科研院所的有利条件,发挥行业领军企业、创业投资机构、社会组织等社会力量的主力军作用,构建一批低成本、便利化、全要素、开放式的新型创业服务平台,为广大创业创新者提供良好的工作空间、网络空间、社交空间和资源共享空间。2018年,通过省级众创空间备案99家。经第三方评估,六和桥等49家众创空间获评浙江省2018年度优秀众创空间(表2-2-3),每家奖励50万元。截至2018年底,全省拥有省级以上众创空间369家,其中120家纳入国家级科技企业孵化器管理。

表2-2-3　2018年度浙江省优秀众创空间

序号	空间名称	企业名称	所属辖区
1	六和桥	杭州枫惠投资管理有限公司	杭州市
2	银江创业工坊(云制造小镇)	杭州临安银江创业梦工场企业管理有限公司	杭州市
3	良仓孵化器(B12创客空间)	杭州良仓投资管理有限公司	杭州市
4	经纬创造社	杭州经纬天地创意投资有限公司	杭州市
5	银江创业梦工场	浙江银江股权投资管理有限公司	杭州市
6	泛创空间	杭州泛创新天地企业管理有限公司	杭州市
7	楼友会	杭州楼友会创客商务有限公司	杭州市
8	WE-LINK.“1024”创新基地	杭州市高科技企业孵化器有限公司	杭州市
9	极客创业营	杭州极讯企业管理有限公司	杭州市
10	润湾创客中心	浙江润湾投资咨询有限公司	杭州市
11	创梦空间	杭州麦鲜企业管理有限公司	杭州市
12	创盒空间	杭州创盒企业管理有限公司	杭州市
13	费米众创空间	杭州费米企业管理有限公司	杭州市

续表

序号	空间名称	企业名称	所属辖区
14	星普乐士创客空间	杭州辛普企业管理有限公司	杭州市
15	映创空间	杭州映创科技有限公司	杭州市
16	第七空间	杭州日报华知投资有限公司	杭州市
17	浙江大学 e－WORKS 创业实验室	浙江大学科技园发展有限公司	杭州市
18	腾讯创业基地(杭州)	杭州兆丰天瑞投资管理有限公司	杭州市
19	万创空间	杭州万创商务服务有限公司	杭州市
20	拎包客青年众创空间	杭州窝牛资产管理有限公司	杭州市
21	尚客汇众创空间	杭州尚坤文化创意有限公司	杭州市
22	浙江商业职业技术学院众创空间	杭州硕丰教育咨询有限公司	杭州市
23	希垦创梦空间	浙江智新泽地科技发展有限公司	杭州市
24	嘉禾地带	杭州嘉量科技企业管理有限公司	杭州市
25	创客蜂房	杭州蜂瑞投资管理有限公司	杭州市
26	鄞州区大学生(青年)创业园 7 号众创空间	宁波市鄞州鄞创大学生创业园管理服务有限公司	宁波市
27	复旦大学宁波创客服务中心	宁波复旦创新中心有限公司	宁波市
28	宁波博创梦工场	宁波市好味当餐饮股份有限公司	宁波市
29	宁波麟沣医疗科技产业园	宁波麟沣生物科技有限公司	宁波市
30	正和创新工场	宁波正和汇聚创业服务有限公司	宁波市
31	智创汇	温州波弟机器人科技有限公司	温州市
32	温州产业科技众创空间	温州职业技术学院	温州市
33	创 E 公社	瑞安日报有限公司	温州市
34	瓯江 7 号众创空间	温州大学瓯江学院	温州市
35	We＋社区(温州源大创业学院)	温州源大创业服务股份有限公司	温州市
36	云创空间	温州云创空间文化创意有限公司	温州市
37	九山·创客广场	温州创客产业园开发有限公司	温州市
38	楼友会嘉兴众创空间	嘉兴万创创客服务有限公司	嘉兴市
39	零·一智慧谷	浙江秀洲科技创业发展有限公司	嘉兴市
40	楼友会·人力资源众创空间	湖州楼友会商务服务有限公司	湖州市
41	众创实验室	浙江省长三角生物医药产业技术研究园	湖州市
42	微总部创业创新基地	湖州微总部科技发展有限公司	湖州市
43	湖州七幸众创空间	湖州七幸科技投资有限公司	湖州市
44	锐创生物众创空间	绍兴锐创生物科技有限公司	绍兴市
45	微巢空间	绍兴颐高电子商务有限公司	绍兴市
46	慧谷创客汇	绍兴慧谷科技孵化器有限公司	绍兴市
47	楼友会·衢州众创空间	衢州颐高电子商务有限公司	衢州市
48	衢州市电子商务产业园	衢州文睿电子商务发展有限公司	衢州市
49	台州众创空间	台州众创商务服务有限公司	台州市

第三章　科技创新与服务载体

一、企业技术研发机构

（一）省级高新技术企业研发中心

浙江自2006年起就将高新技术企业研发中心作为“六个一批”创新载体建设的重点，在集聚整合创新资源、组织开展技术研发、支撑企业提升自主创新能力等方面取得了显著成效。2018年，浙江省高新技术企业研发中心建设继续深入推进，全省新批准“易雅通智慧金融省级高新技术企业研究开发中心”等497家单位建设省级高新技术企业研发中心，全省累计达3960家，比2017年增长14.4%（图2-3-1）。

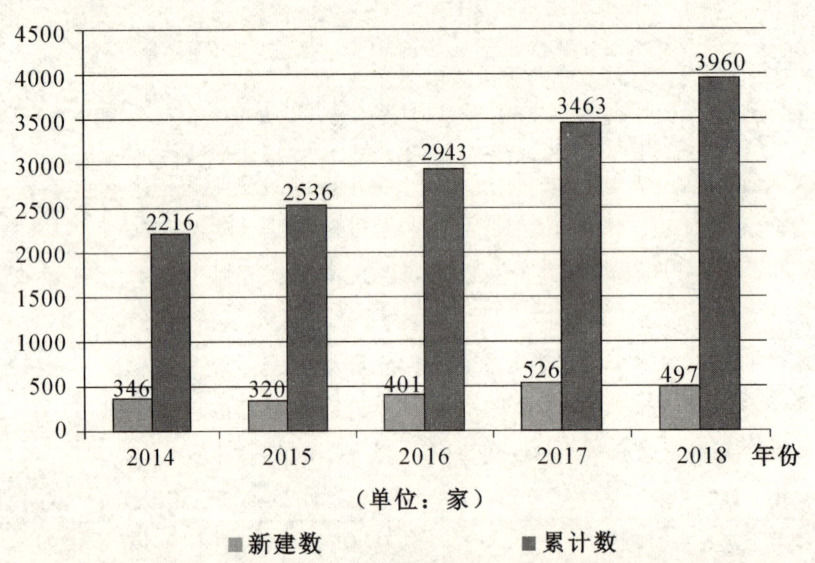

图2-3-1　2014—2018年浙江省高新技术企业研发中心建设情况

（二）企业技术中心

企业技术中心建设持续推进，在提升企业创新能力，促进企业转型升级方面发挥了重要作用。2018年，新认定浙江国自机器人技术有限公司等100家省级企业技术中心（含建设行业7家）；网易（杭州）网络有限公司等8家企业技术中心通过国家认定（表2-3-1），累计已达119家（图2-3-2）。

表2-3-1　2018年新认定的国家企业技术中心

序号	企业名称	企业技术中心名称
1	网易（杭州）网络有限公司	网易（杭州）网络有限公司技术中心

续表

序号	企业名称	企业技术中心名称
2	新界泵业集团股份有限公司	新界泵业集团股份有限公司技术中心
3	浙江海翔药业股份有限公司	浙江海翔药业股份有限公司技术中心
4	瑞立集团瑞安汽车零部件有限公司	瑞立集团瑞安汽车零部件有限公司技术中心
5	宁波杉杉新材料科技有限公司	宁波杉杉新材料科技有限公司技术中心
6	东方日升新能源股份有限公司	东方日升新能源股份有限公司技术中心
7	浙江华朔科技股份有限公司	浙江华朔科技股份有限公司技术中心
8	宁波兴业盛泰集团有限公司	宁波兴业盛泰集团有限公司技术中心

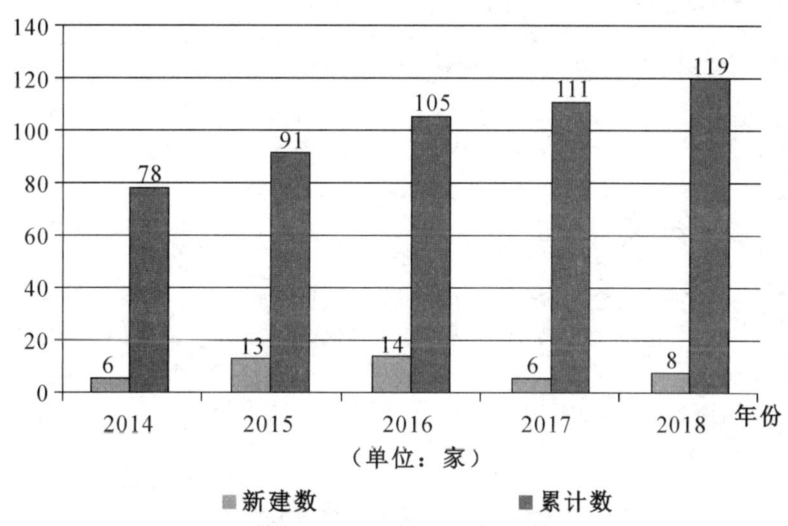

图 2－3－2　2014—2018 年浙江省国家认定企业技术中心建设情况

(三)省级(重点)企业研究院

近年来,遵循“企业主体、政府引导、统筹规划、合力推进、全程评价、动态管理”的原则,浙江积极推进省级(重点)企业研究院建设,将其作为提高企业自主创新能力、打造产业竞争新优势的重要手段,以及优化科技创新资源配置、促进科技经济紧密结合、发展高新技术产业和战略性新兴产业的有效途径,取得了显著的成效。2018 年,全省新建省级企业研究院 245 家,其中杭州 67 家、宁波 30 家、温州 30 家、湖州 22 家、嘉兴 27 家、绍兴 13 家、金华 15 家、衢州 10 家、舟山 2 家、台州 18 家、丽水 11 家。围绕“做强产业链,部署创新链”,锁定创新短板,着眼产业中高端,不断推进重点企业研究院建设。按照强化动态管理、有进有出的管理机制,2018 年对 9 家不合格单位予以摘牌。截至 2018 年底,全省累计建设省级企业研究院 1097 家,重点企业研究院 251 家,全面覆盖新能源汽车、信息经济、机器人等战略性新兴产业领域,开发了一批“杀手锏”产品,促进了产业链整体提升(图 2－3－3)。

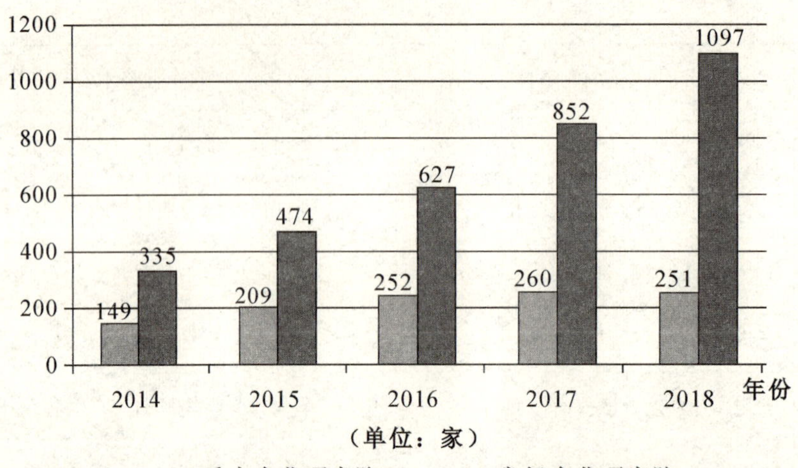

图2-3-3 2014—2018年浙江省省级企业研究院和重点企业研究院

二、国家和省级重点实验室(工程技术研究中心)

为了补齐“有高原无高峰”的基础研究短板,浙江积极推进国家和省级重点实验室(工程技术研究中心)建设,大力布局完善全省实验室体系。

(一)国家重点实验室(工程技术研究中心)稳步推进

聚焦前沿性、前瞻性、专业性,按照分类施策的原则,积极推动在浙学科、企业、省部共建三类国家重点实验室联动发展,争创军民共建国家重点实验室。截至2018年底,全省共有国家重点实验室14个,其中学科国家重点实验室11个(含信息领域3个、工程与材料领域3个、生命与医学领域3个、化学领域1个、海洋领域1个)(表2-3-2)、企业国家重点实验室1个、省部共建国家重点实验室2个,国家工程技术研究中心14个(表2-3-3)。

表2-3-2 在浙国家重点实验室

序号	名称	依托单位	批复时间
1	硅材料国家重点实验室	浙江大学	1985年
2	化学工程联合国家重点实验室	浙江大学	1987年
3	计算机辅助设计与图形学国家重点实验室	浙江大学	1989年
4	工业控制技术国家重点实验室	浙江大学	1989年
5	现代光学仪器国家重点实验室	浙江大学	1989年
6	流体动力与机电系统国家重点实验室	浙江大学	1989年
7	植物生理学与生物化学国家重点实验室	中国农业大学 浙江大学	2002年
8	水稻生物学国家重点实验室	中国水稻研究所 浙江大学	2003年
9	能源清洁利用国家重点实验室	浙江大学	2005年
10	卫星海洋学与海洋环境动力过程国家重点实验室	国家海洋局第二海洋研究所	2005年
11	传染病诊治国家重点实验室	浙江大学	2007年

续表

序号	名称	依托单位	批复时间
12	含氟温室气体替代及控制处理国家重点实验室	浙江省化工研究院有限公司	2015 年
13	省部共建眼视光学和视觉科学国家重点实验室	温州医科大学	2017 年
14	省部共建亚热带森林培育国家重点实验室	浙江农林大学	2017 年

表 2－3－3　在浙国家工程技术研究中心

序号	名称	依托单位	批复时间
1	国家液体分离膜工程技术研究中心	国家海洋局	1991 年
2	国家光学仪器工程技术研究中心	浙江大学	1994 年
3	国家消耗臭氧层物质替代品工程技术研究中心	浙江省化工研究院	1999 年
4	国家电液控制工程技术研究中心	浙江大学	2000 年
5	国家氟材料工程技术研究中心	巨化集团公司	2002 年
6	国家木质资源综合利用工程技术研究中心	浙江农林大学	2008 年
7	国家造纸化学品工程技术研究中心	杭州市化工研究所有限公司	2009 年
8	国家数码喷印工程技术研究中心	杭州宏华数码科技股份有限公司	2008 年
9	国家列车智能化工程技术研究中心	浙江大学 浙大网新	2011 年
10	国家茶产业工程技术研究中心	中国农业科学研究院茶叶研究所	2007 年
11	国家海洋设施养殖工程技术研究中心	浙江海洋学院	2011 年
12	国家黄酒工程技术研究中心	中国绍兴黄酒集团有限公司	2011 年
13	国家眼视光工程技术研究中心	温州医科大学	2013 年
14	国家化学原料药合成工程技术研究中心	浙江工业大学	2013 年

（二）省级重点实验室（工程技术研究中心）优化布局

2018 年，聚焦引领性、区域性、应用性，继续推进省级重点实验室（工程技术研究中心）提质扩面，重点围绕数字经济“一号工程”，在新一代网络信息技术、人工智能、集成电路和重大疾病防控等领域，认定省级重点实验室（工程技术研究中心）28 家（表 2－3－4），其中省级重点实验室 22 家、省级工程技术研究中心 6 家。截至 2018 年底，全省累计建设省级重点实验室（工程技术研究中心）357 家，其中省级重点实验室 271 家、省级工程技术研究中心 86 家。从依托单位性质来看，主要依托高校院所建设的有 252 家，占比达 70.6%，浙江大学、浙江工业大学和浙江理工大学建有的省级重点实验室（工程技术研究中心）数量居全省前三位。从涉及领域来看，主要分布在工程、医学、生物等学科领域，全面涉及生物医药、新材料、节能环保、高端装备制造等战略性新兴产业及民生领域（图 2－3－4）。

表 2－3－4　2018 年新建省级重点实验室（工程技术研究中心）

序号	重点实验室（工程中心）名称	依托单位
1	浙江省作物病虫生物学重点实验室	浙江大学
2	浙江省量子技术与器件重点实验室	浙江大学

续表

序号	重点实验室（工程中心）名称	依托单位
3	浙江省设计智能与数字创意研究重点实验室	浙江大学
4	浙江省电机系统智能控制与变流技术重点实验室	浙江大学
5	浙江省骨骼肌肉退变与再生修复转化研究重点实验室	浙江大学医学院附属邵逸夫医院
6	浙江省药物临床研究与评价技术重点实验室	浙江大学医学院附属第一医院
7	浙江省肿瘤微环境与免疫治疗重点实验室	浙江大学医学院附属第二医院
8	浙江省光场调控技术重点实验室	浙江理工大学
9	浙江省装备电子研究重点实验室	杭州电子科技大学 浙江康立自控科技有限公司
10	浙江省电磁波信息技术与计量检测重点实验室	中国计量大学
11	浙江省针灸神经病学研究重点实验室	浙江中医药大学
12	浙江省中西医结合循环系疾病诊治重点实验室	浙江省中医院
13	浙江省畜禽绿色生态健康养殖应用技术研究重点实验室	浙江农林大学
14	浙江省介入肺脏病学重点实验室	温州医科大学附属第一医院
15	浙江省岩石力学与地质灾害重点实验室	绍兴文理学院
16	浙江省媒介生物学与病原控制重点实验室	湖州师范学院
17	浙江省多电飞机技术重点实验室	宁波诺丁汉大学
18	浙江省消化系统肿瘤诊治及研究重点实验室	宁波市第二医院 中国科学院宁波材料技术与工程研究所
19	浙江省神经精神疾病药物研究重点实验室	浙江省医学科学院
20	浙江省声学振动精密测量技术研究重点实验室	浙江省计量科学研究院
21	浙江省自旋电子材料、器件与系统重点实验室	中电海康集团有限公司
22	浙江省微波毫米波射频技术重点实验室	浙江铖昌科技有限公司 浙江大学
23	浙江省制药化工废弃物循环综合利用工程技术研究中心	台州学院 台州市生物医化产业研究院有限公司
24	浙江省土木工程工业化建造工程技术研究中心	宁波工程学院
25	浙江省气体分离与液化设备工程技术研究中心	杭州杭氧股份有限公司
26	浙江省智慧轨道交通工程技术研究中心	中国电建集团华东勘测设计研究院有限公司 浙江华东工程安全技术有限公司
27	浙江省移动机器人工程技术研究中心	浙江国自机器人技术有限公司
28	浙江省智能物流装备工程技术研究中心	诺力智能装备股份有限公司

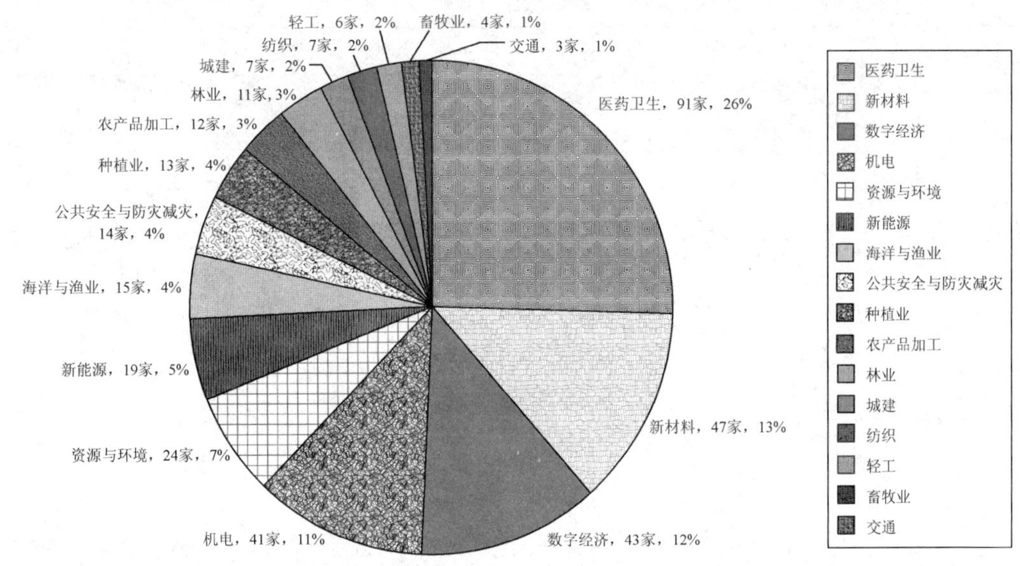

图 2－3－4　浙江省级重点实验室(工程技术研究中心)研究领域分布

根据省科技开发中心对省级重点实验室(工程技术研究中心)的统计评估,截至2018年底,纳入调查的331家省级重点实验室(工程技术研究中心)共拥有科研人员总数17493人,其中具有副高及以上职称(含博士学位)人员13388人,占比达76.53%。科研用房面积合计达170.34万平方米,仪器设备及试验装置资产总值合计达146.53亿元,其中三十万及以上设备总值达94亿元。2016—2018年,累计承担国家级项目3514项,其中承担863或973计划6项;获省部级以上奖励2091项,其中国家科学技术奖72项;获得知识产权11005项,其中发明专利授权9416项;在《自然》《科学》两大顶尖期刊发表论文46篇;共引进或培养院士30人、国家级“千人计划”125人、长江学者20人;共获得经费投入206.67亿元,其中固定资产投入34.38亿元。积极探索建设模式和管理体制的创新,推行“开放、流动、联合、竞争”的运行机制,发展活力不断增强。

三、产业创新服务综合体

建设产业创新服务综合体,是深化供给侧结构性改革,推进经济高质量发展的重大创新举措。2018年,浙江继续做深做实产业创新服务综合体,新认定48家省级产业创新服务综合体,其中34家为创建类、14家为培育类(表2－3－5)。截至2018年底,全省启动建设省市县三级产业创新服务综合体共131家,其中省级65家。65家省级产业创新服务综合体涉及传统产业38家、战略性新兴产业27家,全面覆盖一二三产业。其中,覆盖100亿以上产值的产业集群26家、50亿—100亿元产值的产业集群16家、50亿元以下产值的产业集群23家,所在产业的平均生产总值为180.85亿元(图2－3－5)。据不完全统计,65个省级综合体累计集聚各类创新服务机构2864家,引进共建大院名校454家,集聚高层次人才团队2296个,开展产学研合作的企业达到6329家,有力地推动了当地块状经济向关联性强、集约水平高的产业集群转变,为实现高质量发展提供了支撑。

表2-3-5 2018年新认定浙江省产业创新服务综合体

序号	类型	名称
1	创建类	杭州生物医药产业创新服务综合体
2		杭州临安微纳技术及应用产业创新服务综合体
3		杭州萧山新能源汽车及零部件产业创新服务综合体
4		桐庐笔业创新服务综合体
5		宁波新能源汽车产业创新服务综合体
6		宁波镇海精细化工产业创新服务综合体
7		宁波鄞州微系统产业创新服务综合体
8		宁海模具产业创新服务综合体
9		温州激光与光电产业创新服务综合体
10		瑞安汽车关键零部件产业创新服务综合体
11		永嘉系统流程装备产业创新服务综合体
12		长兴新能源产业创新服务综合体
13		湖州南浔智能电梯产业创新服务综合体
14		德清通航智造产业创新服务综合体
15		海宁经编产业创新服务综合体
16		嘉兴秀洲光伏产业创新服务综合体
17		桐乡毛衫时尚产业创新服务综合体
18		海盐县紧固件产业创新服务综合体
19		上虞绿色环保化工产业创新服务综合体
20		新昌轴承产业创新服务综合体
21		嵊州市厨具电器产业创新服务综合体
22		东阳横店影视文化产业创新服务综合体
23		武义电动工具产业创新服务综合体
24		磐安中药产业创新服务综合体
25		衢州氟硅钴新材料产业创新服务综合体
26		常山县油茶产业创新服务综合体
27		龙游特种纸产业创新服务综合体
28		舟山普陀水产品精深加工产业创新服务综合体
29		温岭泵业创新服务综合体
30		三门橡胶产业创新服务综合体
31		玉环市水暖阀门产业创新服务综合体
32		临海现代医药化工产业创新服务综合体
33		丽水生态产品(丽水山耕)全产业链创新服务综合体
34		缙云锯床和特色机械装备产业创新服务综合体

续表

序号	类型	名称
35	培育类	杭州上城健康服务与大数据产业创新服务综合体
36		杭州拱墅汽车互联网产业创新服务综合体
37		富阳信息经济核心产业创新服务综合体
38		宁波北仑智能装备产业创新服务综合体
39		宁波江北智慧供应链产业创新服务综合体
40		宁波海曙时尚服装服饰产业创新服务综合体
41		温州瓯海眼镜产业创新服务综合体
42		乐清物联网传感器产业创新服务综合体
43		湖州吴兴童装产业创新服务综合体
44		海宁皮革时尚产业创新服务综合体
45		诸暨珍珠产业创新服务综合体
46		绍兴越城集成电路产业创新服务综合体
47		定海金塘塑机螺杆产业创新服务综合体
48		庆元竹木产业创新服务综合体

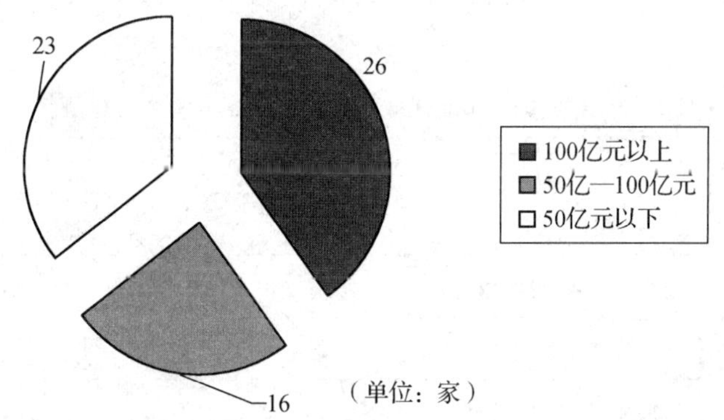

图2-3-5　浙江省产业创新服务综合体按覆盖产业产值的分布情况

四、科技大脑(浙江省科技创新云服务平台)

深化以"最多跑一次"改革为牵引的政府数字化转型,强化大数据分析应用,大力推动浙江省科技创新云服务平台与省市县一体的"科技大脑"的融合应用、联动发展,重点推进科技政务协同办公平台、创新驱动高质量发展决策支撑平台、科技部门数据仓等系统建设,完善"浙政钉""浙里办",打好"一网式覆盖"的基础,达到"一网式服务"的目的,形成"一网式管理",实现基于大数据的科学决策和精准服务。

截至2018年底,科技大脑共集聚了创新机构11408家[包括公共科技创新服务平台92家、重点企业研究院251家、省级企业研究院1097家、高新技术企业研发中心3960家、重点实验室(工程技术研究中心)357家、科研院所83家、高校31家、高新园区33家、孵化器(大学科技园)71家等],仪器设备228140台(包括分析仪器3986台、物理性能测试仪器446台、计量仪器158台等),科技报告9605份(包括国家重大科技专项58项、国家重点基础研究发展计划298项、国家高技术研究发展计划353项等),

创新服务 55470 项（包括检验检测 7098 项、研究开发 1252 项、知识产权 977 项、科技咨询 759 项等）。

五、区域科技创新服务中心（生产力促进中心）

（一）建设情况

2000 年以来，为探索服务量大面广的中小企业为主要特征的块状经济路径，浙江在传统事业性质的生产力促进中心服务模式的基础上，建立了服务市场主体、以政府购买劳务的方式模拟企业化运作的区域科技创新服务中心。多年来，浙江区域科技创新服务中心（生产力促进中心）通过开展技术服务，为广大中小企业转型和块状特色经济升级提供了有力支撑。

根据对 59 家区域科技创新服务中心（生产力促进中心）的统计，截至 2018 年底，总资产 22.12 亿元，其中固定资产原值 6.38 亿元；拥有技术装备 6705 台，技术装备原值 2.48 亿元；办公面积共 9.3 万平方米；在岗职工 1153 人，其中大专以上学历 1006 人，占职工总人数的 87.3%；拥有博士学位的有 57 人，硕士学位的有 194 人；高级职称 213 人，中级职称 330 人；参加各类培训 5653 人次，其中参加科技部培训 121 人次。区域科技创新服务中心（生产力促进中心）的建设得到了各级政府和技术依托单位（企业）的大力支持，2018 年共获投入 6886.4 万元，其中各级政府拨款 2441.7 万元，非政府投入 2971.1 万元（表 2－3－6）。

表 2－3－6　2018 年浙江省区域科技创新服务中心建设情况

一级指标	二级指标	建设情况
人员	在岗职工人数（人）	1153
	拥有博士学位人数（人）	57
	具有高级职称人数（人）	213
	参加各类培训（人次）	5653
资产	总资产（亿元）	22.12
	固定资产原值（亿元）	6.38
	技术装备原值（亿元）	2.48
	办公面积（万平方米）	9.3
投入	总投入（万元）	6886.4
	政府拨款（万元）	2441.7
	非政府投入（万元）	2971.1
	其他投入（万元）	1473.6

（二）服务成效

2018 年，59 家区域科技创新服务中心（生产力促进中心）共服务企业 10000 个左右，开展科技咨询服务 1068 次，开展技术服务 2173 项（次），开展科技培训服务 23600 人次，采集、提供技术信息309.9万条,导入技术32项,引进人才106人,培育科技型企业859家。通过各类服务,中心总服务收入达2.4亿元,为企业增加销售收入31.4亿元,为企业增加利税4.2亿元,为社会增加就业人数21000余人(表2-3-7)。

表2-3-7　2018年浙江省区域科技创新服务中心主要服务业绩

项目		业绩
服务企业数量(个)		10000左右
咨询服务	各类咨询次数(次)	1068
	收入(万元)	8662.8
技术服务	技术推广(项)	233
	技术推广收入(万元)	3986.8
	技术开发(项)	211
	技术开发收入(万元)	690
	产品检测(次)	1729
	产品检测收入(万元)	3204
培训服务	培训对象数量(人次)	23600
	培训服务收入(万元)	871
人才和技术中介	导入技术(项)	32
	导入技术收入(万元)	130
	引进人才(人)	106
	引进人才收入(万元)	14.1
	组织交易活动(项)	36
	组织交易活动收入(万元)	1042.1
信息服务	采集、提供信息条数(万条)	309.9
	提供信息收入(万元)	3758.2
培育科技型企业	培育及毕业科技型企业数(家)	859
	收入(万元)	68.9
国际及港澳台合作	人员交流(人次)	56
	引进项目(项)	—
	引进资金(万元)	—
经济与社会效益	为企业增加销售收入(亿元)	31.4
	为企业增加利税(亿元)	4.2
	为社会增加就业人数(万人)	2.1
中心自身服务总收入(亿元)		2.4

第四章　科技创新人才与团队

一、领军型创新创业团队培育

自2014年浙江省委、省政府出台《关于实施领军型创新创业团队引进培育计划的意见》以来，全省已先后遴选产生五批领军型创新创业团队。2018年经申报、评审、考察和公示程序，产生25个省领军型创新创业团队（表2－4－1）。

表2－4－1　2018年度浙江省领军型创新创业团队名单

序号	团队名称	团队负责人	依托单位
1	海洋电子信息技术创新团队	徐志伟	浙江大学舟山海洋研究中心
2	国际极化子中心创新团队	阿列克谢卡沃金	西湖大学
3	生长调控和尺寸研究创新团队	许　田	西湖大学
4	新型半导体器件与电路创新团队	郭英杰	杭州电子科技大学
5	基于图像大数据的安全技术研发及创新团队	任　奎	浙江大学
6	高运动性能的双足人形机器人创新团队	张　丹	之江实验室
7	国家一类抗凝新药开发创新团队	拉凯西瓦班迪辛哈	浙江亚太药业股份有限公司
8	高性能氧化铁新材料研发创新团队	青木功荘	浙江华源颜料股份有限公司
9	5G通信应用基础材料及关键元器件研发与产业化创新团队	罗绍谨	嘉兴佳利电子有限公司
10	轨道交通用大型变截面单体双钢种零件的熔接及辊锻关键技术创新团队	王　聪	浙江德盛铁路器材股份有限公司
11	航空航天碳纤维复合材料国产化研究创新团队	郭其鹏	精功（绍兴）复合材料有限公司
12	大尺寸半导体加工设备与工艺创新团队	姚大平	浙江晶盛机电股份有限公司
13	先进聚氨酯弹性纤维关键技术开发及产业化创新团队	杨晓印	浙江华峰氨纶股份有限公司
14	农业秸秆废弃物生物质燃料关键技术开发及产业化创新团队	李　勉	浙江华康药业股份有限公司
15	新型聚酰胺基因靶向药物的研发创新团队	杉山　弘	杭州庆正鸿科技有限公司

续表

序号	团队名称	团队负责人	依托单位
16	华灿光电创新团队	王江波	华灿光电(浙江)有限公司
17	阿里巴巴达摩院自动驾驶创新团队	王　刚	淘宝(中国)软件有限公司
18	肿瘤1类新药的临床开发及产业化创业团队	梅建明	德琪(浙江)医药科技有限公司
19	工业机器人智能控制器开发与产业化创业团队	甘中学	浙江智昌机器人科技有限公司
20	新一代智慧安防核心芯片研究及产业化创业团队	方小玲	联芸科技(杭州)有限公司
21	海洋油气柔性复合管研制及产业化创业团队	BAIYONG	宁波欧佩亚海洋工程装备有限公司
22	拉曼无创血糖仪创业团队	储　涛	浙江澍源智能技术有限公司
23	高端装备故障预测诊断和健康管理技术创业团队	倪　军	杭州安脉盛智能技术有限公司
24	高效集成电路EDA软件创业团队	王高峰	杭州泛利科技有限公司
25	阿尔法航空人工智能创业团队	单晓韵	杭州派迩瑞筹信息技术有限公司

二、“万人计划”培养

(一)国家“万人计划”

2018年,第四批国家“万人计划”入选人员名单包含科技创新领军人才645人,科技创业领军人才397人,教学名师103人,青年拔尖人才274人(自然科学类210人,哲学社会科学、人文艺术类64人)。其中,我省入选科技创新领军人才26名、科技创业领军人才33名、教学名师8名、青年拔尖人才14名(表2-4-2)。

表2-4-2　浙江省第四批国家“万人计划”领军人选名单

序号	姓名	用人单位	级别	入选子类别
1. 科技创新领军人才				
1	杨　波	浙江大学	国家级	科技创新领军人才
2	张　龙	浙江大学	国家级	科技创新领军人才
3	郭国骥	浙江大学	国家级	科技创新领军人才
4	黄　俊	浙江大学	国家级	科技创新领军人才
5	方卫国	浙江大学	国家级	科技创新领军人才
6	朱铁军	浙江大学	国家级	科技创新领军人才
7	袁辉球	浙江大学	国家级	科技创新领军人才
8	林道辉	浙江大学	国家级	科技创新领军人才
9	张朝阳	浙江大学	国家级	科技创新领军人才

续表

序号	姓名	用人单位	级别	入选子类别
10	陈　为	浙江大学	国家级	科技创新领军人才
11	潘　纲	浙江大学	国家级	科技创新领军人才
12	王树荣	浙江大学	国家级	科技创新领军人才
13	李　君	浙江大学医学院附属第一医院	国家级	科技创新领军人才
14	杨仕贵	浙江大学医学院附属第一医院	国家级	科技创新领军人才
15	虞朝辉	浙江大学医学院附属第一医院	国家级	科技创新领军人才
16	田　梅	浙江大学医学院附属第二医院	国家级	科技创新领军人才
17	应颂敏	浙江大学医学院附属第二医院	国家级	科技创新领军人才
18	胡新央	浙江大学医学院附属第二医院	国家级	科技创新领军人才
19	薛亚平	浙江工业大学	国家级	科技创新领军人才
20	王建国	浙江工业大学	国家级	科技创新领军人才
21	梁　广	温州医科大学	国家级	科技创新领军人才
22	方银霞	国家海洋局第二海洋研究所	国家级	科技创新领军人才
23	冯　雪	浙江清华长三角研究院	国家级	科技创新领军人才
24	陈立功	浙江清华长三角研究院	国家级	科技创新领军人才
25	曾大力	中国水稻研究所	国家级	科技创新领军人才
26	常　超	浙江荷清柔性电子技术有限公司	国家级	科技创新领军人才
2. 科技创业领军人才				
27	赵　铁	杭州长川科技股份有限公司	国家级	科技创业领军人才
28	顾方明	杭州福膜新材料科技股份有限公司	国家级	科技创业领军人才
29	骆建军	杭州华澜微电子股份有限公司	国家级	科技创业领军人才
30	徐铭恩	杭州捷诺飞生物科技股份有限公司	国家级	科技创业领军人才
31	赵　凡	杭州联汇科技股份有限公司	国家级	科技创业领军人才
32	柴雪挺	杭州联众医疗科技股份有限公司	国家级	科技创业领军人才
33	朱国宏	杭州乔戈里科技有限公司	国家级	科技创业领军人才
34	崔永庆	杭州全拓科技有限公司	国家级	科技创业领军人才
35	李新富	杭州桑尼能源科技股份有限公司	国家级	科技创业领军人才
36	郑　泓	嘉兴市高正高分子材料有限公司	国家级	科技创业领军人才
37	谢识才	宁波博德高科股份有限公司	国家级	科技创业领军人才
38	薄永明	宁波微萌种业有限公司	国家级	科技创业领军人才
39	严国元	宁波星箭航天机械有限公司	国家级	科技创业领军人才
40	徐旭东	宁波旭升汽车技术股份有限公司	国家级	科技创业领军人才
41	丁　毅	诺力智能装备股份有限公司	国家级	科技创业领军人才
42	林绿高	浙江畅尔智能装备股份有限公司	国家级	科技创业领军人才
43	谷志杰	浙江飞宜光电能源科技有限公司	国家级	科技创业领军人才

续表

序号	姓名	用人单位	级别	入选子类别
44	郑洪波	浙江国自机器人技术有限公司	国家级	科技创业领军人才
45	侯世国	浙江汉朔电子科技有限公司	国家级	科技创业领军人才
46	陈贵才	浙江汇能生物股份有限公司	国家级	科技创业领军人才
47	方隽云	浙江洁美电子科技股份有限公司	国家级	科技创业领军人才
48	曹建伟	浙江晶盛机电股份有限公司	国家级	科技创业领军人才
49	吴慧明	浙江开天工程技术有限公司	国家级	科技创业领军人才
50	陈　磊	浙江朗德电子科技有限公司	国家级	科技创业领军人才
51	韩忠华	浙江力邦合信智能制动系统股份有限公司	国家级	科技创业领军人才
52	何旭斌	浙江龙盛染料化工有限公司	国家级	科技创业领军人才
53	方　毅	浙江每日互动网络科技股份有限公司	国家级	科技创业领军人才
54	冯荣华	浙江荣晟环保纸业股份有限公司	国家级	科技创业领军人才
55	沈锦祥	浙江生辉照明有限公司	国家级	科技创业领军人才
56	邵云东	浙江天草生物科技股份有限公司	国家级	科技创业领军人才
57	陈渝阳	浙江托普云农科技股份有限公司	国家级	科技创业领军人才
58	吴锦华	浙江万丰科技开发股份有限公司	国家级	科技创业领军人才
59	沈逍江	浙江亿可利环保科技有限公司	国家级	科技创业领军人才
3. 教学名师				
60	何钦铭	浙江大学	国家级	教学名师
61	吴海燕	中国美术学院	国家级	教学名师
62	蒋承勇	浙江工商大学	国家级	教学名师
63	肖瑞峰	浙江工业大学	国家级	教学名师
64	章安平	浙江金融职业学院	国家级	教学名师
65	张　悦	浙江省宁波市效实中学	国家级	教学名师
66	叶海辉	浙江省玉环市坎门第一初级中学	国家级	教学名师
67	林乐珍	浙江省温州市籀园小学	国家级	教学名师
4. 青年拔尖人才				
4－1. 自然科学类				
68	仇志勇	浙江大学	国家级	青年拔尖(自然科学)
69	夏新辉	浙江大学	国家级	青年拔尖(自然科学)
70	张　波	浙江大学	国家级	青年拔尖(自然科学)
71	谢海建	浙江大学	国家级	青年拔尖(自然科学)
72	朱林利	浙江大学	国家级	青年拔尖(自然科学)
73	吴争光	浙江大学	国家级	青年拔尖(自然科学)
74	邓水光	浙江大学	国家级	青年拔尖(自然科学)
75	陈丁江	浙江大学	国家级	青年拔尖(自然科学)

续表

序号	姓名	用人单位	级别	入选子类别
76	于明州	中国计量大学	国家级	青年拔尖(自然科学)
77	黄志锋	温州医科大学	国家级	青年拔尖(自然科学)
78	刘小青	宁波工艺技术研究院	国家级	青年拔尖(自然科学)
79	吕 明	杭州尚健生物技术有限公司	国家级	青年拔尖(自然科学)
4-2. 哲学社会科学、人文艺术类				
80	张 彦	浙江大学	国家级	青年拔尖(哲学社会科学、人文艺术类)
81	谭 荣	浙江大学	国家级	青年拔尖(哲学社会科学、人文艺术类)

(二)浙江省“万人计划”

2018 年,根据浙江省“万人计划”工作有关规定,经组织申报、资格审查、集中评审等程序,遴选产生了 200 名浙江省“万人计划”建议人选,其中杰出人才 10 名,科技创新领军人才 60 名,科技创业领军人才 25 名(表 2-4-3)。

表 2-4-3 浙江省“万人计划”建议人选名单

序号	类别	姓名	所在单位
1	万人计划杰出人才	陈学新	浙江大学
2	万人计划杰出人才	钱国栋	浙江大学
3	万人计划杰出人才	韩喜球	国家海洋局第二海洋研究所
4	万人计划杰出人才	朱信忠	浙江师范大学
5	万人计划杰出人才	万海同	浙江中医药大学
6	万人计划杰出人才	吕建新	杭州医学院
7	万人计划杰出人才	吕卫国	浙江大学医学院附属妇产科医院
8	万人计划杰出人才	陈文华	浙江理工大学
9	万人计划杰出人才	王良兴	温州医科大学附属第一医院
10	万人计划杰出人才	鲍国连	浙江省农业科学院
11	万人计划科技创新领军人才	计 剑	浙江大学
12	万人计划科技创新领军人才	姚菊明	浙江理工大学
13	万人计划科技创新领军人才	李领伟	杭州电子科技大学
14	万人计划科技创新领军人才	汪爱英	中国科学院宁波材料技术与工程研究所
15	万人计划科技创新领军人才	李春霞	浙江师范大学
16	万人计划科技创新领军人才	曹鸿涛	中国科学院宁波材料技术与工程研究所
17	万人计划科技创新领军人才	童建喜	嘉兴佳利电子有限公司
18	万人计划科技创新领军人才	杨为佑	宁波工程学院
19	万人计划科技创新领军人才	陈建斌	浙江华邦特种纸业有限公司

续表

序号	类别	姓名	所在单位
20	万人计划科技创新领军人才	张　林	浙江大学
21	万人计划科技创新领军人才	吴自银	国家海洋局第二海洋研究所
22	万人计划科技创新领军人才	鲍海君	浙江财经大学
23	万人计划科技创新领军人才	宋　爽	浙江工业大学
24	万人计划科技创新领军人才	倪　健	浙江师范大学
25	万人计划科技创新领军人才	高　鹏	杭州师范大学
26	万人计划科技创新领军人才	于飞海	台州学院
27	万人计划科技创新领军人才	李庆峰	湖州师范学院
28	万人计划科技创新领军人才	侯　靖	中国电建集团华东勘测设计研究院有限公司
29	万人计划科技创新领军人才	吴贤章	浙江南都电源动力股份有限公司
30	万人计划科技创新领军人才	陈杭君	浙江省农业科学院
31	万人计划科技创新领军人才	杨明英	浙江大学
32	万人计划科技创新领军人才	魏兴华	中国水稻研究所
33	万人计划科技创新领军人才	杜华强	浙江农林大学
34	万人计划科技创新领军人才	尹军峰	中国农科院茶叶研究所
35	万人计划科技创新领军人才	张光恒	中国水稻研究所
36	万人计划科技创新领军人才	汪俏梅	浙江大学
37	万人计划科技创新领军人才	宋新章	浙江农林大学
38	万人计划科技创新领军人才	郑荣泉	浙江师范大学
39	万人计划科技创新领军人才	张日东	杭州电子科技大学
40	万人计划科技创新领军人才	黄文君	浙江中控技术股份有限公司
41	万人计划科技创新领军人才	薛亚平	浙江工业大学
42	万人计划科技创新领军人才	孔建强	杭州汽轮机股份有限公司
43	万人计划科技创新领军人才	杜建科	宁波大学
44	万人计划科技创新领军人才	向家伟	温州大学
45	万人计划科技创新领军人才	孙平范	宁波慈星股份有限公司
46	万人计划科技创新领军人才	姚　磊	浙江省计量科学研究院
47	万人计划科技创新领军人才	李传武	瑞立集团瑞安汽车零部件有限公司
48	万人计划科技创新领军人才	王　颖	杭州电子科技大学
49	万人计划科技创新领军人才	潘　纲	浙江大学
50	万人计划科技创新领军人才	蒋　鹏	杭州电子科技大学
51	万人计划科技创新领军人才	张笑钦	温州大学
52	万人计划科技创新领军人才	张立新	浙江大学
53	万人计划科技创新领军人才	李九生	中国计量大学
54	万人计划科技创新领军人才	王新宇	浙江邦盛科技有限公司

续表

序号	类别	姓名	所在单位
55	万人计划科技创新领军人才	史治国	浙江大学
56	万人计划科技创新领军人才	陈惠芳	浙江大学舟山海洋研究中心
57	万人计划科技创新领军人才	廖世容	浙江光特科技有限公司
58	万人计划科技创新领军人才	王成波	宁波诺丁汉大学
59	万人计划科技创新领军人才	高建青	浙江大学
60	万人计划科技创新领军人才	开国银	浙江中医药大学
61	万人计划科技创新领军人才	李世军	杭州师范大学
62	万人计划科技创新领军人才	高红昌	温州医科大学
63	万人计划科技创新领军人才	纪建松	丽水市中心医院
64	万人计划科技创新领军人才	周翔天	温州医科大学
65	万人计划科技创新领军人才	张　力	浙江大学
66	万人计划科技创新领军人才	朱雪琼	温州医科大学附属第二医院
67	万人计划科技创新领军人才	温成平	浙江中医药大学
68	万人计划科技创新领军人才	隋梅花	浙江省人民医院
69	万人计划科技创新领军人才	凌志强	浙江省肿瘤医院
70	万人计划科技创新领军人才	童向民	杭州医学院
71	万人计划科技创业领军人才	阮华君	浙江长生鸟健康科技股份有限公司
72	万人计划科技创业领军人才	陈贵才	浙江汇能生物股份有限公司
73	万人计划科技创业领军人才	陈渝阳	浙江托普云农科技股份有限公司
74	万人计划科技创业领军人才	李新富	杭州桑尼能源科技股份有限公司
75	万人计划科技创业领军人才	施小东	浙江大维高新技术股份有限公司
76	万人计划科技创业领军人才	姚成志	宁波美诺华药业股份有限公司
77	万人计划科技创业领军人才	余　丁	宁波海尔施基因科技有限公司
78	万人计划科技创业领军人才	王贤俊	温州市维日康生物科技有限公司
79	万人计划科技创业领军人才	赵　轶	杭州长川科技股份有限公司
80	万人计划科技创业领军人才	王瑶法	明峰医疗系统股份有限公司
81	万人计划科技创业领军人才	许树根	浙江鼎力机械股份有限公司
82	万人计划科技创业领军人才	韩忠华	浙江力邦合信智能制动系统股份有限公司
83	万人计划科技创业领军人才	柯建东	宁波柯力传感科技股份有限公司
84	万人计划科技创业领军人才	林军华	迈得医疗工业设备股份有限公司
85	万人计划科技创业领军人才	闻路红	宁波华仪宁创智能科技有限公司
86	万人计划科技创业领军人才	王项彬	浙江禾川科技股份有限公司
87	万人计划科技创业领军人才	丁　毅	诺力智能装备股份有限公司
88	万人计划科技创业领军人才	章启忠	浙江亿利达风机股份有限公司
89	万人计划科技创业领军人才	薛惊理	康赛妮集团有限公司

续表

序号	类别	姓名	所在单位
90	万人计划科技创业领军人才	孙海涛	杭州恩牛网络技术有限公司
91	万人计划科技创业领军人才	张鹏国	浙江宇视科技有限公司
92	万人计划科技创业领军人才	徐一俊	浙江中晶科技股份有限公司
93	万人计划科技创业领军人才	钟建明	浙江绍兴三锦石化有限公司
94	万人计划科技创业领军人才	方隽云	浙江洁美电子科技股份有限公司
95	万人计划科技创业领军人才	陈帅斌	杭州登虹科技有限公司

三、“钱江人才计划”

为加快集聚海外优秀高层次留学人才，鼓励留学人员来浙创新创业，推进浙江省创新驱动发展，做好“钱江人才”择优资助工作，共择优资助 C、D 类项目 88 个（表 2－4－4）。

表 2－4－4　2018 年度浙江省“钱江人才计划”C、D 类项目择优资助人选名单

序号	姓名	工作单位	申报项目名称	项目类别	备注
1	陈泠希	傲创（杭州）资产管理有限公司	UltrAlpha 全球化量化投资智能平台	C 类	资助
2	袁　泉	宁波工程学院	基于 Voronoi 图的智能移动机器人平台的路径规划研究	C 类	自筹
3	李　博	宁波（中国）供应链创新学院	以购买方企业价值为基准对供应商流程改进的探索与优化	C 类	自筹
4	周秝宸	温州商学院	城乡发展一体下公共卫生设施对浙江劳动经济影响研究	C 类	自筹
5	宋武全	湖州师范学院	日本特派员作家对近代日媒涉华战略的打破与重建	C 类	自筹
6	任　天	中国美术学院	仙居地区乡村振兴的实践与思考	C 类	资助
7	关志逊	浙江师范大学	体医结合视域下的残疾人健康干预体系研究	C 类	资助
8	杨　珏	浙江理工大学	基于 Best－Worst Scaling 法的生态公园发展模式研究：以杭州西溪国家湿地公园为例	C 类	资助
9	陈婉莹	浙江工商大学	钱江人才计划	C 类	资助
10	吴海宁	嘉兴学院南湖学院	道教文化在琉球的传播与影响	C 类	资助
11	胡　青	中共浙江省委党校	互联网平台下传统中小制造企业创新能力提升机制研究	C 类	自筹
12	曹子韫	之江实验室	本科及以上学历人才的求职与职业发展需求的研究	C 类	自筹
13	陈发动	浙江大学	基于机器学习技术的在线消费者跨期决策研究：认知加工视角	C 类	资助

续表

序号	姓名	工作单位	申报项目名称	项目类别	备注
14	彭玉鑫	浙江大学	基于石墨烯智能织物与人工智能的人体精细动作研究	C类	资助
15	李世阳	浙江大学光华法学院	互联网风险账户的刑事规制研究	C类	资助
16	方　雷	杭州开闳环境科技有限公司	基于相控扫描技术的超声波二维流速测量仪(ADCP)	D类	资助
17	李　强	杭州秒认智能科技有限公司	商用级全场景中远距离视线跟踪与交互系统	D类	资助
18	宋　杰	杭州鲁尔物联科技有限公司	基于深度学习的安全物联网预测预警技术	D类	资助
19	杨慎知	杭州广立微电子有限公司	集成电路先进工艺下的高密度测试芯片及测试系统研发	D类	资助
20	缪其恒	浙江零跑科技有限公司	电动汽车智能化系统研发平台	D类	资助
21	李吉光	浙江谷丰科技有限公司	高效新型金属氮化物发光二极管衬底	D类	资助
22	陆潇晓	浙江酷锐特表面技术有限公司	高端装备阀类零部件的强化制造	D类	资助
23	章旭明	杭州兴洋环保科技有限公司	管路原位恶臭气体治理系统	D类	资助
24	占纪勋	杭州唯铂莱生物科技有限公司	新型天然蓝色素的开发及产业化	D类	资助
25	刘鹏云	杭州凯莱谱精准医疗检测技术有限公司	结肠癌癌变前体“腺瘤性息肉”的尿液质谱筛查	D类	资助
26	陈大竟	杭州师范大学	多孔核壳结构快速非标记免疫传感器研究	D类	资助
27	WANG MIN	杭州奕真医学检验所有限公司	基于医学大数据的遗传病及癌症精准诊疗方法的研发	D类	资助
28	陈野天	杭州和医信息技术有限公司	“和医源”医疗信息搜索平台	D类	自筹
29	康洪文	杭州慧川智能科技有限公司	智影	D类	自筹
30	陈　薇	杭州排列科技有限公司	贷后催收模式和数据研究	D类	自筹
31	殷　锐	浙江大学城市学院	免授权 LTE 小基站系统新型接入技术与算法研究	D类	自筹
32	周小华	浙江智臾科技有限公司	海豚大数据——新一代轻型高性能大数据引擎	D类	自筹

续表

序号	姓名	工作单位	申报项目名称	项目类别	备注
33	陈公越	杭州巨慧达科技有限公司	大数据信用分析应用平台	D类	自筹
34	任卓明	杭州师范大学	复杂动态网络中的节点影响力预测	D类	自筹
35	迟　海	杭州竹石生物技术有限公司	苏尼特羊精准育种关键技术及其产业化示范	D类	自筹
36	林伟华	杭州变啦网络科技有限公司	基于慢性病的健康大数据服务产业平台市场化	D类	自筹
37	高　巍	宁波工程学院	糖尿病视网膜病变计算机辅助诊断中关键技术的研究	D类	自筹
38	李　静	宁波诺丁汉大学	电动汽车的电机驱动系统故障检测	D类	自筹
39	卢珂鑫	宁波石墨烯创新中心有限公司	高端石墨烯柔性显示关键技术及其应用	D类	自筹
40	赖垂林	浙江省石墨烯制造业创新中心(宁波石墨烯创新中心有限公司)	石墨烯/二氧化钛复合改性纤维及应用	D类	自筹
41	陈　浩	宁波诺丁汉大学	基于小冲杆试验方法的热障涂层高温蠕变失效研究	D类	自筹
42	孙　勇	宁波诺丁汉大学	基于拓扑孔隙优化的微反应器利用木质素基碳纤维催化剂高效催化二氧化碳制备烯烃和烷烃的研究	D类	自筹
43	何华成	温州大学新材料与产业技术研究院	仿生防粘连抗菌纱布二类医疗器械的研发及其临床前评估	D类	自筹
44	曾健忠	浙江天狼半导体有限责任公司	360度中距离无线充电技术	D类	资助
45	李立帆	乌镇中品安(桐乡)科技有限公司	诚信社会彩防码防伪技术	D类	资助
46	陈　霖	嘉兴端宜科技有限公司	基于神经元网络的可编程教育机器人	D类	自筹
47	王　娟	浙江晶科能源有限公司	组件回收项目	D类	自筹
48	李汉诚	浙江晶科能源有限公司	转换效率大于22%的晶体硅太阳能电池技术开发和量产推广	D类	自筹
49	车嘉兴	浙江科比特科技有限公司	先进自适应飞行控制算法	D类	自筹

续表

序号	姓名	工作单位	申报项目名称	项目类别	备注
50	李永梅	嘉兴医脉赛科技有限公司	应用于细胞治疗和研究的纳米分选磁珠的开发	D 类	自筹
51	黄　芳	浙江尔婴药品有限公司	儿科用茶苯海明栓的研究	D 类	自筹
52	Yuanyuan Xie 谢媛媛	浙江华海药业股份有限公司	抗抑郁一类新药的缓释剂型研究	D 类	资助
53	李　毅	浙江工业大学	新型可穿戴式柔性助力装置的关键技术研究	D 类	资助
54	温慧敏	浙江工业大学	新型疏水性金属有机框架多孔材料的设计与气体分离性能的研究	D 类	资助
55	宋潇潇	浙江工业大学	面向污水处理的纳米孔正渗透膜生物反应器工艺	D 类	自筹
56	王成武	浙江师范大学	大规模集成电路用次世代半导体基片的高效超精密研抛技术基础研究	D 类	自筹
57	金利刚	浙江师范大学	3 - 正则图的核理论及其应用研究	D 类	自筹
58	WANG YUHONG	宁波大学	海运供应链关键技术研究与应用	D 类	资助
59	孟小丹	宁波大学	肺癌患者血清中 EpCAM 特异性外泌体促进肺癌进展的机制研究	D 类	自筹
60	陈媛芳	杭州电子科技大学	基于无监督特征学习的工业物联网安全态势感知研究	D 类	资助
61	黄汐威	杭州电子科技大学	基于高灵敏度 CMOS ISFET 传感器的食品安全检测片上系统研究	D 类	资助
62	沈　清	浙江工商大学	银离子功能化载体特异吸附多不饱和脂肪酸机理及应用研究	D 类	资助
63	曾　为	浙江农林大学	香榧慢速生长机理分析及调控研究	D 类	自筹
64	郑　宏	温州医科大学	“人工智能 + 生物代谢表型分析”辅助前列腺癌分型诊断的研究	D 类	资助
65	甘卓慧	温州医科大学	基于 Docker 容器的基因测序数据本地自动化分析平台开发	D 类	自筹
66	侯　方	温州医科大学	贝叶斯自适应算法在功能性眼病的精准诊断中的应用研究	D 类	自筹

续表

序号	姓名	工作单位	申报项目名称	项目类别	备注
67	侍　颖	浙江财经大学	基于Hotelling模型的具有有限体验服务的串联排队系统竞争模型研究	D类	资助
68	屈万园	浙江大学工程师学院	采用氮化镓(GaN)功率器件的新型电源管理芯片	D类	自筹
69	肖建平	浙江西湖高等研究院	二氧化碳电化学还原得到液体燃料的研究	D类	自筹
70	李　旭	浙江西湖高等研究院	基于功能蛋白质组学的Ras信号通路网络研究	D类	自筹
71	施红军	浙江西湖高等研究院	维生素B3缺乏与出生缺陷关系的研究	D类	资助
72	玉　虓	之江实验室	新结构新沟道材料CMOS的超快速表征和可靠性研究	D类	资助
73	王　嵘	国家海洋局第二海洋研究所	浙江古文明在杭州湾口的陆源沉积记录	D类	资助
74	傅　雷	浙江省水利河口研究院	基于新型粒子法的河道水体——底泥物质通量输移机理研究	D类	资助
75	何世坤	中电海康集团有限公司	新型磁存储芯片材料和器件测试平台	D类	资助
76	杨　钧	中国科学院宁波材料技术与工程研究所	可逆高温固态电池/电解池关键技术研究	D类	资助
77	刘　勇	浙江运达风电股份有限公司	风力发电机组虚拟仿真分析平台开发	D类	自筹
78	张婷婷	浙江省医学科学院	人源化动物模型平台的建立与应用	D类	自筹
79	吴仍茂	浙江大学	离轴多自由曲面光束调控机制和方法研究	D类	资助
80	陈远流	浙江大学	面向超精密伺服切削加工的在线智能感知与测量技术研究	D类	资助
81	王海鸥	浙江大学	航空发动机工况下贫油直喷燃烧的直接数值模拟和模型研究	D类	资助
82	何　丁	浙江大学	长江口—杭州湾环境变化梯度对沉积有机质降解的控制作用研究	D类	资助
83	朱　书	浙江大学	猪流行性腹泻病毒利用沙门氏菌增强其细胞感染性的机制初探	D类	资助

续表

序号	姓名	工作单位	申报项目名称	项目类别	备注
84	王　良	浙江大学	Sema3b/Neuropilin 信号通路介导的施旺细胞与交感轴突间作用参与神经病理性疼痛的机制研究	D 类	资助
85	高利霞	浙江大学	自闭症狨猴模型的建立和神经环路研究	D 类	资助
86	曹彦伟	中国科学院宁波材料技术与工程研究所	高温磁性二维电子气的制备与多场调控	D 类	自筹
87	田子奇	中国科学院宁波材料技术与工程研究所	用于二氧化碳高效分离—电催化转化的先进材料的理论设计与开发	D 类	自筹
88	何海勇	中国科学院宁波材料技术与工程研究所	高能量密度柔性集流体及器件	D 类	自筹

第五章　工业科技

一、高新技术企业和科技型中小企业

(一)高新技术企业认定和发展

2018年,浙江省分批开展高新技术企业认定工作,全年累计认定高新技术企业5048[①]家(表2-5-1),截至2018年底,全省有效高新技术企业累计达11931家[②](表2-5-2)。

根据对11931家高新技术企业的统计,全省高新技术企业合计实现主营业务收入29591.87亿元,相当于规上工业的43.10%;工业总产值24568.85亿元,相当于规上工业的35.65%;利税总额4133亿元,相当于规上工业的56.40%。全省高新技术企业投入研究开发经费1812.68亿元,较上年增长38.27%,研究开发经费相当于主营业务收入的6.13%。

表2-5-1　2018年按地区分的全省高新技术企业认定数　(单位:家)

杭州	宁波	温州	嘉兴	湖州	绍兴	金华	衢州	舟山	台州	丽水	合计
1557	618	642	586	296	443	283	121	59	322	121	5048

表2-5-2　2010—2018年浙江省高新技术企业数量情况

年份	2010	2011	2012	2013	2014	2015	2016	2017	2018
高新技术企业数(家)	3565	4258	5008	5798	6859	7905	9474	11462	14586
有效高新技术企业数(家)	3558	3973	4513	5137	5773	6437	7707	9152	11931
有效高新技术企业数相当于规上工业企业比重(%)	5.54	12.40	13.72	14.66	16.79	19.32	19.16	22.38	29.40

1. 各市高新技术企业发展情况。2018年,浙江省高新技术企业地区分布及与当地规上企业的对比情况见表2-5-3。

表2-5-3　2018年浙江省各地市高新技术企业情况

地区	有效高新技术企业数(家)	有效高新技术企业数占全省比重		有效高新技术企业数相当于规上企业数比重	
		统计值	位次	统计值	位次
杭州	3785	31.72	1	67.80	1
宁波	1741	14.59	2	22.99	7

①含重新认定的高新技术企业。

②2018年11931家是指目前仍在享受高新技术企业政策的有效高新技术企业数。

续表

地区	有效高新技术企业数（家）	有效高新技术企业数占全省比重		有效高新技术企业数相当于规上企业数比重	
		统计值	位次	统计值	位次
温州	1305	10. 94	3	28. 26	5
绍兴	966	8. 10	5	21. 07	9
嘉兴	1265	10. 60	4	22. 82	8
台州	725	6. 08	7	19. 07	10
湖州	759	6. 36	6	24. 89	6
金华	679	5. 69	8	18. 22	11
丽水	296	2. 48	9	33. 22	3
衢州	270	2. 26	10	30. 93	4
舟山	140	1. 17	11	38. 89	2

据统计，各市高新技术企业的主营业务收入、工业总产值、利税总额、出口交货值及位次见表 2－5－4。各市高新技术企业的主营业务收入、工业总产值、利税总额、出口交货值的增长率及位次见表 2－5－5。

表 2－5－4　2018 年各市高新技术企业发展水平情况

	主营业务收入		工业总产值		利税总额		出口交货值	
	统计值（亿元）	位次	统计值（亿元）	位次	统计值（亿元）	位次	统计值（亿元）	位次
杭州市	10451. 50	1	5487. 36	1	2319. 59	1	1057. 57	1
宁波市	5154. 72	2	5021. 77	2	720. 35	2	1035. 26	2
温州市	1919. 00	5	1960. 13	5	251. 82	6	314. 90	8
嘉兴市	3779. 68	3	3783. 63	3	417. 35	3	771. 57	3
湖州市	1834. 74	7	1811. 03	7	214. 97	7	383. 68	6
绍兴市	2207. 46	4	2196. 59	4	333. 16	4	429. 19	5
金华市	1327. 83	8	1310. 47	8	147. 62	8	364. 51	7
衢州市	546. 25	9	555. 35	9	72. 81	9	72. 99	9
舟山市	133. 45	11	154. 36	11	－5. 10	11	58. 78	11
台州市	1895. 70	6	1938. 37	6	283. 24	5	574. 05	4
丽水市	341. 55	10	349. 81	10	36. 58	10	69. 62	10

表 2－5－5　2018 年各市高新技术企业经济增长情况

	主营业务收入		工业总产值		利税总额		出口交货值	
	增长率（%）	位次	增长率（%）	位次	增长率（%）	位次	增长率（%）	位次
杭州市	27. 46	6	22. 06	9	9. 68	10	20. 69	8
宁波市	11. 07	10	11. 14	10	16. 37	8	14. 37	10
温州市	28. 28	5	26. 82	5	34. 81	4	39. 98	3
嘉兴市	29. 22	4	28. 12	4	48. 37	2	49. 25	2

续表

	主营业务收入		工业总产值		利税总额		出口交货值	
	增长率（%）	位次	增长率（%）	位次	增长率（%）	位次	增长率（%）	位次
湖州市	25.91	7	25.68	6	34.59	5	17.72	9
绍兴市	29.26	3	32.67	1	26.62	7	24.50	5
金华市	22.75	8	22.26	8	16.35	9	34.44	4
衢州市	32.19	2	31.63	2	46.57	3	22.24	6
舟山市	-23.62	11	-5.22	11	-492.61	11	-3.23	11
台州市	21.06	9	22.50	7	28.26	6	21.73	7
丽水市	32.81	1	28.69	3	50.55	1	53.65	1

2. 各领域高新技术企业发展情况。2018 年备案认定的 5048 家企业，主要分布在先进制造与自动化、新材料和电子信息等领域。先进制造与自动化有 2048 家，占总量 40.57%；新材料和电子信息分别有 1093 家和 742 家，分别占 21.65% 和 14.7%；高技术服务、生物与新医药、资源与环境和新能源与节能分别为 412 家、297 家、280 家和 168 家；航空航天领域 8 家。各领域高新技术企业的主营业务收入、工业总产值、利税总额、出口交货值及位次见表 2-5-6。

表 2-5-6　2018 年高新技术企业所在领域的主要规模指标

	主营业务收入		工业总产值		利税总额		出口交货值	
	统计值（亿元）	位次	统计值（亿元）	位次	统计值（亿元）	位次	统计值（亿元）	位次
电子信息	5326.35	3	2262.35	3	1503.5	1	668.82	3
生物与新医药	1633.56	5	1629.74	4	357.13	5	433.50	4
航空航天	8.05	8	8.56	8	1.08	8	0.23	8
新材料	8299.26	2	8426.28	2	952.47	3	1606.32	2
高技术服务	2152.01	4	198.93	7	392.22	4	77.37	7
新能源与节能	1612.36	6	1506.68	5	141.98	7	323.49	5
资源与环境	1601.58	7	1442.75	6	242.69	6	106.64	6
先进制造与自动化	8958.71	1	9093.56	1	1201.34	2	1915.73	1

高新技术企业从业人员中，从事研究与开发的人员共 53.23 万人，较上年同期增长 16.73%，研发人员占从业人员的比重为 19.2%。全年高新技术企业的高新技术产品销售收入 20679.48 亿元，较上年同期增长 24.01%，占企业总销售收入的 81.49%。实现新产品产值 14988.11 亿元，较上年同期增长 22.39%。高新技术企业拥有有效专利 34.97 万件，其中有效发明专利 6.34 万件。

2018 年，新认定创新型领军企业 15 家，累计认定 35 家，累计入库培育领军企业 151 家，据统计，该 186 家企业 2018 年合计研发经费 248 亿元，营业收入 3557 亿元，研发经费占营业收入比重 6.98%，较高企高 1.39 个百分点；期末拥有有效专利 3.5 万件，其中发明专利 1.2 万件。

(二)科技型中小企业认定

2018年,全省新认定科技型中小企业10539家。截至2018年底,全省累计认定省级科技型中小企业50898家,全省科技型中小企业分布情况见表2-5-7。

表2-5-7 省级科技型中小企业分布情况 (单位:家)

地区	杭州	宁波	温州	嘉兴	湖州	绍兴	金华	衢州	舟山	台州	丽水	合计
2018年认定数	1869	1976	1802	817	606	1360	610	276	163	865	195	10539
累计认定数	11132	12694	6216	3601	2496	5439	2815	1089	788	3742	886	50898

根据参与科技型中小企业年度调查的30544家企业统计数据显示,2018年全省科技型中小企业从业人员250.5万人;营业收入17337.96亿元,同比增长11.51%;产品销售收入15751.15亿元,同比增长12.95%;利税总额1614.21亿元,同比增长13.03%;利税占营业收入比重9.31%。企业研发人员43.5万人,占从业人员比重17.37%;研究开发经费878.88亿元,同比增长17.98%,占产品销售收入比重5.58%。企业累计拥有专利33.7万件,其中发明专利4.9万件,实用新型专利8.9万件,发明专利和实用新型专利分别占专利总量14.54%和26.41%。实现高新产品销售收入9655亿元,占产品销售收入比重61.30%。各市科技型中小企业统计情况见表2-5-8。

表2-5-8 各市科技型中小企业统计情况

	从业人员(人)	营业收入(亿元)	研发费用(亿元)	利税总额(亿元)
全省	2505294	17337.96	878.87	1614.21
杭州	414338	3332.77	263.32	323.83
宁波	182256	1054.69	60.20	94.04
温州	449954	2354.70	104.68	190.49
嘉兴	314638	2576.68	111.69	208.10
湖州	193061	1801.68	76.40	192.45
绍兴	317344	2432.48	101.42	258.39
金华	208635	1287.39	60.32	115.10
衢州	60722	590.98	23.17	58.41
舟山	35640	229.37	10.52	16.35
台州	262786	1304.98	51.45	124.55
丽水	65920	372.24	15.70	32.50

科技型中小企业中已有高新技术企业8853家,占2018年底有效高新技术企业总量的74.20%,2013—2018年认定的科技型中小企业中,高新技术企业的数量有7298家,占总量的82.44%。

(三)高成长科技型中小企业认定与发展

2018年,全省认定高成长科技型中小企业1450家。截至2018年底,累计认定4357家,各地区分布情况见表2-5-9。

表 2-5-9　省级高成长科技型中小企业分布情况　（单位：家）

地区	杭州	宁波	温州	嘉兴	湖州	绍兴	金华	衢州	舟山	台州	丽水	合计
2018 年认定数	269	288	151	145	70	155	92	68	54	117	41	1450
累计认定数	847	865	448	370	270	446	313	170	150	356	122	4357

二、高新园区与特色产业基地

(一)高新技术产业园区(开发区)发展

截至 2018 年底,全省共有国家级高新园区 8 家,省级高新园区 12 家,创建类园区 24 家,其中新批园区 5 家。从统计数据看(不含当年新批园区,下同),高新园区合计实现规上工业增加值 4450.24 亿元、高新技术产业增加值 3243.23 亿元、装备制造业增加值 2543.09 亿元、新产品产值 10163.68 亿元,同比分别增长 9.7%、11.6%、12% 和 14.2%。其中,8 家国家级高新园区实现规上工业增加值、高新技术产业增加值、装备制造业增加值、新产品产值分别为 1888.80 亿元、1410.71 亿元、1078.35 亿元和 3921.98 亿元;12 家省级高新园区实现规上工业增加值、高新技术产业增加值、装备制造业增加值、新产品产值分别为 1287.79 亿元、802.71 亿元、632.13 亿元和 2666.21 亿元;19 家创建中省级园区实现规上工业增加值、高新技术产业增加值、装备制造业增加值、新产品产值分别为 1443.62 亿元、1208.88 亿元、945.03 亿元和 3725.45 亿元。

1. 国家级高新技术产业园区发展情况。根据科技部火炬中心 2018 年度国家高新区评价结果显示,2018 年,浙江省 8 家国家级高新园区在 157 个评价单位中排序名次见表 2-5-10。

表 2-5-10　2018 年度浙江省国家级高新区在国家高新区中排名情况

高新区	综合排名	知识创造和技术创新能力排名	产业升级和结构优化能力排名	国际化和参与全球竞争能力排名	高新区可持续发展能力排名
杭州高新区	3	4	4	4	2
宁波高新区	19	27	14	31	27
温州高新区	99	93	97	87	110
衢州高新区	93	100	69	79	121
绍兴高新区	115	137	121	107	67
萧山临江高新区	128	127	131	124	122
嘉兴秀洲高新区	55	59	56	37	85
湖州莫干山高新区	83	94	79	59	64

注:本评价结果是以 2017 年统计数据和 2018 年高新区发展情况为基础。

据统计,2018 年全省国家级高新园区实现的规上工业增加值、高新技术产业增加值、装备制造业增加值、新产品产值及位次见表 2-5-11。国家级高新园区规上工业增加值、高新技术产业增加值、装备制造业增加值、新产品产值增长率及位次见表 2-5-12。

表 2－5－11　2018 年浙江省国家级高新园区发展水平情况

园区名称	规上工业增加值		高新技术产业增加值		装备制造业增加值		新产品产值	
	统计值（亿元）	位次	统计值（亿元）	位次	统计值（亿元）	位次	统计值（亿元）	位次
杭州高新区	596.08	1	586.03	1	543.81	1	1286.88	1
宁波高新区	491.92	2	311.84	2	271.21	2	920.94	2
绍兴高新区	43.54	8	22.51	8	11.10	8	101.53	8
温州高新区	120.67	5	85.71	5	65.37	4	225.69	5
衢州高新区	231.77	3	134.55	4	39.32	5	431.67	4
萧山临江高新区	226.20	4	139.31	3	78.12	3	542.28	3
嘉兴秀洲高新区	99.73	6	70.30	6	39.25	6	224.15	6
湖州莫干山高新区	78.90	7	60.45	7	30.18	7	188.82	7

表 2－5－12　2018 年浙江省国家级高新园区经济增长情况

园区名称	规上工业增加值		高新技术产业增加值		装备制造业增加值		新产品产值	
	增长率（%）	位次	增长率（%）	位次	增长率（%）	位次	增长率（%）	位次
杭州高新区	19.1	1	20	1	20.4	2	14.7	5
宁波高新区	4.2	6	2.4	8	2.6	7	2.3	7
绍兴高新区	6.2	4	6.9	6	7.2	6	31.1	1
温州高新区	5.3	5	9.7	3	12	3	25.7	2
衢州高新区	9.1	2	7.9	4	9.3	4	18.7	3
萧山临江高新区	－1.2	8	7.5	5	－10.7	8	0.2	8
嘉兴秀洲高新区	3.8	7	2.8	7	8.5	5	2.9	6
湖州莫干山高新区	7.9	3	9.8	2	21.4	1	18.1	4

2. 省级高新技术产业园区发展情况。据统计，2018 年全省省级高新园区实现的规上工业增加值、高新技术产业增加值、装备制造业增加值、新产品产值及位次见表 2－5－13。省级高新园区规上工业增加值、高新技术产业增加值、装备制造业增加值、新产品产值增长率及位次见表 2－5－14。

表 2－5－13　2018 年浙江省省级高新技术产业园区发展水平情况

园区名称	规上工业增加值		高新技术产业增加值		装备制造业增加值		新产品产值	
	统计值（亿元）	位次	统计值（亿元）	位次	统计值（亿元）	位次	统计值（亿元）	位次
嘉兴高新园区	119.82	4	48.73	7	57.37	6	129.79	10
湖州高新园区	82.85	8	55.58	6	39.20	8	176.43	8
金华高新园区	56.05	11	36.39	11	25.60	10	110.61	11
台州高新园区	109.65	6	86.35	4	76.82	3	285.62	4

续表

园区名称	规上工业增加值		高新技术产业增加值		装备制造业增加值		新产品产值	
	统计值（亿元）	位次	统计值（亿元）	位次	统计值（亿元）	位次	统计值（亿元）	位次
上虞高新园区	68.36	10	47.10	9	39.27	7	158.74	9
新昌高新园区	91.52	7	86.71	3	65.21	4	204.67	7
余杭高新园区	171.50	3	138.47	1	118.78	1	302.61	3
萧山高新园区	116.57	5	76.13	5	61.53	5	217.82	5
舟山高新园区	9.04	12	6.12	12	7.36	12	4.40	12
嵊州高新园区	80.90	9	39.55	10	33.92	9	215.47	6
海宁高新园区	205.57	1	134.07	2	95.71	2	549.19	1
柯桥高新园区	175.94	2	47.53	8	11.36	11	310.87	2

表2-5-14　2018年浙江省省级高新技术产业园区经济增长情况

园区名称	规上工业增加值		高新技术产业增加值		装备制造业增加值		新产品产值	
	增长率（%）	位次	增长率（%）	位次	增长率（%）	位次	增长率（%）	位次
嘉兴高新园区	11.8	2	12.8	4	12.8	3	21.2	3
湖州高新园区	11.1	3	7.4	8	5.1	8	8	7
金华高新园区	3.5	9	3.7	11	-1.6	11	-0.2	9
台州高新园区	30.6	1	39.8	1	38.6	1	60.3	1
上虞高新园区	7.6	7	7.1	9	5	9	11.8	6
新昌高新园区	7.7	6	8.5	7	10.9	4	18.7	4
余杭高新园区	5.6	8	5.5	10	3.9	10	5.9	8
萧山高新园区	-0.1	12	-3.2	12	-6	12	-2.8	10
舟山高新园区	2.3	10	9.7	6	8.1	6	-39.6	12
嵊州高新园区	11.1	4	13.6	3	10.5	5	23.6	2
海宁高新园区	9	5	10.4	5	13	2	12.2	5
柯桥高新园区	1.1	11	14.3	2	5.9	7	-4.9	11

3.创建中省级高新技术产业园区发展情况。据统计，2018年全省创建中省级高新园区实现的规上工业增加值、高新技术产业增加值、装备制造业增加值、新产品产值及位次见表2-5-15。创建中省级高新园区规上工业增加值、高新技术产业增加值、装备制造业增加值、新产品产值增长率及位次见表2-5-16。

表 2 - 5 - 15　2018 年浙江省创建中省级高新技术产业园区发展水平情况

园区名称	规上工业增加值		高新技术产业增加值		装备制造业增加值		新产品产值	
	统计值（亿元）	位次	统计值（亿元）	位次	统计值（亿元）	位次	统计值（亿元）	位次
杭州青山湖高端装备	62.85	10	51.95	10	49.31	6	220.83	7
舟山船舶装备	22.61	18	18.01	18	7.90	17	32.79	18
永康现代农业装备	51.60	13	38.18	13	44.57	7	100.75	14
湖州现代物流装备	73.51	8	58.65	9	27.56	12	243.69	6
宁波杭州湾高性能新材料	341.20	1	313.93	1	329.05	1	812.05	1
诸暨现代环保装备	70.34	9	59.27	8	59.66	3	250.28	4
余杭生物医药	77.67	6	66.45	6	41.00	8	149.97	12
绍兴现代医药	76.07	7	69.44	4	18.31	14	125.25	13
台州现代医药	96.64	3	92.04	3	50.32	5	328.14	2
嘉兴南湖	81.44	5	67.51	5	54.92	4	291.57	3
宁波江北光电新材料	49.68	14	32.31	14	31.08	10	177.15	9
乌镇大数据	91.68	4	63.67	7	23.70	13	187.84	8
丽缙智能装备	10.77	19	8.85	19	7.32	18	25.04	19
义乌信息光电	38.26	16	21.92	16	9.68	16	72.75	16
嘉善通信电子	55.28	12	45.88	11	37.29	9	166.05	11
长兴新能源	58.01	11	43.78	12	27.72	11	172.68	10
乐清智能电器	110.39	2	103.32	2	104.58	2	244.50	5
平湖先进装备智造	34.65	17	21.41	17	15.12	15	47.39	17
安吉绿色制造	40.97	15	32.30	15	5.93	19	76.74	15

表 2 - 5 - 16　2018 年浙江省创建中省级高新技术产业园区经济增长情况

园区名称	规上工业增加值		高新技术产业增加值		装备制造业增加值		新产品产值	
	增长率（%）	位次	增长率（%）	位次	增长率（%）	位次	增长率（%）	位次
杭州青山湖高端装备	10.5	11	12.6	10	12.8	10	19.6	11
舟山船舶装备	4.9	18	5.8	18	5	18	47.4	2
永康现代农业装备	5.7	17	8.1	15	6.8	17	14.1	14
湖州现代物流装备	16.8	8	11.8	11	14.2	9	27.6	6
宁波杭州湾高性能新材料	17.5	7	16.5	8	17.7	7	12.6	15
诸暨现代环保装备	12.1	10	11.3	12	11.4	12	29.9	5
余杭生物医药	7.3	15	7.7	16	7.8	15	7.1	16
绍兴现代医药	29.7	1	34.2	1	17.4	8	54.5	1

续表

园区名称	规上工业增加值		高新技术产业增加值		装备制造业增加值		新产品产值	
	增长率（%）	位次	增长率（%）	位次	增长率（%）	位次	增长率（%）	位次
台州现代医药	18.8	4	21.1	4	34.2	2	37.7	3
嘉兴南湖	17.7	6	21	5	24.8	4	22.9	9
宁波江北光电新材料	27.2	3	30	2	36.5	1	6.3	17
乌镇大数据	7.1	16	6.9	17	7.5	16	21.2	10
丽缙智能装备	9.8	13	13.2	9	12.4	11	25	8
义乌信息光电	8.8	14	8.8	14	8.8	13	14.9	13
嘉善通信电子	28.9	2	25.4	3	30.9	3	35.2	4
长兴新能源	9.9	12	10.5	13	4.8	19	6	18
乐清智能电器	18.2	5	18.5	6	18.2	6	26.3	7
平湖先进装备智造	3.6	19	0.1	19	8.8	14	-9.4	19
安吉绿色制造	12.8	9	17.1	7	22.9	5	19.5	12

（二）高新技术特色产业基地发展

2018年，全省高新技术特色产业基地工业总产值达9875亿元，同比增长13.2%；技工贸总收入10185亿元，同比增长13.8%；利税1245亿元，同比增长10.9%；出口创汇3515亿美元，同比增长7.4%。

高新技术特色产业基地整体发展保持平衡向好趋势，但基地间发展分化较明显，表现为：富阳电子机械、长兴电动车用蓄电池、兰溪天然药物、宁波北仑注塑机、桐乡先进毛针织材料及制品、玉环汽摩配、诸暨环保装备等20家基地主要指标增长幅度均在10%，但富阳光通信、嘉善电子信息、海宁软磁、上虞精细化工、宁波鄞州新型计量仪表、丽水微电机、永康汽车摩托车零部件等18个基地存在部分指标较大程度下滑的问题。

第六章　农业与农村科技

2018年，全省高规格、严要求、有计划地推进“十三五”规划的有效实施。省科技厅在厅党组正确领导下，在科技部农村司的业务指导下，按照2018年度工作责任制目标，较好地完成了年度工作任务。

一、主动谋划，积极实践，构建上下联动的协同体系

认真贯彻“十三五”以来中央和省委、省政府关于农业科技工作的相关要求与决策部署，积极谋划、深入实践，逐步构建良性互动的农业科技协同管理体系。

（一）学习贯彻“十九大”精神

围绕全省乡村振兴战略的实施，提出创新驱动浙江乡村振兴发展行动科技计划。为贯彻落实浙江省委、省政府关于《全面实施乡村振兴战略 高水平推进农业农村现代化行动计划》，深入实施创新驱动发展战略和乡村振兴战略，会同省农业农村厅联合发文《浙江省创新驱动乡村振兴科技行动计划（2018—2022年）》。该计划对照“产业兴旺、生态宜居、乡风文明、治理有效、生活富裕”五大要求，初步提出浙江“农业科技创新能力提升、农业科技成果转化和服务促进、农业高新技术产业培育、农业农村生态宜居支撑、农业农村富民强农创新创业和农业农村科技型人才培育”六大具体行动计划设想，为浙江省乡村振兴战略提供高质量科技支撑。

（二）贯彻落实“大学习、大调研、大抓落实”

按照深入基层一线“访民情、访企情、访政情”促大调研的要求，赴安吉县、德清县、金华市、舟山、衢州等地开展乡村振兴专题调研。就如何依靠技术创新促进农业供给侧结构性改革、农业科技园区如何培育农业高新技术产业、重点农业企业研究院如何集聚创新要素、星创天地如何推进农业农村的创新创业等主题走访企业、基地，召开座谈会，掌握基层一线农业供给侧结构改革以及农业科技创新载体发展等存在的矛盾与问题，为实施科技支撑提供依据。

（三）组织全省涉农领域“十三五”农业科技发展调研评估工作

组织对全省“十三五”农业科技创新工作进行全面评估，并在此基础上调研提出与全省机构改革相配套的农业科技创新资源系统设计、统筹管理等工作机制。经过实地考察、座谈调研、调查问卷等形式，研究制定了《浙江省“十三五”农业科技工作调研评估方案（草稿）》，梳理了主要涉农厅局的“十三五”规划，特别是有关农业科技方面的内容和指标，形成了初步的调研评估报告。

(四)积极抓好乡村振兴农业科技工作落实

根据省发展改革委《〈浙江省乡村振兴战略规划(2018—2022 年)〉编撰工作建议方案》确定的部门分工,积极梳理谋划了农业科技创新相关政策体系、工作体系、指标体系和考核体系相关素材,为全省乡村振兴提供农业科技支撑体系。按照浙江省乡村振兴领导办公室统一计划,研究制定全省乡村战略计划中农业科技工作考核指标。

二、周密计划,主动作为,努力办好"两个会"

(一)承办全国农业农村科技工作会议

2018 年 3 月 29—30 日,科技部在杭州召开全国农业农村科技工作会议,总结 2017 年农业农村科技工作,部署 2018 年农业农村科技重点任务,推动实施乡村振兴战略。浙江省科技厅作为本次会议的承办单位,在科技部农村司和农村中心的指导下,积极配合、认真落实,圆满完成会议的承办工作,各项会务保障工作受到了部领导、农村司和农村中心领导以及与会代表的认可。

(二)组织开展科技特派员 15 周年总结表彰活动

2018 年 11 月,省委、省政府在杭州开展科技特派员 15 周年总结表彰活动,通过总结表彰,在新的起点上继续探索和实践科技特派员制度,引领新时代浙江省科技支撑乡村振兴战略实施,为推进农村创新创业,促进县域经济发展,有效推进科技特派员制度在县域经济发展和乡村振兴战略实施中作出更大贡献。

三、加快培育农业科技企业,完善农业高新产业培育体系

(一)提升科技型农业企业,完善农业高新技术产业培育

起草完善了《浙江省重点农业企业研究院建设任务书》,进一步明确了研究院的建设目标和任务要求;完成首批与第二批共 12 家省级重点农业企业研究院建设任务书的签订工作;召开研究院建设启动会。5 月份,在湖州德清与金华分别组织召开了首批和第二批省级重点农业企业研究院建设启动会和座谈会,充分听取了企业主体和归口科技管理部门对农业领域重点企业研究院建设的意见建议,通过会议进一步统一了思想、明确了任务、形成了合力,为高质量高水平推进浙江省重点农业企业研究院建设打下了坚实的基础;创建 2019 省级重点农业企业研究院。通过自愿申报、地方推荐、形式审查、现场考察、专家评审、会议审定等环节,遴选创建 11 家 2019 年度省级重点农业企业研究院。

(二)加强农业科技园区建设

完成"十三五"省级农业科技园区首批 2018 年度 5 家园区的合同论证、签订,并召开园区创建启动会;按照高新技术产业集聚、创新资源集聚要求,开展了 2019 年度省级农业科技园区的遴选工作,通过申报、推荐、形审、考察与评审等环节,遴选 6 家园区列入 2019 年度省级农业科技园区创建单位,另 9 家园区列入 2019 年度省级农业科技园区培育单位。

四、围绕供给侧结构性调整，布局实施农业重点研发计划项目

（一）开展2019年农业领域重点研发项目的主动设计

贯彻《浙江省"十三五"农业和农村科技发展规划》，围绕提高"土地产出率、劳动生产率、资源利用率"三大浙江省现代农业发展核心问题，在全省范围进行选题征集，梳理凝练科学问题与技术需求，并会同行业主管部门调研论证，研究提出2019年度农业类重点研发计划项目指南。在特色农业资源保护和开发利用、生态宜居技术创新、生态农业创新、智慧农业现代农机装备、农产品质量安全、营养健康食品开发与保鲜物流、农业资源高效利用等七大领域共发布重点研发专项申报指南37项，招标项目3项。经网评、专家评审、综合裁定，农口领域共有省级计划项目98项立项，其中重点计划项目76个、26县项目10个、省重点农业企业研究院项目12个。

（二）深化实施农业新品种选育专项

以市场需求和质量优先为导向，深入实施农业新品种选育专项，推进农产品供给的结构性调整。围绕供给侧结构性改革和老百姓对农产品需要的新变化，以"高效生态、进口替代、特色优势、功能需求"为目标，深入实施农业新品种选育专项。组织召开育种专项年度工作会议，听取育种专家组对种业发展的意见建议，完善"十三五"育种专项运行管理体系建设，全面推进9个协作组育种科研各项工作。开展全省种业发展和育种科研工作调研，对下一步种业发展提出科技支撑意见。协助专家组牵头单位对"十三五"农业新品种专项开展中期评估，推进农业新品种数据库和监管系统信息化建设。上半年育种稳步推进，成效明显。5月份，农业农村部公布19个水产新品种，浙江省有4项在列（2项主持、2项参加），领先全国其他省份；蔬菜协作育种组在番茄糖代谢研究上取得重大进展，相关论文发表在国际顶尖杂志，影响因子达13.44。

（三）积极争创国家项目在浙落地

围绕国家科技发展动态最新布局和科技部战略发展要求，积极争取国家农业农村领域的科技资源。据不完全统计，浙江省内几所主要涉农高校院所，2018年共获取国家重点项目101项、国家重点实验室创新平台1个、国拨经费约1.669亿元。浙江大学获国家各类涉农项目16项，国拨经费7969万元。其牵头实施的"长三角镉砷和面源污染农田综合防治与修复技术示范"获国拨到位经费1169万元。浙江农林大学获国家自然科学基金项目29项，承担国家重点研发计划课题（任务）7项，获得国拨经费3650万元，其"城市森林资源智能监测及其生态功能智慧感知研究"项目获国家自然科学基金"两化融合"联合基金资助。浙江省农科院获国家重点研发计划项目（课题、任务）26项，国家自然科学基金项目23项，国拨经费2338万元。该院牵头实施的"果蔬冷链物流技术及装备研发示范"获国拨经费665万元；牵头实施的"国家西兰花良种重大科研联合攻关"项目于2018年6月正式启动，这是浙江省第一次牵头承担国家良种重大科研联合攻关项目。浙江省林科院获国家林业和草原局森林食品资源利用与质量控制重点实验室创新平台1个。浙江省淡水水产研究所获国家重点研发计划项目（课题、任务）31项，国拨经费1739.23万元，新育成国家水产新品种1个。中国农业科学院茶叶研究所获国家项目2项，国拨经费996万元等。其中，牵头实施的"茶叶精

制智能化技术装备研发”获得国拨到位经费682万元。通过这些农业科技领域各类国家项目在浙落地实施，一定程度上解决了制约浙江农业发展的瓶颈技术难题，进一步提升了浙江农业产学研优势力量协同攻关能力，加快凸显浙江农业科技领域的综合优势。

五、全面推进区域创新创业，激发创新动能与夯实脱贫攻坚

（一）深化科技特派员工作

印发《浙江省科学技术厅关于进一步加强省派科技特派员和省级星创天地工作的通知》，进一步规范个人科技特派员、团队科技特派员、事业法人科技特派员的经费使用，明确各类特派员项目的责任主体。指导泰顺、衢江、遂昌等省派科技特派员比较多的县（市、区）召开科技特派员工作会议，交流工作体会，探索科技特派员如何在乡村振兴中更好地发挥出应有作用。

（二）首次启动科技特派员工作第三方评价

为进一步完善科技特派员管理机制，提高管理水平，启动开展科技特派员第三方绩效评价评估工作。每2年委托第三方机构对各县（市、区）科技特派员项目实施的整体绩效进行评价，评价结果通报派出与派驻等相关单位，并作为职称评聘、干部选拔和单位考核等工作的重要依据。

（三）全力做好科技帮扶和科技扶贫工作

一方面，主动对接金华磐安、武义柳城、丽水景宁等县（镇）和龙游、常山县，谋划设计阶段性脱贫致富实施内容和具体推进方案，抓好扶贫结对（科技下乡）工作任务，并充分发挥科技特派员的作用，集聚力量做好全省科技扶贫工作。另一方面，持续推进26县绿色发展专项的实施，强化科技项目对地区特色优势农业的培育和支持，积极探索适合26县创新驱动发展的新路径。

（四）推动农业农村领域的众创空间——星创天地建设

全省登记备案国家级星创天地59家，省级星创天地71家。对已登记备案的部分星创天地展开实地调研，发掘星创天地的典型案例，联合浙江省科技传播中心，加大宣传，进一步营造农业农村领域创新创业氛围。按照《浙江省科学技术厅关于组织申报2019年度省级重点农业企业研究院、农业科技园区和星创天地的通知》，开展2019年星创天地的创建工作，共10个星创天地录选为省级创建的星创天地。

六、积极争创国家创新载体建设，有力支撑创建创新型省份

（一）完成首批国家十分之一的创新型县建设

为深入实施创新驱动发展和乡村振兴战略，贯彻落实《国务院办公厅关于县域创新驱动发展的若干意见》。根据科技部《创新型县（市）建设工作指引》（国科发农〔2018〕130号）的通知要求，2018年8月下旬，按照地市择优推荐、材料审核、厅务会审议等环节，组织国家创新型县（市）推荐申报工作，经国家科技部咨询评议，浙江省5个县（市）（慈溪市、新昌县、乐清市、长兴县和安吉县）被批准为国家创新型县（市）建设单位。

（二）争创国家农业科技园区

积极对接科技部农村科技司，2018年推荐浙南特色种子种苗科技园区、安吉县“两山”农业科技园区争创国家农业科技园区，通过组织申报、实地考察和电视答辩等形式，2018年10月，2家园区均获批国家农业科技园区。

七、梳理载体数字政务管理，构建农业科技信息化监管模式

针对农业科技创新载体传统管理方式较为落后问题，完成并完善“六类农业科技创新载体”的网上管理模式，并按科技系统数字政务要求，完成育种专项、省级农业科技园区、省重点农业企业研究院、星创天地、农业科技型企业和农业科技研发中心的“最多跑一次”改革和数字政务梳理等工作，精简了创建审核流程，有效提高了载体申报效率；围绕“最多跑一次”和精准服务要求，提升项目和农业科技创新载体信息化管理水平，强化经费监管力度，努力实现农业科技领域项目与载体的申报、合同管理、验收等工作网络化，保障项目的全链条痕迹化管理；加强育种专项监管力度，会同省财政厅起草育种专项经费管理办法，启动育种专项数据采集系统，将育种专项成果和育种资源信息化，推动育种大数据工作发展；规范农业科技创新载体建设经费使用管理，会同省科技厅计划处，组织全省在建的60家省级农业科技创新载体财务管理人员与归口管理科技部门人员业务培训。

第七章　社会发展领域科技

2018 年，全省社会发展科技领域各项工作有序推进，圆满完成了全年的工作任务。

一、切实提升重大项目实施绩效

在人口健康、细胞治疗、新药创制、医疗器械与医工信结合、海洋科技、资源环境、公共安全、社会事业等领域组织实施了一批重大科技攻关项目，采取有力措施，加强项目管理，切实改变“重立项轻管理”现象，为全省经济社会发展提供了有力的科技支撑。

（一）科学凝练项目申报指南

分层次、分领域组织相关技术专家、管理专家、企业代表等召开了 10 余次项目申报指南编制座谈会，广泛听取各方意见，不断论证梳理总结，充分将大数据、人工智能等技术与社会发展科技领域结合，积极部署细胞治疗、医工信结合等方向的项目，突出引领性、前瞻性和颠覆性。共主动设计了 54 个重点研发计划项目申报指南，以及 3 个重大项目招标书。

（二）认真抓好项目合同签订

集中举办了 2 期科技项目管理培训班，对 2018 年度立项的 80 余个社发领域招标项目、重点企业研究院项目和省重点研发计划项目负责人及有关依托单位经办人员进行了系统培训。在合同内容、日常管理、经费支出等方面明确了要求，统一了做法。

（三）逐个开展项目启动咨询

为使所有新立项的项目少走研究弯路，建立同一专题下不同项目之间的沟通联络机制，实现资源共享、信息共享，减少重复研究和资源浪费，对 2018 年新立项的社发领域重点研发计划项目（表 2－7－1）逐一以专题为单位开展“项目启动咨询”工作，组织专家为每个项目的总体设计与路径进行把关，提出具有针对性的意见建议，帮助课题组完善技术方案，为项目的顺利实施奠定了良好基础。

（四）全程跟踪项目实施进度

切实加强在研项目的监管，为及早发现问题，及时总结经验，针对 2017 年度和部分 2018 年度立项的重点研发计划项目开展中期检查工作，明确检查内容和要求。组织开展对已立项科技惠民计划项目的专项监督检查，深入了解项目实施进展及经费使用情况，开展财务辅导。组织开展对基层卫生适宜技术成果转化工程的验收总结工作。

通过 2018 年以及近年来的全流程项目科学管理，涌现出了一批具有突破意义的标志性成果。2018 年 6 月，歌礼药业（浙江）有限公司开发的首个抗丙肝 1 类创新药达诺瑞韦获得国家药品监督管理局批准上市,这是首个中国本土企业开发的直接抗病毒药物,从项目研发开始到上市,仅用时 5 年零 2 个月,其中,从开始临床试验到获得新药证书,仅用了 2 年零 9 个月,创下中国 1 类新药的最快上市纪录。除此之外,省科技厅重点研发计划项目资助的歌礼药业(浙江)有限公司开发的另一个抗丙肝 1 类创新药拉维达韦(新一代全基因型 NS5A 抑制剂)也已完成Ⅱ/Ⅲ期临床研究,拉维达韦联合达诺瑞韦组成的首个中国原研全口服无干扰素方案,在基因 1 型非肝硬化患者中治愈率达 99%,且针对基线发生 NS5A 耐药突变的患者,100% 实现治愈。贝达药业股份有限公司研发的用于肿瘤治疗的 1 类化学新药 CDK4/6(细胞周期蛋白依赖性激酶 4/6)抑制剂 2018 年已完成临床前研究,并于 6 月份获得国家药品监督管理局临床批件。杭州艾森医药研究有限公司研发的国内首个第三代小分子靶向 EGFR 抑制剂马来酸艾维替尼已经完成临床研究,提交新药注册申请,有望填补中国第三代肺癌靶向新药市场空白。鸿运华宁(杭州)生物医药有限公司自主研发的全球首个超长效 GLP-1抗体激动剂(重组抗人 GLP-1 受体人源化单克隆抗体注射液,格鲁塔珠单抗注射液)获批中国临床试验,为啃下 GPCR 抗体药物开发这一“硬骨头”奠定了良好基础。浙江海正药业股份有限公司研发的“重组抗肿瘤坏死因子-a 全人源单克隆抗体注射液(阿达木单抗生物类似药)”按计划完成全部临床研究工作,结果显示和原研药在有效性、安全性和免疫原性的等效高度相似,有望近期获得生产批件并实现产业化。微泰医疗器械(杭州)有限公司自主研发的新一代贴敷式智能胰岛素泵成功获得医疗器械产品注册证,获批上市销售实现产业化。浙江省人民医院牵头开展的“抑郁症和老年痴呆防治技术成果转化工程”集成确定了抑郁症和老年痴呆规范化精神检查技术、药物治疗技术等 7 大项“基层急需、安全有效、经济简便”的卫生适宜推广技术,搭建了省、市、县三级技术推广网络,制定了标准化培训教材,使基层精神专科医务人员对抑郁症的识别率达到 81.9%,老年痴呆患者神经心理检查的应用率达到 86.1%(门诊)和 87.0%(住院),老年痴呆诊断符合率达到 74.4%,老年痴呆规范化治疗率达到 83.2%(门诊)和 83.8%(住院)。

表 2-7-1　2018 年度重点研发计划社发领域立项清单

序号	项目编号	项目名称	单位名称	负责人
1	2018C03001	新型单克隆抗体或抗体偶联药物的研制及产业化	浙江海正药业股份有限公司	高　栋
2	2018C03002	医学影像诊断设备的研发及产业化	明峰医疗系统股份有限公司	江浩川
3	2018C03003	重点行业水污染全过程控制技术集成与工程示范——化工制药行业水污染全过程控制技术集成与工程示范	浙江东天虹环保工程有限公司、浙江大学	项贤富
4	2018C03004	重点行业水污染全过程控制技术集成与工程示范——印染行业水污染全过程控制技术集成与工程示范	浙江丝科院轻纺材料有限公司,浙江理工大学,杭州航民达美染整有限公司	姚庆才
5	2018C03005	重点行业水污染全过程控制技术集成与工程示范——水污染全过程控制技术在印染行业的示范应用	浙江正洁环境科技有限公司	任松洁

续表

序号	项目编号	项目名称	单位名称	负责人
6	2018C03006	城镇污水处理厂二次提标TN、TP控制技术集成与工程示范——台州城镇污水处理厂准Ⅳ类提标先进适用技术集成及工程示范	浙江环科环境研究院有限公司，浙江省环境保护科学设计研究院，浙江工业大学，浙江富春紫光环保股份有限公司，台州市水处理发展有限公司	邵卫伟
7	2018C03007	城镇污水处理厂二次提标TN、TP控制技术集成与工程示范——反硝化滤池、低碳低氧脱氮、加载除磷工艺技术集成研究及示范应用	浙江博华环境技术工程有限公司，浙江大学，杭州迪利生态循环经济工程有限公司	陈杭飞
8	2018C03008	精神、神经疾病诊治新技术研究——建立急性基底动脉闭塞和觉醒型卒中支架取栓治疗新方法	浙江省人民医院	耿 昱
9	2018C03009	高发恶性肿瘤诊治新技术研究——靶向肿瘤内乳酸治疗原发性肝细胞肝癌的新技术和临床应用	浙江大学	胡 汛
10	2018C03010	生殖健康、生育安全及出生缺陷诊治新技术研究——妊娠期糖尿病母儿安全预测和诊疗新方法的研究	浙江大学	陈丹青
11	2018C03011	精神、神经疾病诊治新技术研究——高血压脑出血微创治疗新技术及诊疗流程的规范化研究	浙江大学	陈 高
12	2018C03012	重要眼病诊治新技术研究——新型扫频光学相干断层成像技术在白内障眼部参数测量的创新研究	温州医科大学	赵云娥
13	2018C03013	内分泌与代谢性疾病诊治新技术研究——胰岛移植治疗关键技术及产品开发	温州医科大学	赵应征
14	2018C03014	免疫、基因及细胞治疗新技术研究——低氧预处理干细胞来源的外泌体治疗心力衰竭的临床转化研究	浙江大学	胡新央
15	2018C03015	心血管病诊治新技术研究——具有血管修复功能的新型纳米药物涂层球囊治疗冠心病的研究	浙江大学	傅国胜
16	2018C03016－1	免疫、基因及细胞治疗新技术研究——新型CAR－T细胞研发和治疗难治复发B细胞淋巴瘤的临床研究	浙江大学	钱文斌
16	2018C03016－2	免疫、基因及细胞治疗新技术研究——人源化新型嵌合抗原受体T细胞联合免疫调节剂来那度胺治疗弥漫大B细胞淋巴瘤应用方案的建立与优化	浙江大学	胡永仙

续表

序号	项目编号	项目名称	单位名称	负责人
17	2018C03017	重要眼表疾病预防和诊治新技术研究——LED光源眼表损伤研究及其生物安全标准建立	浙江大学	沈　晔
18	2018C03018	高发恶性肿瘤诊治新技术研究——高功率脉冲电场精准消融胆管癌治疗新技术的应用与研发	浙江大学	吴李鸣
19	2018C03019	感染性疾病防治新技术研究——AMSC-Exo肝衰竭疗效改进及制剂研发	浙江大学	刘艳宁
20	2018C03020	免疫、基因及细胞治疗新技术研究——人源化CD73治疗性抗体研发及其抗肿瘤效应研究	浙江大学	黄　建
21	2018C03021	高发恶性肿瘤诊治新技术研究——基于精准医学的胰腺癌诊疗新技术研发	温州医科大学	周蒙滔
22	2018C03022	免疫、基因及细胞治疗新技术研究——肿瘤新生抗原为靶标的胃癌个体化抗体偶联药物的制作和临床前应用研究	浙江大学	王海勇
23	2018C03023	精神、神经疾病诊治新技术研究——短阵快速多靶点经颅磁刺激治疗难治性抑郁症技术的建立与应用	杭州师范大学	沈悦娣
24	2018C03024	高发恶性肿瘤诊治新技术研究——肝癌局部消融计划系统开发及关键技术研究	丽水市中心医院	纪建松
25	2018C03025	中医辩证治疗肿瘤新技术研究——中医分阶段辨证治疗对局部晚期非小细胞肺癌放化疗增效减毒作用的研究	杭州市肿瘤医院	林胜友
26	2018C03026	听力损失防治新技术研究——干细胞治疗感音性听力损伤的技术体系建立	浙江大学	管敏鑫
27	2018C03027	听力损失防治新技术研究——基于高通量测序的大规模新生儿耳聋基因筛查的新技术体系构建和现状调查	浙江大学	徐亚萍
28	2018C03028	重金属污染土壤修复材料与技术的研发与应用——复合重金属污染土壤稳定化修复材料与技术的研发应用	浙江大学	徐建明
29	2018C03029	隧道火灾风险识别及安全保障技术研究与应用——复杂超常规隧道火灾风险识别及安全保障关键技术研究与应用	浙江省公安消防总队	严晓龙

续表

序号	项目编号	项目名称	单位名称	负责人
30	2018C03030	面向现代渔业与航海安全的信息化装备技术与应用示范——基于大洋烽火台的商用海洋信息监测潜浮标系统	浙江大学	张森林
31	2018C03031	含浅层气地层中重大基础设施灾变防控关键技术与示范——无	浙江大学	王立忠
32	2018C03032	工业源烟气污染高效控制技术与示范——再生铅冶炼烟气多污染物协同治理及资源化利用关键技术研究与示范	天能电池集团有限公司	娄可柏
33	2018C03033－1	装配式工业化建筑安全评价关键技术及应用——无	浙江省建筑设计研究院	杨学林
	2018C03033－2	装配式工业化建筑安全评价关键技术及应用——装配式混凝土工业化建筑安全评价关键技术及应用	浙江工业大学	单玉川
34	2018C03034	移动式海水淡化装置开发与示范——让淡化水流进寻常百姓家	中国电建集团华东勘测设计研究院有限公司	孙　毅
35	2018C03035	生产作业场所灾害预警防控关键技术及应用——生产作业场所多危害因素在线监测预警技术及应用	浙江省安全生产科学研究院	吴　珂
36	2018C03036	工业源烟气污染高效控制技术与示范——湿式相变凝聚多污染协同高效脱除技术及示范	浙江西安交通大学研究院	谭厚章
37	2018C03037	非道路移动源污染排放控制技术与示范——工程和农用机械污染排放控制技术与系统研究	浙江邦得利环保科技股份有限公司	陈法献
38	2018C03038	海涂围垦吹填淤泥防淤堵真空预压与过程固化处理关键技术与应用	浙江工业大学	蔡袁强
39	2018C03039	突发事件应急保障新技术新方法及装备研究和应用——数据驱动的智能化应急指挥调度技术研究与应用	浙江元亨通信技术股份有限公司	胡宏宇
40	2018C03040	滑坡、泥石流前兆测量新技术及灾变预警和灾情评估技术——滑坡、泥石流前兆测量综合技术及预警和灾情评估技术	中国计量大学	李　青
41	2018C03041	城乡有机垃圾资源化技术开发与应用——厨余、餐厨和污泥等有机垃圾联合厌氧制取清洁燃气技术的研发	浙江大学	王　飞
42	2018C03042	突发事件应急保障新技术新方法及装备研究和应用——大数据背景下新型突发事件应急保障系统、装备研发与应用示范	银江股份有限公司	李建元

续表

序号	项目编号	项目名称	单位名称	负责人
43	2018C03043	大型船舶建造关键技术开发及产业化——万箱级超大型集装箱船制造关键技术研究	金海重工股份有限公司	郁惠民
44	2018C03044	海洋渔业资源船载高值化加工新技术及装备研发——海洋渔获物一线船载源头保鲜加工技术研究与装备研发	中国水产舟山海洋渔业公司水产制品厂	蔡　勇
45	2018C03045	地震灾害风险监测与评估技术应用——地震灾害风险监测与评估技术应用	浙江省工程地震研究所	石树中
46	2018C03046	特种设备安全预警防控关键技术研发与应用——地铁站通风系统智能化设计防控关键技术及工程应用	浙江理工大学	窦华书
47	2018C03047	重金属污染土壤修复材料与技术的研发与应用——重金属污染土壤木本植物修复及安全利用技术	中国林业科学研究院亚热带林业研究所	陈光才
48	2018C03048	海洋渔业资源船载高值化加工新技术及装备研发——东海浮游生物类海洋渔业资源高值化船载加工新技术与装备研发及应用示范	瑞安市华盛水产有限公司	张建友
49	2018C03049	工业源烟气污染高效控制技术与示范——非热脉冲等离子体锅炉烟气超低排放改造净化装置的研发及产业化	浙江大维高新技术股份有限公司	奚永新
50	2018C03050	浙江文物及传统文化典籍展陈共性技术研究——传统文化典籍数字场景化关键共性技术研发及应用	浙江科技学院	王建华
51	2018C03051	浙江文物及传统文化典籍展陈共性技术研究——中华传统文化传播应用技术研究	中国丝绸博物馆	周　旸
52	2018C03052	智慧旅游共性技术研究——全域旅游安全监管与智慧导览共性技术研究与应用	浙江大学	王婉飞
53	2018C03053	全媒体出版关键技术研究——基于大数据分析和智能语音的咪咕阅读全媒出版项目	咪咕数字传媒有限公司	张燕鹏
54	2018C03054	三屏融合关键技术研究——基于IP技术原理的多屏融合关键技术的研发和应用	浙江文澜信息发展有限公司	曹燕明
55	2018C03055	动画虚实融合呈现关键共性技术研究——无	浙江中南卡通股份有限公司	刘康苗
56	2018C03056	三屏融合关键技术研究——基于三屏融合的智慧民生综合服务平台建设项目	浙江华数广电网络股份有限公司	周　芸

续表

序号	项目编号	项目名称	单位名称	负责人
57	2018C03057	智慧教育新技术新方法及装备研究——融合用户习惯的互联网+智慧教育装备及资源云平台	浙江翰林博德信息技术有限公司	吴功兴
58	2018C03058	化药新药临床前研究——一类化学新药CDK4/6(细胞周期蛋白依赖性激酶4/6)抑制剂用于肿瘤治疗的临床前研究	贝达药业股份有限公司	王家炳
59	2018C03059	智能治疗、手术器械及系统研发——结合全息投影技术的骨科手术导航及手术机器人系列产品研发	杭州三坛医疗科技有限公司	斯辉健
60	2018C03060	高端介入、植入产品和微创手术器械研发——骨膜ECM表面活化的腰椎斜外侧融合器械的研究与开发	浙江大学	范顺武
61	2018C03061	化药新药临床前研究——新糖肽类抗菌药物奥利万星的新药创制	杭州华东医药集团新药研究院有限公司	陈晓霞
62	2018C03062	高端介入、植入产品和微创手术器械研发——个性化仿生牙种植体的研发	浙江大学	王慧明
63	2018C03063	化药新药临床研究——1.1类抗抑郁药物盐酸羟哌吡酮片的临床研究	浙江华海药业股份有限公司	葛　建
64	2018C03064	高性能内窥镜关键技术和系统研发——超高清胸、腹腔镜系统及超细径电子肾盂软镜系统研发	浙江大学	王立强
65	2018C03065	化药新药临床前研究——1.1类高效靶向型抗血栓新药YG001临床前研究	浙江普洛得邦制药有限公司	储结根
66	2018C03066	新型体外诊断试剂及检测系统研发——唾液痕量毒品现场快速检测系统的研发及禁毒服务平台建设	浙江诺迦生物科技有限公司	寿远景
67	2018C03067	化药新药临床研究——1类抗丙肝新药瑞维达韦联合丹诺瑞韦全口服方案临床开发	歌礼生物科技(杭州)有限公司	吴劲梓
68	2018C03068	化药新药临床前研究——治疗糖尿病肾病的1.1类新药C66的临床前研究	温州广成生物科技有限公司	冯建鹏
69	2018C03069	先进医学影像及监测、诊断设备研发——自动乳腺超声系统	嘉兴深博医疗器械有限公司	张　伟
70	2018C03070	新型生物药物临床前研究——人二倍体EV71/CA16双价新疫苗临床前研究	浙江省疾病预防控制中心	朱函坪

续表

序号	项目编号	项目名称	单位名称	负责人
71	2018C03071	中药创新药物研究——抗抑郁 1 类新药 SZJ－1207 的临床前研究	浙江省医学科学院	叶益萍
72	2018C03072	大品种药物的生产技术改造——左旋多巴固定化酶转化技术研究及产业化	浙江野风药业股份有限公司	储消和
73	2018C03073	高性能内窥镜关键技术和系统研发——4K 超高清内窥镜系统	杭州德迈医疗科技有限公司	萧　涵
74	2018C03074	自动化制药技术与装备——自动化化学制药技术与装备研发及工程示范	浙江工业大学	陈冰冰
75	2018C03075	中成药的二次开发——银杏叶滴丸二次开发研究	万邦德制药集团股份有限公司	瞿海斌
76	2018C03076	新型可穿戴式医用器件、装置及系统研发——全植入式动态血糖监测系统研究	杭州微策生物技术有限公司	杨清刚
77	2018C03077	抗精神分裂症新药帕利哌酮及其缓释制剂的临床研究	浙江京新药业股份有限公司	朱建荣
78	2018C03078	新型碳青霉烯类抗生素连续微反应技术的研发与应用	浙江九洲药业股份有限公司	李原强
79	2018C03079	旅游管理决策云平台的关键技术研究与应用	浙江省公众信息产业有限公司	方军予
80	2018C03080	海洋生物提取物品质提升关键技术研究与产品及相关应用开发	浙江兴业集团有限公司	劳敏军
81	2018C03081	改性植物淀粉植物淀粉胶囊及药品质量一致性评价	浙江昂利康制药股份有限公司	方南平
82	2018C03082	重要眼病诊治新技术研究——病毒感染性眼病快速病原诊断技术的开发和应用	浙江大学	姚玉峰

二、深入谋划开展健康领域科技创新

(一)临床医学研究中心建设成效显著

1. 国家临床医学研究中心建设实现重大突破。2018 年,浙江组织开展了第四批国家临床医学研究中心的申报工作。11 月 15 日,科技部等四部委公示了 18 家第四批国家临床医学研究中心建设依托单位,浙江有 3 家单位入选:浙江大学医学院附属第一医院牵头的国家感染性疾病临床医学研究中心、温州医科大学附属眼视光医院牵头的国家眼部疾病临床医学研究中心和浙江大学医学院附属儿童医院牵头的国家儿童健康与疾病临床医学研究中心。浙江在第四批国家临床医学研究中心建设公示名单数量居全国第 2 位,仅次于北京;总数与天津、广东和湖南 3 个兄弟省市并列全国第 3 位。这是浙江在国家临床医学研究中心建设工作中首次实现零的突破,对浙江临床医学领域进入国家队是一件具有里程碑意义的大事。3家国家临床医学研究中心牵头单位已初步开展了全国协同研究网络搭建等实质性组织建设,对资金持续性稳定投入进行了计划安排,并给予临床研究场地、研究生名额、学科团队建设等条件保障。

2. 省级临床医学研究中心建设初见成效。目前,全省已遴选建设了心脑血管疾病、肝胆胰疾病、腹腔脏器微创诊治3家省临床医学研究中心,经过近一年时间的发展,成效初显。

(1)平台支撑不断加强。创新性引入人工智能技术与中心网络对接,纳里健康云网络目前成功推广就诊,获得了广大患者的好评。组建国内第一个基于智能云的肝胆胰加速康复外科(ERAS)数据库,开展了国内首个多中心、前瞻性腹腔镜肝癌切除ERAS应用研究,累计入组逾4000病例。

(2)协同研究稳步开展。协同研究网络单位已陆续开展各类队列研究、基础研究和产学研用研究,其中“多模态影像融合肝脏微创手术导航仪器系统的研发”获2018年国家重大项目立项,肝移植中心、胸痛中心和卒中中心建设稳步开展,3D打印组织技术进入专利申请阶段。

(3)技术推广有序推进。中心举办了各类学习班、学习论坛、精品手术演示、院士巡讲班,培养基层专科医生和全科医生数千人次。初步建成全省多中心的立体网络会诊和转诊体系。

(4)产品创新初现成果。由中心自主研发的微型化三维高清内镜成像系统、超高清电子胸腹腔镜系统、微型柔性电子内镜近期已进入医疗器械产品注册检验环节,布局开展产业化工作。中心与企业联合研发的VenusA瓣膜产品,显著降低了手术的死亡率和并发症。

(二)做好医疗器械产业精准对接精准服务

2018年,省科技厅对17家医疗器械企业开展精准对接精准服务,收集、分办难题建议40余条。做好国产医疗器械的示范应用,正式启动由浙江大学医学院附属第一医院牵头的国家重点研发计划“数字诊疗专项”——“国产创新医疗设备区域应用示范”项目。全省累计培育医疗器械生产企业1200余家,医疗器械产品注册和备案数量从2013年的5783件增加到2018年的8600余件,总体增长48.71%,已初步建成了专业门类比较齐全、产业链条相对完善、产业基础比较雄厚的产业体系,产品竞争力不断增强,在国际市场占有率不断提高。全省累计有12个产品进入原国家食品药品监督管理总局创新产品特别审批绿色通道,其中PET/CT、经皮介入人工心脏瓣膜系统等产品已经注册上市,进入绿色通道和已经注册上市产品数量均位列全国第5位。

(三)有序推进细胞治疗技术创新发展

按照省委、省政府主要领导批示精神,组建浙江省细胞治疗技术发展协调小组,围绕免疫与基因治疗新技术研究及药物开发、干细胞与再生医学新技术研究及药物开发、细胞制备关键技术研发及配套产品开发3个主攻方向,组织实施省重点研发计划项目,2018年共立项10项,投入省级财政经费超2100万元。

三、强化支撑美丽浙江建设

(一)启动首批浙江省可持续发展创新示范区建设

确定上城、安吉、常山、嘉善、临海5个县(市、区)创建首批浙江省可持续发展创新示范区。首批建设的5个县(市、区)可持续发展基础良好,且各具代表性。上城区作为大城市的中心城区,通过大力发展数字经济,建设智慧城市,实现有限空间内的无限发展;安吉县作为“两山”理论的发源地,通过发展绿色产业、美丽产业,探索一条“绿水青山”向“金山银山”转化的现实路径,实现对“两山”理论的进一步深化和发展;临海市作为全省规模较大、产业集中的医化行业集聚区,通过科学治理和技术提升,探索实现医化园区的绿色化、数字化、安全化转型升级;嘉善县作为长三角一体化发展的核心区,以“县域科学发展示范点”建设为基础,探索实现生产、生活、生态“三生融合”县域发展的新路径和新方法;常山县作为26县之一,同时也是大花园建设的核心区块,通过发挥生态优势,发展特色产业,护航大花园建设。

(二)深入推进科技助推蓝天保卫战行动

省科技厅会同省环保厅,研究出台了《科技创新助推蓝天保卫战若干意见》;组建了由11名专家组成的浙江省大气污染防治首席技术顾问,每位首席技术顾问定点联系一个地区,领衔解决大气污染源头治理问题;组建了浙江省大气污染治理技术百人专家库,推进全省大气污染治理工作。在此基础上,组织专家常态化赴各联系点开展服务,指导各地科学治气。

(三)认真实施打好污染防治攻坚战科技行动

按照袁家军省长在省政府专题会议上的讲话精神,省科技厅研究起草《全面加强生态环境保护坚决打好污染防治攻坚战科技行动方案》,拟通过组织实施重大关键共性技术攻关,建设一批生态环境领域的创新联合体,推广示范一批先进技术成果,为浙江全面加强生态环境保护,坚决打好污染防治攻坚战提供强有力的科技支撑。

四、扎实推进科技文化融合

建立由省科技厅、省委宣传部等5部门组成的省文化科技融合推进工作联席会议制度,统筹指导全省文化和科技融合发展工作。杭州和横店两家国家级文化和科技融合基地开展优化规范和评估工作,进一步明确基地的四至范围、发展定位、目标规划等。加强文化和科技融合关键技术攻关,在电视数字新闻、网络多媒体、文化创意等领域新组织实施一批重点研发项目。

第八章　基础研究与应用基础研究

2018年，浙江省基础研究与应用基础研究工作紧紧围绕突出创新强省、增创发展动能新优势的要求，支持前沿基础科学的自由探索，重点支持青年科研人才，有效推进基础研究事业的发展。全省争取到的国家自然科学基金直接资助经费达11.93亿元，仅省自然科学基金资助项目发表的Web of Science论文高达5601篇，被引频次6440次，基础研究的总体水平持续位于全国前列。

一、浙江省自然科学基金项目基本情况

（一）受理与资助的项目数量

2018年4月16日，浙江省自然科学基金委员会办公室（以下简称"省基金办"）启动2019年度浙江省基础公益研究计划申请的集中接收工作，共受理9183份申请书，涉及的主持或参与科研人员47696人，比2017年同比增长22.64%、20.93%。经评审，2019年度省自然科学基金拟资助各类项目1719项，其中：青年科学基金项目583项，一般项目813项（含国际合作项目6项），重点项目54项，杰出青年基金75项，重大项目24项，青山湖联合基金28项，药学会联合基金21项，华东勘测设计院联合基金8项，数理医学会联合基金49项，学术交流项目64项（图2－8－1和图2－8－2）。

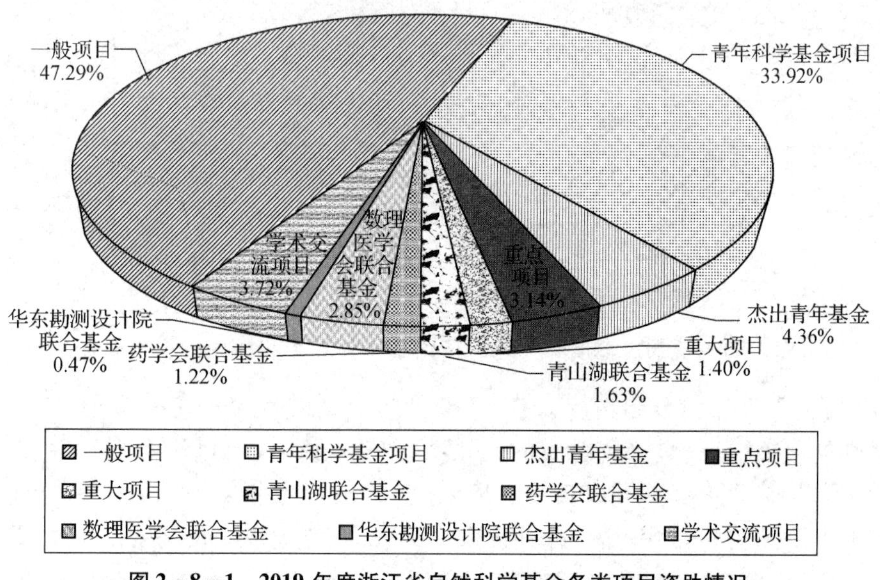

图2－8－1　2019年度浙江省自然科学基金各类项目资助情况

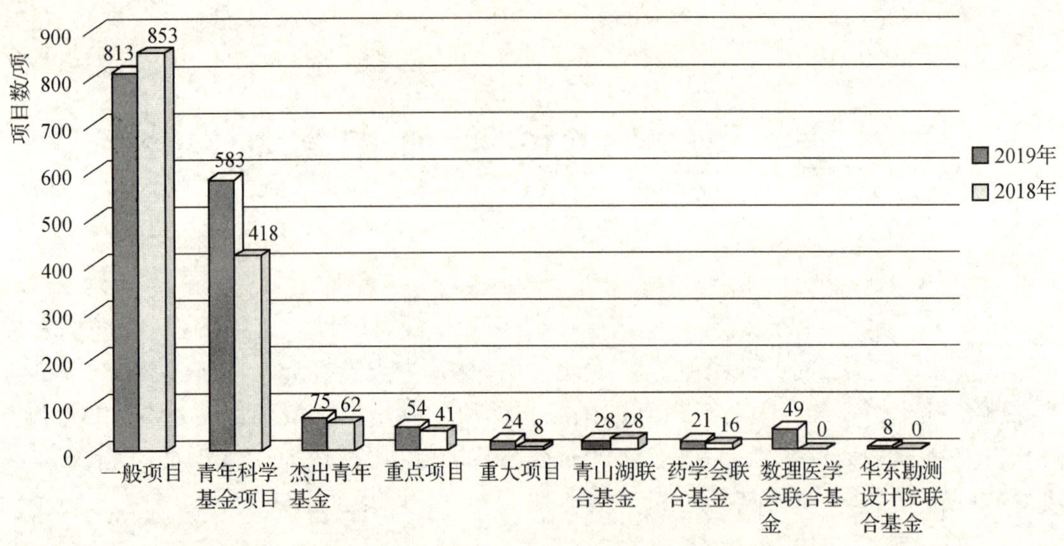

图2-8-2　2018—2019年浙江省自然科学基金各类项目资助情况比较

（二）资助项目整体情况

2019年度省自然科学基金资助经费21143万元，比2018年同比增加30.57%。

1. 项目各科学领域分布情况。除学术交流项目外，在其他所有类型的资助项目中：数学与物理科学95项，占5.74%；化学科学123项，占7.43%；生命科学219项，占13.23%；地球科学59项，占3.56%；工程与材料科学266项，占16.07%；信息科学206项，占12.45%；管理科学98项，占5.92%；医学科学589项，占35.59%（图2-8-3）。

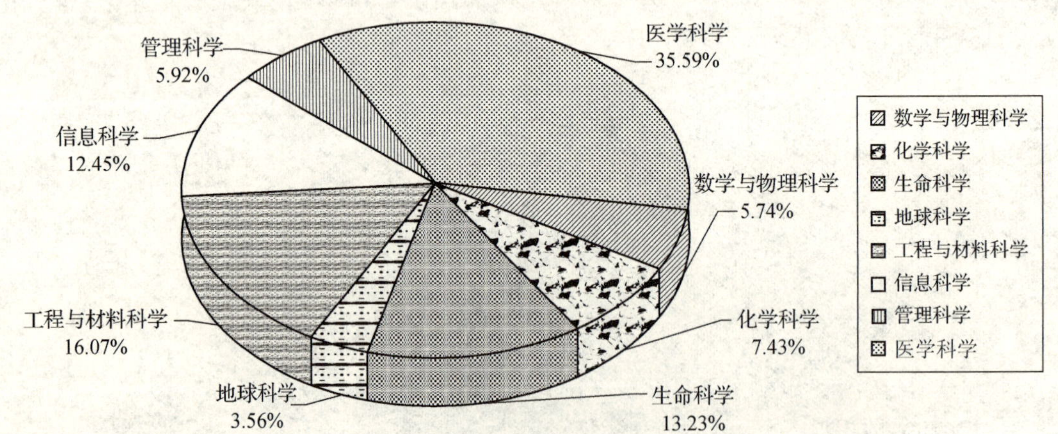

图2-8-3　2019年度浙江省自然科学基金资助项目科学领域分布情况

2. 项目负责人年龄分布情况。在1390个受资助的青年科学基金项目和一般项目中：项目负责人年龄在35岁及以下的672项，占48.35%；项目负责人年龄在36至45岁（包括45岁）之间的571项，占41.08%；项目负责人年龄在46至55岁（包括55岁）之间的123项，占8.85%；项目负责人年龄在56岁及以上的24项，占1.73%（图2-8-4）。

3. 项目负责人学位分布情况。除学术交流项目外，其他所有类型受资助的1655个基金项目中：项目负责人为博士的有1352人，占81.69%；硕士271人，占16.37%；学士28人，占1.69%；其他4人，占0.24%（图2-8-5）。

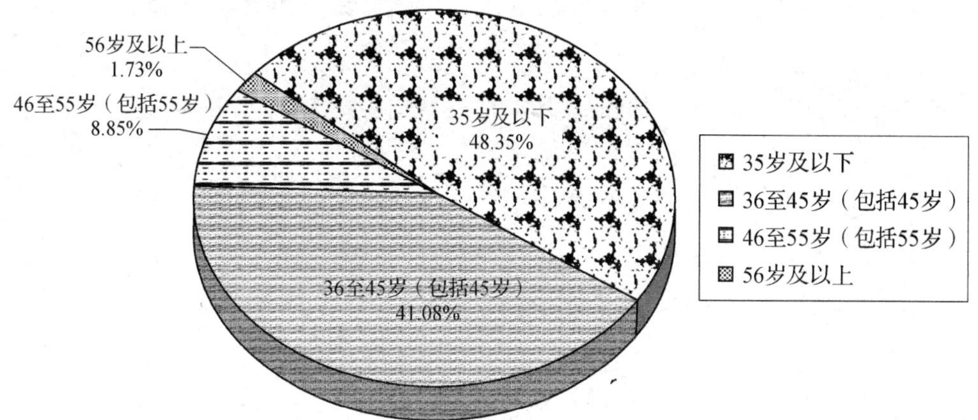

图 2-8-4　2019 年度浙江省自然科学基金资助项目负责人年龄分布情况

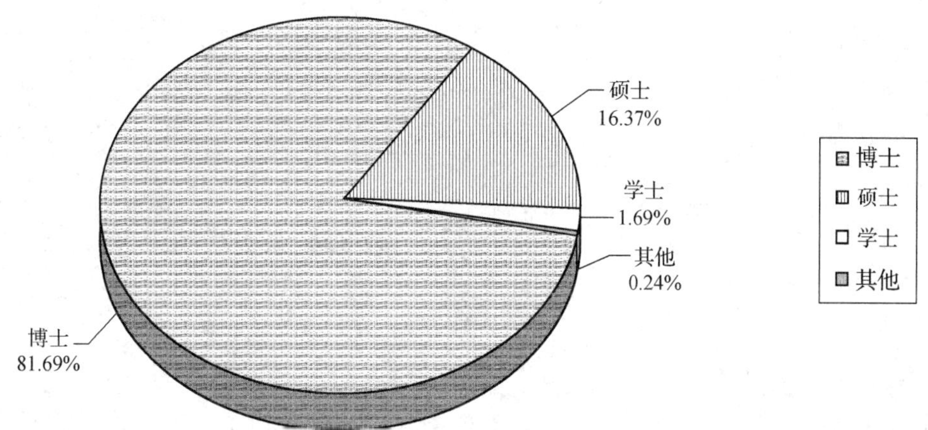

图 2-8-5　2019 年度浙江省自然科学基金资助项目负责人学位分布情况

4. 各类依托单位获得资助情况。按依托单位性质统计，所有获资助项目分布在 108 个依托单位中，比去年增加 7 个单位。其中：41 家高等院校获得 1412 项，占 85.32%；28 家科研院所 139 项，占 8.40%；39 家医院等其他机构获 104 项，占 6.28%（图 2-8-6）。

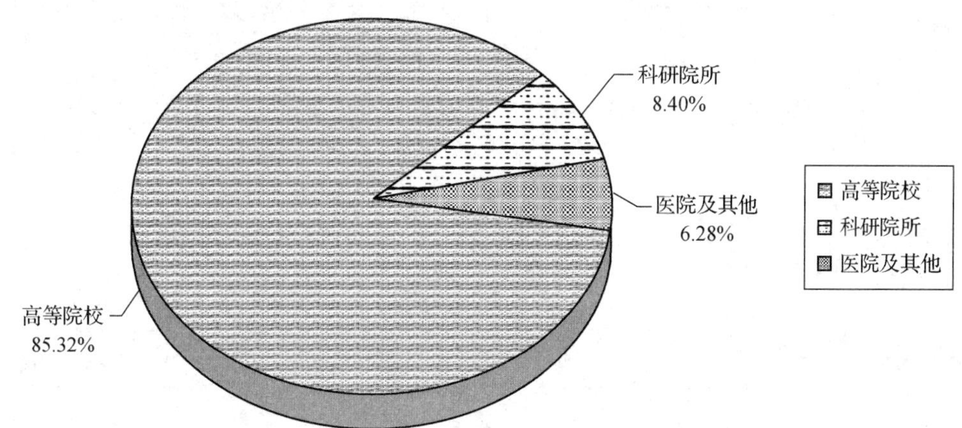

图 2-8-6　2019 年度浙江省自然科学基金资助项目依托单位分布情况

5. 各单位资助项目分布情况。2019 年度浙江省自然科学基金项目立项情况见表 2-8-1。

表2－8－1　2019年度浙江省自然科学基金项目立项情况汇总

（按资助项目总数排序）　　　　　　**（单位：项）**

	一般	青年	重点	杰青	重大	国际合作	交叉学科	青山湖	药学会	华东院	数理医学会	超重力	交流	小计
浙江大学	166	120	26	44	15	2	—	1	6	4	21	4	17	426
温州医科大学	65	27	3	1	2	—	—	—	1	—	3	—	3	105
浙江工业大学	67	21	—	7	—	—	—	1	—	2	1	—	1	100
杭州电子科技大学	43	45	—	—	1	—	1	3	—	—	—	—	2	95
宁波大学	51	26	2	2	—	1	—	—	—	—	2	—	1	85
浙江理工大学	27	25	2	2	—	—	—	—	—	—	1	—	4	61
浙江农林大学	21	20	5	1	—	—	—	2	—	—	—	—	2	51
浙江师范大学	25	17	1	—	2	—	—	—	—	—	—	—	1	46
中国计量大学	22	13	2	3	—	2	—	—	—	—	1	—	2	45
浙江中医药大学	26	14	—	1	—	—	—	—	1	—	2	—	1	45
浙江工商大学	27	12	—	1	—	1	—	—	—	—	—	—	3	44
杭州师范大学	26	15	1	—	1	—	—	—	—	—	—	—	1	44
嘉兴学院	18	18	—	—	—	—	—	—	1	—	—	—	—	37
中国科学院宁波材料技术与工程研究所	6	17	1	3	2	—	—	—	—	—	—	—	4	33
杭州医学院	16	10	—	1	—	—	—	—	1	—	2	—	2	32
温州大学	17	11	—	—	—	—	1	—	—	—	1	—	1	31
浙江科技学院	7	18	—	—	—	—	—	2	—	1	—	—	2	30
浙江财经大学	21	8	—	—	—	—	—	—	—	—	—	—	—	29
浙江省肿瘤医院	9	5	—	—	—	—	—	—	4	—	4	—	3	25
浙江大学宁波理工学院	9	12	—	—	—	—	—	—	—	—	—	—	—	21
浙江省农业科学院	9	8	—	—	—	—	—	—	—	—	—	—	1	18
绍兴文理学院	11	6	—	1	—	—	—	—	—	—	—	—	—	18
台州学院	10	6	—	—	—	—	—	—	—	—	—	1	—	17
浙江海洋大学	12	3	—	—	—	—	—	—	—	—	—	—	2	17
浙江省中医药研究院	2	4	—	—	—	—	—	2	2	—	1	—	1	12

续表

	一般	青年	重点	杰青	重大	国际合作	交叉学科	青山湖	药学会	华东院	数理医学会	超重力	交流	小计
湖州师范学院	8	4	—	—	—	—	—	—	—	—	—	—	—	12
浙江大学城市学院	6	5	—	—	—	—	—	—	—	—	—	—	—	11
杭州市第一人民医院	6	3	—	—	—	—	—	—	1	—	1	—	—	11
浙江省医学科学院	2	3	—	—	—	—	—	5	—	—	—	—	—	10
国家海洋局第二海洋研究所	2	6	—	1	—	—	—	1	—	—	—	—	—	10
宁波市第二医院	4	5	—	—	—	—	—	—	—	—	—	—	—	9
浙江西湖高等研究院	—	4	3	2	—	—	—	—	—	—	—	—	—	9
浙江省台州医院	4	2	—	—	—	—	—	—	—	—	1	—	1	8
温州市人民医院	2	3	—	—	—	—	—	—	—	—	2	—	1	8
宁波诺丁汉大学	3	2	—	1	—	—	—	—	—	—	—	—	2	8
浙江万里学院	4	2	—	1	—	—	—	—	—	—	—	—	—	7
宁波工程学院	4	3	—	—	—	—	—	—	—	—	—	—	—	7
中国水稻研究所	1	5	—	1	—	—	—	—	—	—	—	—	—	7
中国地质大学（武汉）浙江研究院	4	—	—	—	—	—	—	3	—	—	—	—	—	7
浙江树人大学	1	3	—	—	—	—	—	—	—	—	1	—	1	6
浙江水利水电学院	1	3	—	—	—	—	—	—	—	1	—	—	—	5
丽水学院	4	1	—	—	—	—	—	—	—	—	—	—	—	5
温州生物材料与工程研究所	1	2	1	1	—	—	—	—	—	—	—	—	—	5
金华市中心医院	1	2	—	—	—	—	—	—	—	—	1	—	—	4

续表

	一般	青年	重点	杰青	重大	国际合作	交叉学科	青山湖	药学会	华东院	数理医学会	超重力	交流	小计
之江实验室	2	2	—	—	—	—	—	—	—	—	—	—	—	4
杭州市中医院	1	2	—	—	—	—	—	—	—	—	—	—	—	3
宁波大红鹰学院	2	1	—	—	—	—	—	—	—	—	—	—	—	3
绍兴市人民医院	2	1	—	—	—	—	—	—	—	—	—	—	—	3
湖州市中心医院	—	1	—	—	—	—	—	—	—	—	1	—	1	3
浙江西安交通大学研究院	—	—	1	—	—	—	—	2	—	—	—	—	—	3
浙江医院	—	1	—	—	—	—	—	—	1	—	—	—	1	3
丽水市中心医院	1	—	—	—	—	—	—	—	1	—	—	—	1	3
温州职业技术学院	2	—	—	—	—	—	—	1	—	—	—	—	—	3
中国农业科学院茶叶研究所	1	2	—	—	—	—	—	—	—	—	—	—	—	3
金华职业技术学院	1	1	—	—	—	—	—	—	—	—	—	—	—	2
浙江医药高等专科学校	—	2	—	—	—	—	—	—	—	—	—	—	—	2
浙江省疾病预防控制中心	—	2	—	—	—	—	—	—	—	—	—	—	—	2
湖州市第一人民医院（湖州师范学院附属第一医院）	1	—	—	—	—	—	—	1	—	—	—	—	—	2
浙江省海洋水产研究所	1	1	—	—	—	—	—	—	—	—	—	—	—	2
浙江省水利河口研究院	—	2	—	—	—	—	—	—	—	—	—	—	—	2
温州市中心医院	—	1	—	—	—	—	—	—	—	—	1	—	—	2
温州科技职业学院	—	2	—	—	—	—	—	—	—	—	—	—	—	2

续表

	一般	青年	重点	杰青	重大	国际合作	交叉学科	青山湖	药学会	华东院	数理医学会	超重力	交流	小计
三门县人民医院	1	—	—	—	—	—	—	—	1	—	—	—	—	2
杭州市西溪医院	—	—	—	—	—	—	—	—	—	—	2	—	—	2
杭州市红十字会医院	1	1	—	—	—	—	—	—	—	—	—	—	—	2
浙江省亚热带作物研究所	2	—	—	—	—	—	—	—	—	—	—	—	—	2
温州肯恩大学	—	2	—	—	—	—	—	—	—	—	—	—	—	2
浙江省交通运输科学研究院	—	—	—	—	—	—	—	2	—	—	—	—	—	2
浙江清华柔性电子技术研究院	—	2	—	—	—	—	—	—	—	—	—	—	—	2
浙江省气象科学研究所	2	—	—	—	—	—	—	—	—	—	—	—	—	2
浙江省林业科学研究院	—	2	—	—	—	—	—	—	—	—	—	—	—	2
中国电建集团华东勘测设计研究院有限公司	—	2	—	—	—	—	—	—	—	—	—	—	—	2
浙江传媒学院	—	1	—	—	—	—	—	—	—	—	—	—	—	1
浙江机电职业技术学院	1	—	—	—	—	—	—	—	—	—	—	—	—	1
宁波卫生职业技术学院	1	—	—	—	—	—	—	—	—	—	—	—	—	1
宁波市疾病预防控制中心	—	1	—	—	—	—	—	—	—	—	—	—	—	1
杭州市妇产科医院	1	—	—	—	—	—	—	—	—	—	—	—	—	1
浙江省海洋开发研究院	1	—	—	—	—	—	—	—	—	—	—	—	—	1
杭州师范大学附属医院	—	1	—	—	—	—	—	—	—	—	—	—	—	1

续表

	一般	青年	重点	杰青	重大	国际合作	交叉学科	青山湖	药学会	华东院	数理医学会	超重力	交流	小计
杭州职业技术学院	1	—	—	—	—	—	—	—	—	—	—	—	—	1
中国林业科学研究院亚热带林业研究所	—	1	—	—	—	—	—	—	—	—	—	—	—	1
衢州市人民医院	—	1	—	—	—	—	—	—	—	—	—	—	—	1
兰州理工大学温州泵阀工程研究院	—	1	—	—	—	—	—	—	—	—	—	—	—	1
宁波市眼科医院	1	—	—	—	—	—	—	—	—	—	—	—	—	1
淳安县第一人民医院	—	1	—	—	—	—	—	—	—	—	—	—	—	1
金华市人民医院	1	—	—	—	—	—	—	—	—	—	—	—	—	1
瑞安市人民医院	1	—	—	—	—	—	—	—	—	—	—	—	—	1
东阳市人民医院	—	1	—	—	—	—	—	—	—	—	—	—	—	1
中国科学院理化技术研究所杭州研究院	1	—	—	—	—	—	—	—	—	—	—	—	—	1
杭州市萧山区第一人民医院	—	1	—	—	—	—	—	—	—	—	—	—	—	1
杭州市临安区人民医院	—	—	—	—	—	—	—	—	1	—	—	—	—	1
浙江省地质矿产研究所	—	—	—	—	—	—	—	1	—	—	—	—	—	1
绍兴市中医院	—	1	—	—	—	—	—	—	—	—	—	—	—	1
温岭市第一人民医院	—	1	—	—	—	—	—	—	—	—	—	—	—	1

续表

	一般	青年	重点	杰青	重大	国际合作	交叉学科	青山湖	药学会	华东院	数理医学会	超重力	交流	小计
中共浙江省委党校暨浙江行政学院	—	1	—	—	—	—	—	—	—	—	—	—	—	1
舟山医院	1	—	—	—	—	—	—	—	—	—	—	—	—	1
浙江省经济信息中心	—	1	—	—	—	—	—	—	—	—	—	—	—	1
台州市疾病预防控制中心	1	—	—	—	—	—	—	—	—	—	—	—	—	1
宁波检验检疫科学技术研究院	1	—	—	—	—	—	—	—	—	—	—	—	—	1
杭州市第三人民医院	—	—	—	—	—	—	—	—	—	—	—	—	1	1
香港大学浙江科学技术研究院	—	—	—	1	—	—	—	—	—	—	—	—	—	1
浙江中科应化科技有限公司	—	—	—	—	—	—	—	1	—	—	—	—	—	1
乐清市人民医院	1	—	—	—	—	—	—	—	—	—	—	—	—	1
湖州市中医院	1	—	—	—	—	—	—	—	—	—	—	—	—	1
浙江省柑橘研究所	1	—	—	—	—	—	—	—	—	—	—	—	—	1
温州商学院	—	1	—	—	—	—	—	—	—	—	—	—	—	1
慈溪市人民医院	1	—	—	—	—	—	—	—	—	—	—	—	—	1
浙江省科技信息研究院	—	—	—	—	—	—	—	—	—	—	—	—	1	1
合计	807	583	48	75	23	6	2	28	21	8	49	5	64	1719

二、推进“两化”融合联合基金实施及指南编制工作

开展2018年度项目申报和评审工作。2018年度收到来自9个省市的31个依托单位共81份项目申请书，比2017年同比增长19.12%，其中浙江省申请项目数合计为62项，占总申请数的76.54%。申请项目较好地体现了合作与交流，有2个及以上单位合作

申请的为 67 项，合作申请比例为 82.72%。2018 年 10 月，省基金办协助国家基金委在杭州组织召开 2018 年度联合基金评审会暨管委会会议，经指南发布、项目申报、网络评审、联席会议讨论等程序，最终确定 21 个项目予以资助，其中浙江省依托单位承担项目 17 项，获批直接经费约 3400 万元。

开展 2019 年度联合基金指南编制工作。2019 年“两化”融合联合基金指南编制以人工智能领域为核心，依托浙江省互联网、物联网、大数据、人工智能等领域主要基础研究机构和核心企业，包括之江实验室、西湖大学、海康威视、阿里巴巴等，发挥浙江省信息经济、人工智能研发和产业化应用领域的先发优势，经专家论证、与国家基金委会商等程序，确定了 15 个研究方向。

推动新一轮联合基金组织实施工作。2018 年 10 月向国家基金委提出参与国家区域创新联合基金的申请，在征得国家基金委原则同意的基础上，12 月报请省政府向国家基金委商请共同组织实施新一轮的区域创新联合基金，进一步加大支持力度，聚焦“互联网 +”和生命健康领域。

三、争取国家自然科学基金项目

据国家自然科学基金委数据统计，截至 2018 年 12 月 14 日，2018 年浙江省共有 58 家单位（同时均为省基金依托单位）获得国家自然科学基金项目 2136 项，比去年增加 197 项；直接经费总额 11.93 亿元，比去年增加 1.97 亿元。在获得国家自然科学基金各类计划项目的负责人中，有一半以上科研人员曾得到省基金的支持。本年度获得的 24 项国家杰青、优青项目中，共有 12 位项目负责人曾获得省杰青的资助，较好地体现了省自然科学基金“种子资金”的作用。

四、做好省基金在研项目过程管理

本年度拟结题项目 2031 项，比去年增加 50 项。其中：青年科学基金项目 583 项，一般项目 1309 项，重点项目 74 项，省杰出青年科学基金项目 65 项。至验收截止日期，共有 637 项项目主动申请延期，11 项项目主动申请终止，30 项项目由于个人或单位原因未按时提交验收材料。1—4 月，完成拟结题项目初审、省内同行专家和财务专家评审，其中：对一般项目和青年科学基金项目采用网络评审验收方式，对重点项目和省杰出青年科学基金项目采用会议集中验收方式进行省内同行专家评审，有 90 项初审未通过，37 项专家评审未通过，另委托信息院对所有拟结题项目的科技报告进行查重，并对 23 组科技报告相似度较高的项目进行申请书查重，处理结果交同行专家评议商定。最终，有 1214 项项目通过结题验收，比去年增加 59 项。其中：青年科学基金项目 343 项，一般项目 763 项，省杰出青年基金 52 项，重点项目 56 项。30 项未提交验收材料的项目和延期满 2 次，且未通过验收的项目 54 项，合计共 84 项为拟终止项目。

本年度通过验收的项目中，绩效分排名在前 100 位的项目，最低绩效分为 167 分，最高绩效分 560.5 分。在 1214 项通过结题验收的项目中，绩效分在 300 分以上的有 22 项（比去年增加 2 项），200—300 分的 46 项（比去年增加 4 项），100—200 分的 425 项。共发表论文 6502 篇，比去年增加 106 篇，其中在学科 TOP 期刊上发表论文 739 篇，SCI 收录学术期刊上发表 3223 篇，比去年均有不同程度的提升，占全省发表论文比例继续提高，获得授权专利 1698 项，同比增加 26.34%。

五、推进省内联合基金的实施与发展

社会投入是加大基础研究投入的重要途径，为此省基金办一直着力探索以财政投入为主体、社会多元参与的基础研究投入机制。2016 年起，与相关地方政府、社会力量开展了积极的协商，陆续与青山湖科技城管委会、浙江省药学会、浙江省数理医学学会、华东勘测设计院等设立省内联合基金。2018 年度共收到各类省内联合基金共 360 份申请书，其中：青山湖联合基金项目 83 项，省药学会联合基金项目 82 项，华东勘测设计院联合基金项目 29 项，省数理医学会联合基金项目 166 项。经评审，最终确定资助省内联合基金共 106 项，吸引合作方投入 746 万元，其中：青山湖联合基金 28 项，省药学会联合基金 21 项，华东勘测设计院联合基金 8 项，省数理医学会联合基金 49 项。

六、组织开展基础研究成果转化

根据浙江省的产业特点和省重点发展领域，省基金办在国家自然科学基金委员会计划局的支持下，于 12 月中上旬组织开展了国家自然科学基金杰出科学家浙江行活动，重点邀请数字经济及生命健康领域共 19 位来自全国各地的青年杰出科学家代表带着重要科研项目，与浙江 100 多位企业与创投机构代表展开交流，内容包括杭州经验分享、科研项目成果展示、对接洽谈、优秀企业考察等。

此次活动的顺利召开，获得了国家自然科学基金委员会领导的高度肯定并得到企业及创投机构的一致好评。通过此次活动，让企业和创投机构更好地了解国家自然科学基金支持的众多高质量技术，促成社会资金和企业团队对成果进行有效地产业化，形成了良性的产学研机制。

七、开展调研及服务工作

为深入贯彻落实习近平总书记对浙江工作的重要指示精神和省委十四届三次全体（扩大）会议精神，深化“大学习、大调研、大抓落实”活动，省基金办于 10 月、11 月集中开展“科技双服务”行动，调研服务省级重点企业研究院、重点企业及高校科研院所共 18 家，深入科研一线，了解科技企业及科研人员的所需所想，切实做好科技服务的同时，进一步明确新形势下基金的定位和目标，为制定省基金相关政策措施提供决策建议。

完成 2018 年省科技厅领导重点调研课题。走访调研省内各院校各优势学科、收集并分析大量数据，5 月组织召开浙江省基础研究发展调研工作研讨会，围绕信息科学、医学、材料与工程科学等省委、省政府重点关注的前沿基础研究领域，分析浙江省在相关领域的发展现状及存在问题，基本完成《省自然科学基金支持重点领域基础研究及青年人才培养的对策研究》。

八、加强宣传和交流

系统梳理浙江省自然科学基金成立 30 年发展历程、政策规划、科研成果、重要人物、重要事件等，组织编写《浙江省自然科学基金三十年（1988—2017）》。该书约 40 万字，经过不断修改和完善，于 4 月提交第七届省自然科学基金委员会审议，5 月底根据何杏仁书记、高鹰忠厅长的要求，对《浙江省自然科学基金三十年（1988—2017）》进行了完善、确定终稿并印刷出版，收到来自近百余家依托单位的征订需求，并得到一致好评。

根据《2018 年度省基金宣传工作方案》的总体要求和目的任务，本年度完成发表总稿件量 150 篇,采访稿件发表于省科技厅门户网站、《省科技厅简报》、浙江在线“浙江基础研究进行时”栏目、《科技金融时报》“我与基金”栏目和省基金办门户网站、微信公众号等媒体。此外,还编制了 2018 年浙江省自然科学基金结题优秀成果汇编,完成浙江省自然科学基金三十年宣传片的拍摄工作。

第九章　专利、标准、品牌战略

一、专利战略

2018年，浙江省知识产权系统认真贯彻实施创新驱动发展战略和知识产权战略，以建设知识产权强省为目标，不断深化知识产权领域改革，严格知识产权保护，提高知识产权质量效益，优化知识产权服务环境，各项工作取得新进展。

（一）专利创造与专利运用

1. 专利申请与授权。2018年浙江省专利申请总量45.56万件，授权总量28.46万件，分别同比增长20.81%和33.12%。其中发明专利申请量为14.31万件，同比增长44.56%；发明专利授权量3.26万件，同比增长13.25%；发明专利占专利申请、授权总量的比重分别达到31.41%和11.45%。每万人发明专利拥有量达到23.6件，专利合作条约（PCT）国际专利年申请量达到1546件。2018年全省国内专利申请和授权具体情况见表2－9－1。

表2－9－1　2018年浙江省国内专利申请和授权情况

	合计	专利类型			申请人类型					职务/非职务	
		发明	实用新型	外观设计	大专院校	科研院所	企业	机关团体	个人	职务	非职务
申请量（件）	455526	143064	219176	93286	27324	3571	310781	4576	109274	346252	109274
授权量（件）	284592	32550	172435	79607	14444	1827	205278	1554	61489	223103	61489

2. 专利获奖。全省获第二十届中国专利奖57项，其中金奖5项、银奖和优秀奖52项。2018年度浙江省专利奖获奖专利中，“连续化纳米分散维生素A微胶囊的制备方法”等15项专利荣获金奖，“电动平衡扭扭车”等30项专利荣获优秀奖。组织评选2018年浙江省专利金奖15项、优秀奖30项。

3. 专利金融。全省实现专利质押登记额79亿元，服务企业452家；实现专利合同备案143笔，备案合同金额7774万元。

4. 专利导航。启动省级企业运营类导航项目14个、专利导航产业发展实验区2个，首批17个专利战略推进项目通过验收并面向产业推广运用。

（二）专利保护

1. 加强执法办案力度，严格实施专利保护。一是加强保护力度，执法办案量稳中有升。全年立案查处专利违法案件14089起，其中专利侵权案件12939起、假冒专利案件1150起。二是结合“双随机一公开”工作，组织开展打击假冒专利专项行动。印发《关于开展2018年度专利执法维权专项行动有关事项的通知》,要求各市在电子商务、食品药品、环境保护、安全生产、高新技术等重点领域和展会、进出口等重点环节中,组织集中检查、集中整治行动,精准、快速打击专利侵权假冒行动。

2. 聚焦重点领域,深入开展专利保护专项行动。一是持续深入开展电子商务领域专利保护专项行动。印发《浙江省2018年电子商务领域专利保护专项行动工作方案》。专项行动期间,组织全省部分执法人员和知识产权维权援助中心工作人员进驻中国电子商务领域专利执法维权协作调度(浙江)中心,现场处理专利侵权投诉案件。全年共处理电子商务领域专利纠纷案件10.2万起。二是积极推进省际电商领域专利执法维权协作工作。受国家知识产权局委托,在浙江省举办了电子商务领域专利执法维权推进会,并启动电子商务领域专利保护"雷霆"专项行动。同时,牵头组织《知识产权系统电子商务领域专利执法维权协作机制工作备忘录》签署工作,目前全国已有25个省、10个城市知识产权局加入了电商领域执法维权协作机制。

3. 深化部门间协作,推进知识产权纠纷多元化解决平台构建。一是强化部门间协作,创新诉调对接机制,不断完善知识产权纠纷解决第三方平台。与省高院联合召开全省知识产权保护工作机制协调会。重点围绕新时代、新形势下,如何强化知识产权保护,完善行政执法与司法保护衔接机制进行了积极研讨。二是探索开展知识产权纠纷仲调对接工作。为贯彻落实党的十九大关于强化知识产权创造、保护和运用的重要部署,进一步加强浙江省知识产权仲裁调解机构能力建设,根据国家知识产权局办公室《关于开展知识产权纠纷仲裁调解试点工作的通知》精神,成立浙江知识产权仲裁调解中心,并聘任了首批仲裁调解专家。

4. 布局重点产业重点地区,加强知识产权保护体系建设。一是积极开展知识产权保护中心创建工作。推进浙江省知识产权保护中心创建工作。国家知识产权局正式同意建设中国(浙江)知识产权保护中心,面向新一代信息技术和新能源产业,通过快速审查、快速确权、快速维权等机制,助力浙江省相关产业创新发展。指导中国(宁波)知识产权保护中心通过国家知识产权局验收。二是推进知识产权快速维权中心建设,助力传统产业转型升级。向国家知识产权局推荐申报创建金华木雕知识产权快速维权中心、义乌小商品城知识产权快速维权中心。目前,国家知识产权局已批准建设中国义乌(小商品)知识产权快速维权中心。

5. 立足市场主体地位,推动专利保护工作前置。一是开展知识产权保护规范化市场培育工作。根据国家知识产权局《关于开展2018年度知识产权保护规范化培育市场遴选申报工作的通知》要求,经国家知识产权局审定,新认定义乌小商品城、浙江博嘉阳光家居有限公司2家知识产权保护规范化培育市场。同时,按照国家知识产权局要求,制定了《关于开展知识产权保护规范化市场监督检查的工作方案》,组织各市局对浙江省已认定的知识产权保护规范化市场开展监督检查。二是开展知识产权巡回演讲公益服务。联合省司法厅,组织浙江省知识产权律师、专利代理人等50余名,启动第九届知识产权宣传巡回演讲公益服务活动。

6. 圆满完成建议提案办理工作。承担省人大十三届一次会议杭63号《关于浙江省支持创建中国(杭州文创)知识产权保护中心助力全省文化产业发展的建议》、省政协十二届一次会议第96号《强化知识产权保护 打造创新强省》的提案以及《关于加大对传统制造业分行业省级试点县(市、区)扶持力度的建议》等9项建议提案的主办、会办工作。在规定时间内,完成建议、提案的办理工作。同时,以建议、提案促工作，认真研讨分析建议、提案中提出的加强知识产权保护、助力创新发展等内容，不断强化专利保护工作。

（三）知识产权发展环境

1. 加强知识产权人才队伍建设。充分发挥国家知识产权培训浙江、温州基地作用，完成知识产权实务人才培训4000余人次。

2. 加大知识产权文化宣传力度。印发《2018年浙江省知识产权宣传周活动方案》，"4·26"知识产权宣传周活动有声有色。加强省专利奖获奖专利的表彰宣传，充分利用电视、报纸、网站、微信等各类媒体开展系列专题宣传30余篇次。

（四）知识产权试点示范与知识产权优势企业培育

1. 推进区域示范创强。全省11个地市全部进入国家知识产权试点示范城市序列，是全国唯一实现设区市全覆盖的省份，67个县（市、区）开展了知识产权示范县（市、区）创建工作。

2. 提升企业知识产权管理能力。新获批国家知识产权示范企业16家、优势企业72家，新认定省级专利示范企业154家、商标品牌示范企业91家。

（五）知识产权战略实施环境

1. 完善政策法规体系，加强知识产权工作保障。加强《关于新形势下加快知识产权强省建设的实施意见》的政策解读，根据"十三五"全省知识产权和专利工作重点及目标任务，印发实施《2018年度浙江省知识产权战略实施工作要点》和《浙江省2018年专利事业发展战略推进工作实施方案》。

2. 进一步发挥浙江省知识产权联席会议制度的统筹协调作用。根据国务院知识产权战略实施部际联席会议的部署要求，加强与知识产权联席会议成员单位协调，完成浙江省知识产权战略实施十年评估。义乌法院知识产权审判庭等8家单位和个人获评国家知识产权战略实施工作先进集体及先进个人。

3. 深入实施长三角一体化发展战略。召开"2018年度长三角地区知识产权一体化发展新闻发布会"，与上海、江苏、安徽签署《长三角地区知识产权一体化发展合作框架协议》，发布白皮书和《2017年浙江省知识产权（专利）行政执法及电子商务领域专利保护典型案件汇编》。

4. 实施专利战略推进工程。组织专家对2017年度省专利战略推进项目开展验收，为浙江省相关产业转型发展提供竞争对手发展动态、专利布局、创新路线、发展定位等专利"大数据"信息。同时，组建形成产业专题数据库，面向全省行业企业共享使用，提升企业专利信息利用效率和水平。在丽水龙泉市召开青瓷产业知识产权（专利）战略分析研究成果推介会，探索传统产业转型发展新路径。

5. 促进知识产权服务业集聚发展。贯彻落实省主要领导批示精神，在前期调查摸底的基础上，启动首批省级知识产权服务业集聚发展示范区建设，温州知识产权服务园等4家单位启动建设。杭州高新区（滨江）创建国家知识产权服务业集聚示范区工作通过预验收。

6. 优化专利优先审查工作流程。强化知识产权公共服务，深入推进"最多跑一次"改革，进一步简化完善专利优先审查办理流程，全年累计办理专利优先审查近3000件。

二、标准战略

2018 年是国家标准化综合改革试点（以下简称“改革试点”）第二阶段。在省委、省政府领导下，浙江省改革试点工作紧紧围绕“两个高水平”建设，聚焦聚力高质量、竞争力、现代化，全面实施标准化战略，加快国家标准化综合改革试点，深化改革举措，优化标准供给，着力打造标准化改革创新“浙江样板”，取得明显成效。2018 年 8 月，经国务院领导审阅同意，国家市场监管总局发文通报浙江省改革试点 12 条做法，供全国各地在标准化改革中参考。

（一）合力深化国家标准化综合改革试点取得新进展

1. 圆满完成国家标准化综合改革试点第二阶段任务。制定实施改革试点第二阶段实施方案，向省政府常务会议、省委改革委员会会议专题汇报改革试点进展情况，第二阶段重点任务全面落实。国家市场监管总局对浙江省改革试点第一阶段成果进行总结提炼，形成了 12 条主要做法，并专门发文通报，供各地在标准化改革中参考。

2. 持续完善标准化管理体制机制。将“标准化建设”纳入省政府部门目标绩效专项考评，进一步强化“统一管理、分工负责”的管理体制。开展《美丽乡村建设指南》等重要标准的实施效果评估，不断完善标准化主管部门牵头、行业主管部门负责、第三方机构参与的标准实施评价机制。

3. 着力推进标准化工作改革创新。省政府设立标准创新贡献奖，评选出首届重大贡献奖 3 个、优秀贡献奖 9 个。制定标准化经济贡献统计监测指标体系，实施全国首个标准化统计制度。

（二）合力激发市场标准活力取得新突破

1. 实施标准化战略重大试点项目。围绕人工智能、绿色制造、乡村治理等重点领域，以面向全国公开招标的方式，实施标准化战略重大试点项目 11 项，努力形成一批有影响力、可复制推广的标准化成果。

2. 持续开展产业对接活动。举办国际、全国标准化技术委员会与浙江产业对接活动，共达成标准制（修）订等合作意向 56 项。

3. 放开搞活企业标准。全面实施企业产品标准自我声明公开制度，截至 2018 年底，浙江省有 35888 家企业累计自我声明公开标准 136462 项，涵盖 185774 种产品，3 项关键指标连续 3 年全国第一。全年 2 次对自我声明公开企业标准开展省级监督抽查，着力提升企标公开质量。

（三）合力构建高质量发展标准体系实现新跨越

1. 加快构建制造业标准体系。发布数字化转型标准化建设方案，新增“浙江制造”标准 559 个，共建中国物品编码中心电子商务与现代物流创新服务基地。温州和台州纳入总局“百千万”专项行动首批试点，围绕制造业大力开展对标达标提升行动。

2. 加快构建“最多跑一次”标准体系。研制“最多跑一次”改革地方标准 5 项、累计 11 项，为主制定《审批服务便民化工作指南》和《投资项目建设审批代办服务规范》国家标准，推动“放管服”改革实践成果全国复制推广。

3. 加快构建乡村振兴标准体系。研究制定乡村振兴标准化建设方案,开展国家级新型城镇化、农村综合改革等标准化试点,打造美丽乡村升级版。

4. 加快构建生态绿色标准体系。开展湖州生态文明示范区建设,发布工业涂装工序、燃煤电厂、城镇污水处理厂排放等强制性地方标准,制定商品绿色包装、城镇生活垃圾分类等重要地方标准,构建涵盖生产、生活、生态的绿色标准体系。

(四)合力助推标准化事业发展取得新实效

1. 强化标准国际化。成立以袁家军省长为组长的标准联通共建专项工作小组,率先实施省级标准联通共建"一带一路"行动计划。举办第24届义乌国际小商品(标准)博览会,加快金砖国家标准化研究中心筹建,完善技术性贸易措施专项工作机制,打造标准国际化交流合作平台。

2. 强化地方标准管理。开展浙江省标准化管理条例、地方标准管理办法立法调研,印发设区市的地方标准管理暂行办法,完成地方标准规范集中复审。

3. 强化宣传培训。开展标准化知识培训,宣贯新《标准化法》,制作"走进标准领跑者"8集系列宣传片,并于"世界标准日"期间在浙江经视新闻栏目连续播出。

三、品牌战略

浙江商标监管工作紧紧围绕"1+4+X"重点工作清单,放大格局、提高站位、严格标准,全面部署和有序推进"商标战略2018浙江行动"。全省新增注册商标48万件,有效注册商标总量达198万件,居全国第二;全年共查处商标违法案件4339件,罚没款9981万元,案值9832万元。

(一)商标便利化改革助推品牌战略实施再创新成就

研究起草《"商标品牌战略2018浙江行动"方案》,紧紧围绕商标便利化改革在浙江的实践,部署相关行动开展。

1. 扩大并提升商标受理窗口建设。通过组织台州、宁波、温州、金华、湖州和义乌6个商标受理窗口人员轮训,积极申报并争取新设衢州商标受理窗口,不断提升窗口服务能力和效率。义乌市市场监管局获批同意在商标受理窗口开展马德里商标国际注册申请受理业务,这标志着商标便利化改革在浙江省进一步落地升级,全省新申请商标达685713件,平均每天近1900件商标提交申请。

2. 继续推进并便利商标质权融资。贯彻落实"最多跑一次"各项要求,指导鼓励企业通过质权登记扩大融资渠道,推进商标质权融资,全年全省办理质押登记644件,担保债权金额82.2亿元。进一步推进商标品牌示范评价,发挥示范带动效应,2018年新评价示范乡镇4家、示范街道17个、示范企业91家。为扩大商标品牌战略宣传,5月,"浙江商标品牌"微信公众号正式上线,通过公众号设置的相关商标查询服务,方便市场主体和相关人员查询商标信息,推进落实商标便利化改革在浙江实践。

(二)商标区域品牌建设助力浙江经验再创新样板

为进一步助推商标区域品牌实践,及时部署实施"地理标志商标助力强企富农三年行动计划",明确到2020年底前全省新培育申报地理标志商标100件的目标任务,并以此为契机,指导鼓励区域品牌建设做大做强。11月,在浙江丽水召开全国产业集群区域品牌工作现场交流会,来自全国各省(市、自治区、直辖市)的商标监管部门负责同志参会,共同走访调研了"丽水山耕"品牌建设情况,并交流了各地工作,进一步放大"浙江样板"效应。全省点线面联动,2018 年共有 42 家地理标志单位新申报注册地理标志商标,"衢州有礼""金平湖"等集体商标也积极开展注册申报,样板经验进一步扩大。

(三)商标行政指导助力企业品牌战略再上新台阶

1. 行政指导做好省著名商标废止后的顺利过渡。年初,相关负责人前往杭州、湖州、绍兴、嘉兴等地开展针对省著名商标企业、省商标品牌示范企业的走访,针对部分企业反映的延长著名商标使用期的问题,进行了充分调研走访和集中研究,下发《关于印有"省著名商标"字样商品包装使用期限的批复》,正面回应社会需求,有效实现平稳过渡。

2. 行政指导阻止恶意注册效果显著。根据基层反映的"枫桥经验""良渚文化"标识被恶意抢注的情况,分专题、分区域开展多次走访调研,了解抢注情况并及时行文向国家知识产权局商标局专题报告,得到商标局认可和支持。

3. 加强对"品字标"的商标保护。根据省委、省政府对"三强一制造"的工作部署,为加强"浙江制造"品牌的保护,对发现的浙江浙传文化传媒有限公司在多个类别领域申请"品字标"商标注册的情形及时向商标局汇报,提交请求驳回的报告,目前该公司的恶意申请均被驳回。

(四)商标监管执法助推市场规范再出新成果

根据国务院"双打"工作重点任务要求和国家市场监管总局"溯源"行动、"净化"行动方案,部署商标监管执法保护工作,全年共查处商标违法案件 4339 件,罚没款 9981 万元,案值 9832 万元。在"溯源"行动中,共上报案件线索 266 条,接收案件线索 414 条。全省市场监管系统共排查出线索 790 条,立案查处案件 122 件,其中结案 101 件,违法经营额 640. 72 万元,罚没款 129. 02 万元,捣毁制假窝点 14 个,移送司法机关案件 13 起,案值 564. 2 万元。为深化"溯源"行动在浙江省的实践,在全省范围组织开展"助力'三名工程'企业省市县三级联动执法行动",以"三名"企业为重点保护对象,通过加强与权利人、电商平台等的合作,加大对商标侵权案件源头追溯力度。在"净化"行动中,浙江省高度重视,及时转发,各地以网上搜索和实地检查相结合,通过线上线下双线排查,与中国商标网商标信息比对、关键词搜索核查等多种方法逐件排查,将申请人驳回商标纳入专项执法范畴,全省市场监管系统共出动执法人员 4910 人次,对涉及浙江省 2356 件禁用商标的使用情况逐一检查,总体情况良好,目前全省共立案查处 6 件,涉案金额 20. 39 万元,其中办结案件 3 件,罚没款 3. 3 万元。

(五)商标社会化提升品牌服务再创新举措

联合省商标协会、省律师协会,共同组建浙江省商标品牌专家顾问团,通过组织开展基层法律普及、商标业务指导、小微品牌体检等,共同深化商标品牌服务,助力企业商标品牌战略。召开浙江省商标协会常务理事会全体会议,省商标品牌专家顾问团正式揭牌,并在下半年先后组织开展了两场专题培训,进一步提升执法人员素质,实现凝聚全省商标品牌工作合力。主动联络世界知识产权组织中国办事处,邀请世界知识产权组织专家来浙江省组织开展两场专题讲座,重点介绍了世界知识产权组织的相关护航企业"走出去”国际规则，受惠企业数百家。以中国品牌日（5 月 10 日）为契机，发布《2017 年度商标品牌发展报告》，向社会宣传 2017 年全省商标品牌发展情况。积极组织参加在上海举办的首届中国自主品牌博览会和在唐山举办的 2018 年度中国商标品牌节，助力浙江省企业“走出去”。

第十章　科技合作与交流

2018 年，浙江积极推动国内外科技交流合作，搭建对接交流平台渠道，建设创新合作载体，加速融入全球协同创新网络，进一步集聚利用好全球创新资源。

一、国内科技合作与交流

（一）深化与大院名校的科技合作

加强与清华大学的合作。10 月，浙江省与清华大学深化省校科技合作座谈会在杭州举行，浙江省委书记、省人大常委会主任车俊，清华大学校长邱勇参会并作讲话（图 2 - 10 - 1）。会上，王文序副省长和尤政副校长分别介绍了省校科技合作情况，并共同签署了“深化省校合作，推动新时代创新驱动发展”备忘录，为下一步省校合作工作作出了重要部署。双方将共同支持浙江清华长三角研究院建设新时代创新高地，加强高端人才培养引进和重大战略咨询合作，深化科技创新合作模式，推动省校合作迈上新台阶。省科技厅制定《浙江清华长三角研究院“十三五”发展成效考核办法（修订）》，进一步加大对浙江清华长三角研究院的政策扶持力度。

图 2 - 10 - 1　浙江省与清华大学深化省校科技合作座谈会在省人民大会堂举行

充分发挥 STS 浙江中心作用，加强与中国科学院的科技合作。面向中国科学院系统征集 932 件专利信息，涉及电子信息、生物制药、新材料、节能环保等多个战略性新兴产业，通过举办中国科学院专场路演拍卖的形式，成功试水专业机构专场拍卖。完成 2019 年度 STS 区域重点项目遴选，9 个高技术应用产业化项目和 1 个软科学项目推荐立项。

12 月，杭州高新区（滨江）和北京航空航天大学正式签约，北京航空航天大学杭州创新研究院落成，目标建设“空天信融合特色”的国家级创新平台，将开展人工智能、大数据云计算、量子精密测量与传感、综合交通大数据、微电子与信息材料、网络信息安全六大领域的前沿创新研究。

（二）加强长三角区域科技合作

省科技厅与长三角兄弟省市共同研究制定《长三角科技合作三年行动计划推进方案（2018—2020年）》，鼓励支持高校、院所和企业参与长三角科技合作联合攻关项目。浙江科技大市场与上海国际技术交易大市场、江苏省技术产权交易市场、安徽省科技研究开发中心共同签署长三角技术市场资源共享、互融互通合作协议，构建紧密互动的技术转移联盟。浙江与长三角兄弟省市联合举办"首届长三角国际创新挑战赛"，首批500条企业创新需求面向全球公开征集解决方案。

（三）加强科技援助与交流

根据车俊书记在浙江省东西部扶贫协作座谈会上的讲话精神，省科技厅研究制定《浙江省科技扶贫与对口援助工作方案》，明确扶贫协作和对口支援的主要工作对象是四川、贵州、湖北、吉林4个省的80个贫困县和新疆、西藏、青海3个对口支援地区的13个贫困县。2018年，新实施省级科技支援项目7个（项目总经费580万元），前几年的援助项目已取得了显著的社会效益和经济效益，省重点研发计划支持的新疆阿克苏"边疆干旱地区果园套种黑木耳关键技术研发与示范"等一批对口支援科技项目结出了丰硕的成果。为对口支援地区组织各类培训班4期，培养学员284名。组织科技人才赴对口支援地区开展现场帮扶26人次，有效提升了当地科技管理水平及科技人员的实际操作能力。

8月，省科技厅高鹰忠厅长率科技、医疗代表团赴西藏考察调研，与西藏自治区科技厅和那曲市科技局深入交流，对接深化科技援藏工作，服务藏区失明群众，助推那曲创新发展（图2－10－2）。

图2－10－2　省科技厅高鹰忠厅长为"那曲市人民医院和温州医科大学附属眼视光医院远程诊疗中心"揭牌

与吉林省联合举办“吉林省－浙江省跨区域科技创新合作大会”，签署《浙吉科技创新合作协议》(图2－10－3)。大会包括重点项目签约、医药健康与人工智能产业高端论坛、科技成果项目路演推介、高校院所与企业科技合作项目对接洽谈会、实地参观考察等系列活动，共发布各类科技成果项目1100余项、企业技术需求124项，40余项科技成果进行路演。此外，省科技厅与西藏自治区、新疆维吾尔自治区科技厅和新疆建设兵团科技局也签署了科技对口支援与创新合作协议。

图2－10－3　吉林省－浙江省跨区域科技创新合作大会在吉林市召开

（四）全面推进科技军民融合

大力支持“军转民”“民参军”“军民共用”科技项目的研发与转化，提升军民融合创新发展水平，2018年首次实施了13个科技军民融合重点研发计划项目。

二、国际、港澳台地区科技合作与交流

（一）深化与重点国家和地区的合作

1. 进一步密切政府间高层交流互访。2018年，浙江科技代表团分别赴芬兰、挪威、比利时、印度、日本、波黑、爱尔兰等重点合作国家和地区开展交流访问，省科技厅先后接待了挪威、奥地利、加拿大艾伯塔省、瑞典等相关国家政府机构、科研管理部门高层来浙江访问交流，通过政府间高层互动交流，进一步宣传推介浙江省情与科技创新现状，加深双方相互了解，增进互信与合作友谊，为今后开展更深入的合作打下良好基础。

9月初，省科技厅高鹰忠厅长率团赴挪威、芬兰开展科技创新合作洽谈和对接交流，先后拜访了挪威卑尔根大学、挪威科技大学、挪威研究理事会、芬兰商务促进局、芬兰国家技术研究中心等单位，在赫尔辛基与芬兰国家商务促进局(Business Finland)联合举办了浙江－芬兰科技合作交流对接会，省政协主席葛慧君出席活动并致辞，高鹰忠厅长与芬兰国家商务促进局局长佩卡·索尼续签了第三轮浙江－芬兰科技合作备忘录，为浙江－芬兰科技合作揭开新的篇章。对接活动有来自浙江和芬兰的近百位企业家、科研机构代表参加，近10家企业通过技术对接达成初步合作意向。

5月底，时任省科技厅副厅长王坚带领浙江科技代表团赴比利时、印度开展科技交流洽谈，先后考察访问了浙江的友好省西弗兰德省政府、比利时鲁汶大学布鲁日分校、印度班加罗尔国家软件技术园区和腾飞软件园及部分企业，进一步推进了浙江与比利时、印度这两个“一带一路”沿线国家的科技合作。

2. 不断扩展科技合作关系网络。4月，省科技厅与奥地利科研促进署正式签署了科技合作备忘录，双方约定将在信息通信、智慧城市、新材料、智能制造、环境保护等领域开展合作，联合设立产业研发合作计划，推动浙江与奥地利企业和科研机构之间开展研发合作，共同组织科技交流与对接活动，促进技术转移，支持共建以企业为主体的创新平台等。5月，省科技厅与比利时西弗兰德省签署了科技合作备忘录，双方正式建立起政府间合作关系。至此，与浙江签署科技合作协议建立政府间科技合作关系并共同设立联合产业研发计划的国家和地区达到了7个，分别是芬兰、以色列、加拿大艾伯塔省、葡萄牙中部大区、捷克、奥地利和比利时西弗兰德省。

（二）加快推进各类创新载体建设

1. 加快海外创新孵化中心建设发展。制定出台《浙江省海外创新孵化中心建设与管理办法（试行）》，明确海外创新孵化中心建设条件、认定程序、管理办法及支持政策等。截至2018年底，共确定两批海外创新孵化中心16家，包括创建单位9家、培育单位7家。共集聚海外孵化项目1014个、人才557人，累计引进落地浙江项目276个（其中注册公司228家）、人才334人，涵盖数字经济、生命科学、能源环境、材料科学等高科技领域，2018年建设和运营投入共约11.9亿人民币（含海外基金、实验设备、场地租赁等），年度财政奖励支持600万人民币，引导带动效应强，经济社会效益明显。“国外创新孵化、国内加速转化”“国外孵化器+国内加速器”的新型创新创业模式基本形成，国际科技合作创新生态链初步建立。首批海外创新孵化中心工作信息被中国政府网、科技部网站、科技部《地方科技工作》等刊录。

2. 优化国际科技合作基地布局发展。新认定省级国际科技合作基地12家，其中依托企业类基地5家、依托高校院所类基地6家、依托园区类基地1家，国际科技合作基地类别及布局更加优化。新创建的12家省级国际科技合作基地，共引进海外高层次人才171人、先进技术成果86项，共建国际创新载体和引进注册公司47家。截至2018年底，浙江累计建成省级以上国际科技合作基地82家（含宁波，其中国家级40家）。

3. 加强国际科技创新合作载体辐射带动作用。2018年，首次启动开展国际科技创新合作载体（国际科技合作基地、海外创新孵化中心）对接服务基层活动，先后组织在德清、余杭、衢州等地开展对接服务活动，坚持以需求、绩效为导向，解决问题为目标，因地制宜，采用线上和线下服务相结合、专场活动和小分队相结合等方式，积极对接服务基层和企业，取得了明显成效。累计组织6次专场活动、8支服务小分队，共63家国际科技合作创新载体参加，发布海外高层次人才、国际合作成果信息、国外合作伙伴信息320多个，服务园区、企业近160家，达成合作意向和签约近20个。

（三）加强国际合作研究

1. 进一步发挥省级国际科技合作项目引导支持作用。2018年，共支持“一带一路”项目、省重点研发计划国际合作项目、国际产业联合研发计划、企业设立（并购）海外研发机构项目等46项，资助总金额为8233万元，国际科技合作项目财政资金支持引导作用不断增强。立项支持的8个省"一带一路"科技合作项目均为联合共建研究中心或实验室，项目申报单位在技术领域、合作模式、合作国别等方面各具特色，具有较好的示范效应，累计总投入达5453万元，实施后将产生高质量论文100多篇、专利和软件著作权共30余项，形成行业标准10余个，培养专业技术人才100余名。拟立项的国际联合产业研发计划立项项目共7项，其中浙－芬(兰)2项、浙－加(拿大艾伯塔省)2项、浙－捷(克)2项、浙－葡(萄牙中部大区)1项，项目累计总投入达8664万元，实施后将产生专利和软件著作权共26个，切实推进了浙江与相关重点合作国家和地区间企业和政府的交流与合作。

2. 积极争取承担国家国际合作项目。2018年，省内企业、高校和科研院所充分利用国际创新资源，加强与国外企业和研究机构的人员交流与合作研究，积极争取得到国家国际合作项目的资助。全省高校院所、企业共获国家重点研发计划政府间国际科技创新合作/港澳台科技创新合作重点专项立项6项，专项经费资助2165万元。获发展中国家技术培训班项目立项2项，专项经费资助61.8万元。

(四)组织举办重点对接交流活动

2018年，省科技厅先后主办、承办"第三届中国－中东欧国家创新合作大会"、浙江－奥地利科技创新合作对接活动等22场国际科技交流活动，服务省内高校院所、企业和园区1000余人次，达成合作意向约125项(图2－10－4)。

在浙奥对接活动中，来自奥地利科技集团、奥地利国家技术研究院等近20余家科研机构和企业的代表们与部分省内企业、院所和园区开展专题推介，并与浙江大学、浙江清华长三角研究院、浙江吉利控股集团有限公司等80多家高校、科研院所和企业的约140名省内代表开展一对一洽谈，取得良好实效。

图2－10－4 2018浙奥科技创新合作对接暨奥地利科技日(浙江)活动举行

2018年，第31届浙江国际科研医疗设备技术交流展览会设展位800余个，展出面积超30000平方米，有来自美国、英国、德国等10多个国家和地区以及内地的520余家参展商参展，在线注册与现场登记的观众人数近40000人，较去年同期增长了12.68%。

3月，省科技厅和日本栃木县技术士会共同主办“2018日本专家浙江行活动”，来自日本栃木县机械制造、经营管理等行业的3位技术和管理专家走进武义、黄岩、海宁和嘉善，与省内50位企业家共同探讨制造业企业的管理经验，深受基层和企业欢迎与好评。

第十一章　科技宣传与普及

2018年,全省科技宣传和普及工作继续高举习近平新时代中国特色社会主义思想伟大旗帜,紧紧围绕学习宣传贯彻党的十九大精神这条主线,以习近平总书记在全国宣传思想工作会议上的重要讲话精神为指引,深入贯彻党中央、国务院和省委、省政府各项决策部署,唱响科技宣传主旋律。全方位、多角度、深层次地宣传科技创新,弘扬科学精神。大力普及科学知识,营造了崇尚科学、追求真理、鼓励创新的浓厚氛围。全年在中央及省、市级主流媒体刊发科技新闻稿件1200余篇,科技宣传绩效进一步显现。

一、科技宣传

(一)深入学习,持续掀起宣传贯彻习近平新时代中国特色社会主义思想和党的十九大精神的热潮

对省科技厅党组理论学习中心组学习、科技学堂等新闻动态,在第一时间报道,引导全省科技系统广大党员干部自觉用习近平新时代中国特色社会主义思想武装头脑、指导实践。浙江省科技系统首部党建专题片《领航》取得良好反响。

(二)讲好故事,加大我省超常规推进创新强省建设的宣传力度

集中宣传报道了我省推进之江实验室、城西科创大走廊、国家自主创新示范区等重大创新平台建设情况。集中宣传我省大力发展人工智能、战略性新兴产业、建设产业创新服务综合体的最新进展。"科技新政"新闻发布会召开,新华社、人民网、央广网等主流媒体发表新闻报道20多篇。通过《科技日报》《今日浙江》等主流媒体平台,积极宣传我省"两市两县两区"全面创新改革试验区建设。

(三)主动策划,重点做好科技特派员制度15周年等宣传报道活动

《光明日报》整版刊登《美丽乡村建设的科技答卷——浙江省科技特派员制度实施十五周年纪实》;《浙江日报》头版头条刊登的《美丽田野绽芳华——我省科技特派员15年服务"三农"纪事》,获副省长王文序批示(图2-11-1)。《浙江日报》大篇幅刊登省自然科学基金30年倾力扶持青年科学家的情况和成效。组织国家和省级主流媒体集中报道科技奖励大会、网上技术市场活动周、创新创业大赛等重要活动(图2-11-2)。

(四)媒体融合,积极拓展科技宣传舆论阵地

省科技厅官方微信公众号"创新浙江"开通5周年,围绕打造国内一流的科技政务新媒体传播平台这一目标,全年共推送微信993条,总用户数达4万余人,继续稳居

光明日报　光明视野 07

美丽乡村建设的科技答卷

——浙江省科技特派员制度实施十五周年纪实

穿针引线，把科技"种"在之江大地

着眼全产业链，构建乡村振兴新格局

组团帮扶，打通科技兴农"最后一公里"

制度保障，让特派员下得去留得住

浙江日报

厚植中非友谊续写合作新篇

——写在习近平主席提出对非真实亲诚理念五周年之际

美丽田野绽芳华

——我省科技特派员15年服务"三农"纪事

中国美院九十周年纪念展在中国美术馆开幕

田园美镇 农耕乐

出清低小散 迈向大集群

上虞重塑"三链"提升传统产业

上城区打造十分钟健康服务圈

两高工作报告

博约弘毅 卓然气象

图 2－11－1　主流媒体刊登浙江省科技特派员工作 15 周年相关报道

图 2－11－2　2018 年 4 月，第七届中国创新创业大赛浙江赛区暨第五届浙江省"火炬杯"创新创业大赛拉开帷幕

"国内省市科技政务新媒体榜单"前列。《科技金融时报》全年共刊发科技宣传报道 1300 多篇。《今日科技》继续转型发展，"科技早餐馆"全年共推出 300 余期，阅读量超过 300 万人次；"科技经济舆情与创新趋势聚合监测平台"全年形成舆情分析报告 48 篇。

（五）搭建平台，进一步打响"科技新浙商"等科技宣传品牌

开展第九届"科技新浙商"评选颁奖活动（图 2－11－3），邀请两院院士为科技新浙商点赞；制作颁奖晚会宣传片，在频道各时段进行高频次投放。在全社会进一步营

造了尊重先进、鼓励创新的氛围。加强省科技(科普)活动周宣传,在媒体上发表相关新闻报道 260 篇左右。

图 2-11-3　2018 年 8 月,第九届“科技新浙商”颁奖暨第十届“科技新浙商”评选启动晚会

二、科技普及

(一)举办 2018 年科技(科普)活动周,着力提高全民科学素养

5 月 19 日至 26 日,开展 2018 年浙江省科技(科普)活动周(图 2-11-4)。活动周以“科技创新 强国富民”为主题,充分宣传改革开放 40 年,特别是党的十八大以来我国科技创新发展取得的重大成果和突出成就。活动周期间全省共举办 2000 余项科技(科普)活动,200 余万人次参加。

图 2-11-4　5 月 19 日,2018 年浙江省科技(科普)活动周开幕

1. 体现前沿性、引领性。开幕式举办了第四届中国(浙江)智能硬件博览会暨科技生活展、芯片技术创新与应用展、军民融合技术成果展、女性创业创新展等多场展览,并举办了浙江省军民融合技术成果展暨技术创新高峰论坛、区块链发展高峰论坛、2018 浙江(长兴)新能源产业知识产权高峰论坛等多场论坛活动,展示最前沿的科技创新成果,讲述我省自主创新的好故事,彰显了“中国制造”向“中国创造”转变的强劲脉搏。

2. 突出互动性、趣味性。为了激发公众特别是广大青少年创新创造兴趣，在开幕式上推出2018浙江省AI工程师大赛世界赛选拔赛暨科学小记者站授牌仪式；同时，举办创新创业大赛、科技新浙商评选、最美科技人评选等活动20余场，把科普宣传、科技竞赛、科学体验等活动与休闲、娱乐、旅游等有机结合，让公众在体验与互动中增长科学知识，感受科技的魅力（图2-11-5）。

图2-11-5　杭州、宁波等地科普活动吸引大量群众参与

3. 彰显共享性、服务性。围绕社会关注的“五水共治”“三改一拆”、雾霾治理、食品安全、安全生产、减震救灾等民生热点问题，在全省组织开展科技进企业、进农村、进社区、进校园等活动600余场次，普及科技知识，开展科普培训和免费检测等活动。活动周期间，全省科普场馆、高校院所、科普基地免费开放，促进科技资源共享，释放科技活动潜能，满足公众对科技的迫切需求。推进“互联网+科普”，通过数字电视、地铁电视、网络传播、微信矩阵、App平台等方式，将科普知识传播到千家万户。

（二）做好其他科普工作

认真组织参加全国科普讲解大赛、全国科普微视频大赛等全国性科普赛事活动，做好科普统计工作等，促进科学普及与科技创新协同发展。

第十二章　科技管理

一、科技计划管理

（一）推进重大工程建设

1. 推进科创大走廊建设。按照车俊书记要有一批标志性工作进展、形成一批标志性成果"两个标志性"的要求，紧紧围绕"打造全球领先的信息经济科创中心"，实行挂图作战，推进大走廊内启动实施一批重大高新技术产业项目，形成一批标志性建设成果。认真梳理总结《关于推进杭州城西科创大走廊建设的若干意见》实施情况，起草《杭州城西科创大走廊2017年建设推进情况和2018年工作打算》《杭州城西科创大走廊2018年重点工作任务分解表》和《推进杭州城西科创大走廊建设的实施意见》。

2. 推进之江实验室建设。履行并强化之江实验室秘书处职能，牵头组织之江实验室第一届理事会第二次会议，落实会议明确的有关工作。起草并印发《之江实验室理事单位工作职责》《之江实验室理事会秘书处工作职责（试行）》《关于建立之江实验室与理事会秘书处沟通机制的意见》《之江实验室理事单位年度责任分工》。协助推进《之江实验室探索国家实验室体制机制创新的实践与思考》重点课题，在课题研究的基础上起草《关于支持之江实验室建设发展的若干意见》，系统化谋划、体系化推进，高质量、高水平加快推动实验室建设，争创国家实验室。

3. 支持西湖大学开展创新资源配置改革试点。印发《关于在西湖大学开展创新资源配置改革试点的通知》，瞄准世界科技前沿，强化战略导向和目标引导，实施非对称战略，在西湖大学开展创新资源配置改革试点，对相关项目、人才、机构实行年度备案制管理，进一步简化办事流程，加强事中、事后监管，支持西湖大学建设最高水准研究平台。

（二）深化科技计划体系改革

1. 深化省重点研发计划改革。结合科技计划体系改革，制定出台《关于深化浙江省重点研发计划改革的意见》，以数字经济"一号工程"为突破口，瞄准突破关键领域卡脖子难题和抢占世界科技战略制高点目标，发挥企业的主体作用，加快培育标志性重大科技成果。

2. 深化"三评"和科研诚信改革。贯彻落实国家有关文件精神，起草《关于进一步加强科研诚信建设的实施意见》《关于深化项目评审、人才评价、机构评估改革的实施意见》《关于深化科技体制改革优化科研管理的若干意见》等文件。

（三）做好科研项目申报评审

1. 组织2019年省重点研发计划评审立项。突出数字经济"一号工程"，围绕八大万亿产业发展和“10＋1”传统产业升级改造，结合“十三五”规划明确的重大项目实施目标和经济社会发展需求，以解决浙江省重点产业发展的关键核心技术问题为目标，牵头组织省重点研发计划评审立项，共立项省重点研发计划项目426项，其中招标项目38项、竞争性项目376项、省农业重点企业研究院项目12项，财政补助资金9.09亿元，引导企业直接研发投入超过20亿元，拉动全社会研发经费超过200亿元。

2. 积极争取国家专项资金。组织推荐2018年度国家重点研发计划项目118项，协助科技部组织完成重点研发计划项目视频答辩120余场。目前已争取国家各类科技项目经费16.5亿元（含国家自然科学基金直接经费）。

3. 做好中央引导地方科技发展专项资金相关工作。根据科技部资管司、财政部科教司对《2018年度中央引导地方科技发展专项资金三年滚动规划》的意见，会同浙江省财政厅制定浙江省中央引导地方科技发展专项资金三年滚动规划和实施方案并报送科技部。制定《中央引导地方科技发展计划管理细则》，明确计划重点支持方向和范围、遴选标准和程序、支持方式和标准、过程监管和绩效评价，提高专项资金使用绩效。

（四）切实推进数字化转型

1. 开展业务流程再造。开展省重点研发计划和新产品试制计划项目业务流程再造工作，减少项目申报字段数155个，共享获取字段数24个，精简大段说明文字5项，做到填报更精简、流程更优化、表述更精确、内容更规范。

2. 推进创新驱动高质量发展平台建设。结合创新调查工作，进一步完善科技创新统计体系，围绕科技管理决策需求，开展创新驱动高质量发展监测分析数据化转型顶层设计，通过设计核心指标体系，构建数据共享模型，实施业务流程再造，形成定量、定性综合分析，开展创新驱动高质量发展定量指标的动态监测，构建多部门联合、上下联动、横向协同的浙江省创新驱动高质量发展信息平台，实现与省经济运行监测分析数字化平台的互联互通，立体化、全局化、动态化展示科技动态数据，为领导决策提供及时的参考。

3. 推进科技专家库建设。完善浙江省科技专家库管理系统，推进专家库的分级分层，形成门类清晰、职能明确的各类专家子库，建设计划项目、平台载体、人才团队、科技奖励等专家库子库，完成专家库建设。通过规范科技专家库和专家管理，发挥科技专家在科技创新中的引领示范和决策咨询作用，提高专家评审工作的精准性和科学性，提高科技管理工作水平。共征集省内外专家18625人，其中省内专家10267名、省外专家8358名，高级以上职称超过92.7%。

4. 推进省科技管理系统和省基金办系统整合。一是统一服务器管理，实行服务器设备的统一管理。二是统一项目库管理，将所有省级科技计划项目信息和科技信用信息统一归集到科技数据仓集中管理，统一通过接口方式查询科技数据仓的相关数据库。三是统一专家库管理。自然基金专家库作为省科技厅专家库的一个子库，同步到省科技厅专家库进行统一管理。研究开发搜索引擎，抽取一线活跃专家，提高项目评审质量。

（五）加强科技项目实施和经费使用管理

1. 出台管理办法。一是根据党中央、国务院对科研项目和经费管理的新要求，结合浙江省科技创新发展的新形势，会同省财政厅制定出台《浙江省科技发展专项资金管理办法》，进一步规范财政资金管理，提高资金使用效益。二是出台《浙江省科技计划（专项、基金）科技报告管理暂行办法》，建立覆盖全省的科技计划项目实施的科技报告管理体系。

2. 科技型中小企业扶持专项整改。为加强对科技型中小企业扶持专项种子基金运行和补助经费使用情况的监督管理，会同省财政厅组织开展省科技型中小企业扶持专项问题种子基金的整改工作，收回不符合管理办法要求的补助资金 11701. 12 万元。同时全面总结专项实施以来取得的绩效，组织开展 2015—2017 年度浙江省科技型中小企业扶持和科技发展专项资金绩效评价工作。

3. 清理逾期未验收的省级科技计划项目。进一步强化科技项目实施管理，规范经费使用，开展逾期的省级科技计划项目集中清理工作，对项目执行逾期一年以上的 1092 个省级科技计划项目进行了清理，要求已经完成合同（任务书）研发内容的项目在规定期限内完成验收工作，否则视同验收不通过，终止项目实施，收回结余财政资金，追缴与项目研发无关的经费开支。

（六）深入开展课题研究和统计分析工作

1. 扎实开展科技统计各项工作。一是做好国家布置的各项统计调查任务，完成全省 281 家政府部门属科技机构、国家在浙江省实施的各类科技计划项目执行情况、省市财政科技拨款的调查与汇总。二是按季度对高新技术企业、高新技术产业园区和高新技术特色产业基地开展统计调查，发布企业科技活动和成效、专利申请与授权等季度数据。

2. 开展经济形势分析及专题研究。一是开展季度经济形势分析，对全省及各市“一转四创”指标完成情况进行监测分析，对全年的目标任务完成情况进行预判，促进全年目标任务的顺利完成。二是根据冯飞常务副省长的批示，对全要素生产率测算进行研究，以全面反映经济增长方式转变效果、衡量创新绩效。开展全省自主创新能力、财政科技投入、R&D 经费支出和提升浙江省实体经济科技贡献度等课题研究，提出更加科学全面的统计分析和对策建议，提高科技统计工作的主动性和科学性。

（七）扎实推进各项年度重点工作任务

1. 推进厅市会商工作。围绕高新技术产业园区建设、高新技术产业发展、现代农业和新农村建设、科技成果转移转化、创新平台载体打造、创新型企业培育等创新发展需求，制定厅市会商科技工作议定书和议题，开展与丽水市的厅市会商工作。

2. 进一步加大科技与金融的结合力度。会同浙江省财政厅、省金控公司推进浙江省创新引领基金设立有关工作，发挥财政科技资金的杠杆和引导作用。与太平科技保险公司签署合作协议，进一步优化科技创新资源配置，支持科技保险在全省域、长三角区域的推广和拓展。

3. 制定新动能行动计划。推进大学习、大调研、大抓落实，会同省发展改革委起草印发《加快培育发展新动能行动计划》，做好培育发展新动能行动计划 2018 年重点工作任务分解及关键性量化指标分解，通过培育新经济、新技术、新产业、新模式（新业态），加快传统产业改造、培育新动能，加快实现新旧动能转换，补齐科技创新短板。

4. 做好内审工作。加强内部审计工作，完善内部监督机制，提高资金使用效益，对8家经济责任审计、18家财务收支审计的厅属单位和省属公益类科研院所进行驻点审计。印发《浙江省科学技术厅关于严格执行公款竞争性存放管理的实施意见》和《浙江省科技厅厅属单位领导干部经济责任审计制度》。开展财政专项资金绩效评价，做好科技经费预决算管理工作，完成科技部门年度决算和预算编制、审核与公开。开展"小金库"专项检查，针对发现的问题，要求有关单位及时整改。

5. 开展"十三五"规划中期评估。围绕目标完成情况及重点任务进展情况，开展《浙江省科技创新"十三五"规划》中期评估工作，全面评价"十三五"规划实施取得的成效，深入分析存在的问题，并根据发展环境变化提出相应的对策建议，及时总结规划编制和实施的经验，确保顺利完成规划提出的目标任务，推动创新强省建设，实现高质量发展。

二、科技成果与奖励

（一）获2017年度国家科学技术奖情况

2018年1月8日，2017年度国家科学技术奖励大会在北京人民大会堂举行。浙江省共获得28项国家科学技术奖，其中由浙江省主持完成的获奖项目10项，参与完成的获奖项目18项。

获奖项目中，由浙江省主持完成的获奖项目包括国家技术发明奖一等奖1项、二等奖1项，国家科学技术进步奖特等奖1项、二等奖7项，参与完成的获奖项目包括国家自然科学奖一等奖1项，国家技术发明奖二等奖4项，国家科学技术进步奖特等奖2项、一等奖1项、二等奖10项。本次浙江省获国家科学技术奖呈现如下特点：

一是获国家高等级科学技术奖数量快速增长。近五年来，浙江省获得国家科学技术奖特等奖、一等奖的数量比上一个五年期间增长了375%，从4项增加到19项。其中，本次荣获2017年度国家科学技术进步奖特等奖，由浙江大学医学院附属第一医院主持完成的"以H7N9禽流感为代表的新发传染病防治体系重大创新和技术突破"，开创了科学技术奖励的"四个第一"——中国医药卫生领域第一个特等奖，中国高校获得的第一个特等奖，浙江省为主完成的第一个特等奖，浙江大学获得的第一个特等奖。

二是企业创新主体作用日益突出。在浙江省获得的国家科学技术奖获奖项目中，产学研合作项目占比为65.2%，企业主持完成的项目占11.2%，呈逐年上升的趋势，企业正在成为科技创新的主体，科技成果转化效益显著。其中由浙江大学、浙江省能源集团有限公司、浙江天地环保科技有限公司合作完成的"燃煤机组超低排放关键技术研发及应用"项目，荣获2017年度国家技术发明奖一等奖。该项目获发明专利34项，首次实现了燃煤烟气多污染物超低排放，且优于世界最严标准。由其牵头或为主制定国家和行业标准15项，发表论文103篇、他引1038次，成果已规模化应用，且技术和产品已输出欧美和"一带一路"国家，近三年新增销售109.6亿元，创造了显著的社会效益和经济效益。

三是形成大量新技术、新工艺、新产品。在所获得的国家科学技术奖中，浙江的获奖类别以技术发明奖和科技进步奖为主，占比达92%。其中本次荣获2017年度国家技术发明奖二等奖，由浙江大学、宁波大学、浙江理工大学、杭州宏华数码科技股份有限公司合作完成的"超高速数码喷印设备关键技术研发及应用"项目，经过8年多的持续技术攻关,形成了基于众核处理器的超大流量喷印数据实时并行处理引擎等三大核心关键技术,开发出了具有自主知识产权的超高速数码印花机。该项目总体技术水平位于国际领先,目前产品已出口到意大利、日本等 20 多个国家和地区,在 200 多家印花企业得到成功应用。

(二)2017 年度省科学技术奖评审情况

2018 年 4 月 11 日,2017 年度浙江省科学技术奖励大会在杭州举行。经层层推选、审查和评审,贝达药业股份有限公司董事长、教授级高工丁列明,中国工程院院士、浙江工业大学研究员高从堦,宁波江丰电子材料有限公司董事长、教授级高工姚力军三人荣获省科学技术重大贡献奖。本次浙江省科学技术奖共有 286 项科技项目成果获奖,其中一等奖 28 项、二等奖 88 项、三等奖 170 项。总的来说,2017 年度浙江省科学技术奖获奖项目呈现以下主要特点:

一是科研水平较高,学术成果丰硕。授奖项目共发表 SCI,EI 等各类学术论文 4869 篇,获得各类知识产权 1743 件,其中授权发明专利 1102 件。在 28 项一等奖项目中,自然科学奖达 6 项,明显高于往年。

二是企业科技创新能力进一步提升,产学研合作成效明显。在授奖项目中,企业为第一完成单位的项目占比 39.4%,产学研合作项目占比 56.8%;在 28 项一等奖项目中,企业为第一完成单位的项目占比 25%,比前两年有了大幅度的增加。

三是科技支撑产业特色鲜明,经济、社会效益显著。在授奖项目中,浙江省重点培育发展的信息和制造领域项目占比为 48.2%,大健康领域项目占比 25.5%。这些项目普遍取得了较好的经济效益和社会效益,近 3 年通过直接应用或推广转化累计实现新增销售收入达 1950.7 亿元。

四是各级科技计划项目是成果的主要来源,中青年人才成为骨干力量。在所有授奖项目中,在各级各类科技计划支持下完成的为 237 项,占比 82.9%。与此同时,在授奖项目的完成人年龄构成中,主要完成人员为 1970 年后出生的科技人员占比达 72.26%。可以看出,中青年人才成为浙江省科技创新的骨干力量。

三、创新券推广应用

(一)完善创新券系统,推动创新券业务数字化转型

在上线创新券 2.0 版的基础上,按照“最多跑一次”改革、数字化转型工作要求,完成创新券业务梳理流程再造,优化操作流程、规范材料类型、加强监管服务,重点改进完善创新券申领、使用以及兑付流程,减化科技部门在企业申请使用过程中的审核环节,缩短兑付时间,提升创新券推广应用全过程数字化、痕迹化。

(二)抓好市县区政策指导和监管落实

组织召开地市创新券工作推进会,交流主要做法,分析存在问题,督促各地加快修订完善政策,落实监管。目前,71 个市县区已修订出台新政策,22% 的市县区会合当地财政等部门完成了不低于 5% 的抽查。组织专家对部分省级创新载体接收创新券提供服务的情况进行核查,及时解决创新券推广应用过程中出现的问题。

(三)加强政策宣传

2018年上半年,组织70余个市县区科技部门,120余名管理人员进行系统操作培训,基本解决科技部门新系统应用问题。通过2018年度企业创新政策专题巡讲、市县区及创新载体专场培训等方式,开展创新券政策宣贯和系统操作实务培训20余场。截至2018年12月31日,全省累计发放额达到23.9亿元,使用额达到15.8亿元,兑付额达到11.7亿元,共有2860家载体为22181家企业提供各类科技服务90085次,其中2018年全年发放11.4亿元,使用8.15亿元,兑付5.8亿元,有1634家载体为11523家企业提供各类科技服务35133次。

四、党的建设

2018年以来,浙江省科技厅按照新时代党的建设总要求,以政治建设为统领,坚持思想建党、制度治党、文化强党,着力提升科技厅系统党建质量,系统各级党组织管党治党的责任意识明显增强,主体责任不断传导压实,党员干部队伍的工作作风不断改进。

(一)坚持把党的政治建设摆在首位,着力筑牢党员干部“四个意识”

一是严明政治纪律和政治规矩。深入学习宣传贯彻习近平新时代中国特色社会主义思想和党的十九大精神,第一时间组织学习传达党的十九届二中、三中全会,十九届中央纪委二次全会,省委十四届三次全体(扩大)会议,省纪委十四届二次、三次全会等重要会议精神,以及省委、省纪委关于党风廉政建设的重要文件和讲话精神,树牢“四个意识”,坚定“四个自信”,坚决做到“两个维护”。2018年以来,召开党组会议研究部署党建重点工作16次,涉及25个议题,直接部署推动党建工作落到实处。把坚定执行党中央和省委决策部署作为严明党的政治纪律和政治规矩的具体检验。深入贯彻党中央、国务院关于加强基础研究,加强科研诚信建设,深化项目评审、人才评价、机构评估“三评”改革,优化科研管理提升科研绩效、深化科技奖励制度改革等文件精神,多次召开专题会议研究具体贯彻落实举措并推动尽快落实。贯彻省委十四届三次全会精神,研究制定了《关于推进省科技厅系统清廉建设的实施办法》。贯彻省委“大学习、大调研、大抓落实”要求,重点部署开展了服务科技企业、服务科技人员“科技双服务”行动,推动落实省委“稳企业、保平安”的工作部署。贯彻党中央和省委关于机构改革的决策部署,服从命令、严守纪律,确保机构改革期间思想不乱、工作不断、队伍不散。

二是严肃党内政治生活。严格落实《关于新形势下党内政治生活的若干准则》,进一步推进省科技厅政治生活的规范化、制度化和科学化。认真执行民主集中制,建立了党政主要领导重大事项协商沟通机制,推进决策科学化、民主化。扎实开展民主生活会,广泛深入征求意见,一对一、面对面进行谈心谈话,认真撰写对照检查材料,深入开展批评和自我批评,针对查摆的22条突出问题,明确整改任务、细化整改措施、落实整改责任。科技厅党组班子成员带头以普通党员身份参加双重组织生活,主动接受党性教育,2018年以来班子成员参加支部组织生活32人次,上党课8人次。推动落实基层党组织书记述职评议、支部专题组织生活会、民主评议党员等制度,开展2017年度厅系统党组织“先锋指数”考评和通报表彰工作。抓好4个到期未换届党组织换届、党员规范发展、主题党日活动开展等工作,推动组织生活融入日常、严在经常。

三是对标对表开展政治体检。每季度开展政治生态分析,针对自评中发现的问题逐条对照,落实整改。按照国务院和省政府的部署要求,认真做好国务院大督查的自查工作,根据反馈的 4 条问题,逐一落实责任、明确整改任务、推动落实整改。重点加强对省委、省政府中心工作落实情况的督查,做到一月一跟踪、一季一分析、半年一汇报,确保各项决策部署不折不扣在科技厅系统得到贯彻落实。根据《中共浙江省委办公厅关于持续深化落实中央巡视组反馈意见十大整改行动的通知》要求,围绕八个方面的整改行动,严密组织对照检查,落实整改举措 31 条,并召开党组会专题听取了机关纪委关于自查自纠情况的汇报。高度重视《中共浙江省委办公厅关于 2017 年度全省落实全面从严治党主体责任综合情况的通报》《省委办公厅关于持续推进十大整改行动 加快解决 12 个未整改到位问题的通知》《巡视整改回访检查情况的通报》等上级巡视、督查通报中反映的有关问题,认真组织有关处室进行"回头看",举一反三,进一步查漏洞、补短板、抓反弹,着力推动发现问题、解决问题。按照"年初专题部署、年中重点督查、年末述职评议"实行全过程管理,开展半年度党建重点工作任务完成情况督查,采取"汇报 + 晒台账 + 互评"等形式,逐个单位过,相互学习、发现问题、督促整改;开展党的十八大以来党建和党风廉政建设工作情况"回头看",制定了 24 项督查清单,组织专项督查组逐一检查各项工作的台账完整情况和工作质量。

四是强化政治责任。落实一把手负总责、分管领导各负其责、班子成员齐抓共管的责任体系,真正把主体责任扛在肩上、抓在手上、落在实处。2018 年初召开全省科技(知识产权)系统党的建设暨党风廉政建设工作会议,对全年工作进行了部署、提出了要求。3 月底厅党组主要负责人进行了调整,但推进全面从严治党的劲头不松、力度不减,在厅系统进一步强化"抓好党建是最大的政绩""党建不手软、业务才过硬"的理念。修订《党风廉政建设和意识形态工作责任书》,并组织层层签订,完善责任清单,层层压实责任。坚持定期分析党风廉政建设和意识形态工作,并通过清单式、销号制分解和落实责任,不断增强各级抓党建工作的领导意识、政治意识和责任意识。召开半年度全面从严治党和意识形态工作履责报告会,领导班子成员逐一报告履行"一岗双责"情况,并对分管领域的党风廉政建设和意识形态工作进行分析研判,针对发现的科技管理领域中苗头倾向性问题,提出了 14 条整改落实意见,明确责任单位,限时整改。

(二)坚持用党的创新理论武装头脑,着力夯实思想建设这个基础

一是坚持用习近平新时代中国特色社会主义思想武装头脑。聚焦学懂弄通做实习近平新时代中国特色社会主义思想,重点抓好处级以上领导干部等"关键少数"和青年干部的学习教育,带动科技厅系统全体党员干部加强政治理论学习。科技厅党组以上率下,组织了 30 次党组理论学习中心组(扩大)会。制定了《处级干部理论培训计划》,3 月份用一周时间组织科技厅系统 98 名处级干部参加党的十九大精神集中轮训,确保"一个不漏"。分 5 批组织支部书记、党务干部进行培训、练兵,提升政治理论水平。先后举办青年干部、团干部培训班和"科技青年论坛",推动科技厅系统年轻人提高政治站位、拓展理论视野。强化省市县三级联动,组织省市两级科技管理部门开展主题联学,对市县 108 名科技局长开展集中培训,凝聚思想共识、提升工作合力。

二是深入推进"两学一做"学习教育常态化制度化。紧扣"学"的重点。突出学习贯彻党的十九大精神和学懂弄通做实习近平新时代中国特色社会主义思想这条主线,突出学习贯彻中央和省委关于全面从严治党和科技工作的各项决策部署,突出学习党

内法规,突出学习关于科技发展动态和产业技术革命的新理论新知识。科技厅党组第一时间组织学习传达了习近平总书记在“两院”院士大会上的讲话精神和对浙江工作的重要指示,省委十四届三次、四次全会和全省全面深化改革大会、对外开放大会、科技奖励大会、科技特派员15周年总结表彰大会等重要会议精神。党支部书记围绕“向习近平总书记看齐”这一主题纷纷上了党课。在“科技学堂”安排了《“八八战略”思想与实践》《监察法》《中国共产党纪律处分条例》等党的理论和法规学习。紧跟中央、省委部署,紧随工作进展,每周在“创新浙江”微信公众号推送一期“创新微党课”,每天在工作群发布一条党员干部“应知应会”。依托“线下读原著、撰体会”,开展了“线上亮原声、诵感悟”活动,有9批47名同志通过公众号原声分享了学习《习近平谈治国理政》《之江新语》《习近平的七年知青岁月》等心得体会。在公众号上先后开展了学十九大精神和新修订的《中国共产党纪律处分条例》的“微测试”,“动动手指”检验学习效果。7月1日在“浙江创新社区”微信群开展“微党庆”,从党组成员到普通同志纷纷抒发对党的感情和对党忠诚、为党工作的决心和态度。结合纪念改革开放40周年,举办“科技朗读者”,进一步凝聚“‘八八战略’再深化、改革开放再出发”的思想共识。紧扣“做”的标准。在全省科技系统开展“读、访、创”活动和“科技双服务”行动,聚焦科技工作重点难点和基层一线反映突出的问题,深入科技企业、科研院所和厅属单位等,摸实情、找症结、理思路、出对策。活动开展以来,科技厅机关开展调研335次,参与调研874人次,调研企业2735家,征集到问题852个,解决问题694个;市县科技管理部门开展调研752次,参与调研2780人次,调研企业1885家,征集到问题798个,解决问题677个。通过扎扎实实做,形成了以“科技新政50条”“实行以增加知识价值为导向的分配政策”为代表的30余项重要服务成果。紧扣“改”的要求。紧盯基层党组织学习碎片化、组织生活不规范、党建与业务工作“两张皮”等问题,部署开展“提升基层党组织组织力”课题研究,进一步完善党建质量管理体系。以提升组织力为重点,组织实施支部提升工程,提出了8条具体举措,以“六个一”为抓手,指导和引领支部常态化开展组织生活。

三是加强意识形态和思想政治工作。认真学习贯彻全国和全省宣传思想工作会议精神,严格落实意识形态工作责任制,把意识形态工作纳入党建和业务工作进行述职考核。2018年以来,通过党组理论学习中心组学习意识形态有关会议、文件7次。注重加强对纸媒网媒、培训班、论坛、研讨会等宣传阵地的管理和监督,加大正向舆论引导。2018年以来,在全省举办培训班20场4400人次,召开了全省科技奖励大会、科技特派员工作15周年总结表彰大会,举办了第七届中国创新创业大赛暨第五届浙江省“火炬杯”创新创业大赛、第三届中国创新挑战赛(浙江赛区),开展了丰富多彩的科技(科普)活动周、“全国科技工作者日”“4·26知识产权宣传周”等活动,合力营造了鼓励创新、尊重人才的浓郁氛围。发挥支部对党员干部思想政治和意识形态工作的教育、管理和监督作用,开展谈心谈话,做实思想政治工作。组织开展网评员培训,提高应对网络舆情的能力和水平。在“科技茶歇”安排了心理健康、常见疾病养护等辅导,举办了足球赛等文体活动,丰富干部职工文化生活、促进身心健康。

(三)坚持以提升组织力为重点,着力夯实组织基础

一是规范支部工作。印发了《关于认真贯彻落实省直机关工委〈关于在省直机关实施党支部建设提升工程的意见〉的实施意见》,提出了8条具体举措;转发了《省直

机关工委〈关于深化基层党组织星级评定争创先锋支部工作的通知〉的函》,并在党组织书记(党务干部)培训班上专门进行了学习和部署。同时,以此推进科技厅系统基层党建工作标准化规范化;修订完善了科技厅系统《党组织“先锋指数”考评管理办法》,积极探索“横向看建设水平、纵向看进步幅度”的考评模式,采取清单式、条目式,细化支部工作、量化考核标准、强化活动保障;制定了《科技厅系统党支部主题党日活动实施细则》,细化规范了科技厅系统主题党日内容、程序、要求;制定了《科技厅党建活动经费和党费使用管理实施细则》,落实有人管事、有钱办事、有场所开展活动等基本保障。

二是提升组织生活质量。紧盯基层党组织学习碎片化、组织生活不规范、党建与业务工作“两张皮”等问题,实施“六个一”行动,指导和引领支部常态化开展组织生活。开展了“提升基层党组织组织力”课题研究,并形成研究成果。

三是夯实组织基础。加强对党组织设置研究,发放支部设置调查问卷百余份,为合理设置党支部提供决策依据。在“两学一做”学习教育常态化制度化中推进党组织换届工作,年初对到期未换届的党组织要求限时整改,对 2018 年即将到期换届的党组织做出通知提醒。党建研究成果《构建党建质量管理体系　不断提高科技党建水平　努力为创新强省建设作贡献》在 2018 年全国科技管理系统党建工作培训班上交流发言并在《浙江机关党建》(第 3 期)予以推广。

(四)坚持把纪律规矩挺在前面,着力营造风清气正的政治生态

一是驰而不息纠治“四风”。认真落实中央八项规定实施细则和浙江省委“36 条”办法精神,推进无纸化办公和掌上办公,严把办文程序关、公文质量关、发文程序关和法规政策关,努力做到“零差错”。严格执行公务接待、会议审批、经费管理等规定。持续加大监督检查力度,逐一走访了科技厅厅属单位,重点对中央八项规定精神执行情况进行检查,防止“四风”问题反弹回潮和隐形变异。抓住五一、国庆、中秋等时间节点,坚持节前重申纪律要求、节中开展明察暗访、节后核实问题线索。认真开展整治形式主义、官僚主义,持之以恒深化纠正“四风”工作的自查自纠。按照省纪委部署,科技厅党组对照形式主义、官僚主义 4 方面 12 类问题开展了集中整治行动,通过认真学习有关精神、广泛调研征求意见,制定出问题清单 13 条、整改清单 15 条、制度清单 12 条,将整改任务落实到责任单位,推动整治行动往深里做、实里改。

二是持续开展纪律教育。坚持把纪律教育、警示教育摆在党员教育的突出位置。在《中国共产党纪律处分条例》修订颁布后,第一时间邀请浙江省纪委领导作专题辅导,以案释纪学党纪;邀请科技厅党组成员、驻厅纪检监察组梁山中组长作监察法专题报告,对新颁布的监察法进行了系统阐述。开展《中国共产党纪律处分条例》线上测试,检验学习效果。在政务内网发布上级通报的典型案例,结合“两节”前后例会、全国两会以及机构改革期间各种集会,开展政治纪律、党规党纪教育,强化党组织和党员干部的政治责任和纪律意识。组织处级以上领导干部观看纪律教育专题片,进一步增强纪律意识、强化纪律执行。

三是开展嵌入式闭环式风险管理。修订《重要工作事项报告制度》,严格科技厅系统干部出访制度、个人事项报告制度、请销假制度等,推动纪律建设贯穿各项科技管理工作中。稳步推进机构改革,专题召开科技厅党组会强调机构改革纪律要求,专门成立了纪律监督工作小组,对改革各个环节、涉改各个单位开展纪律监督,机构改革期间

没有发生违规违纪行为。建立健全内部审计和委托第三方审计制度,2018 年对 13 家厅属单位开展了内部审计,对 19 家社团进行了专项审计。支持机关纪委工作,建立廉政监督闭合回路,凡涉及权力运行的重点工作由承办部门事先提交工作方案和细则,经机关纪委廉政审查、完善风险防控措施后方可实施,评审结束后由机关纪委对评委随机开展回访。一年中,厅机关纪委出具了 20 余份廉政意见书,配合改进了 10 余项工作规程,协助改进了 5 个评审信息管理系统,堵牢廉政漏洞。

四是以“最多跑一次”改革为牵引,进一步规范权力运行。全面推进科技系统“最多跑一次”改革,制定实施“数字科技”建设方案,健全“网上办事大厅”功能,完善“浙政钉”和“浙里办”,进一步精简优化业务流程,对 41 项对外业务事项进行了业务流程梳理再造,精简申报材料 59 个,减少字段 1571 个,为科研人员减少近 40% 的填报字段;通过数据共享方式自动获取的字段 698 个,占填报字段数的 27.8%。规范统一全省科技系统 233 项群众和企业“最多跑一次”事项,其中省级“最多跑一次”事项全部实现网上办理和数据共享,并实现科技创新云服务平台与浙江政务服务网的统一认证、数据调用和“一证通办”。加强行政审批、事中事后监管和公共服务改革,运用“双随机”抽查管理系统做好科技系统“双随机一公开”监管工作,制定了假冒专利行为和产品、实验动物工作单位两个“双随机”抽查事项的年度工作实施方案,并在网上予以公开。

(五)坚持把制度建设贯穿始终,着力构建全方位、多层次的制度体系

在党组自身建设和加强民主集中制方面,研究制定《浙江省科学技术厅工作和议事规则》,对领导职责、公文审批、党组会和厅务会议事范围、议事程序等方面做出了具体规定。制定了《厅党组理论学习中心组学习实施细则》,明确职责分工,突出 7 项重点学习内容,细化学习方式和管理,强化党组理论学习中心组学习的示范作用。研究制定《关于进一步落实与民主党派对口联系制度的实施意见》,支持对口联系的民主党派发挥参政议政、民主监督作用,帮助科技厅提升决策科学化、民主化水平。

在提升基层党组织组织力方面,指导督促机关党委制定了《党支部主题党日活动实施细则》《党组织“先锋指数”考评管理办法》《厅党建活动经费和党费使用管理实施细则》等一批党建制度,采取清单式、条目式,细化支部工作、量化考核标准、强化活动保障,推动党建工作标准化规范化。

在推进清廉建设方面,结合实际制定并实施了《关于推进省科技厅系统清廉建设的实施办法》,提出了加强省科技厅清廉机关建设和营造风清气正科研环境的 15 条具体措施,努力构建科技干部清正有为、科技管理清廉高效、科研生态清明公正、创新环境清朗惠民的“清廉科技”生态体系。该办法被浙江省直机关纪工委转发,科技部李萌副部长批示转发至各省参考。建立和严格实施《机关纪委评审评估评奖监督工作规程(试行)》,用制度规范对各类评审、评估、评奖的监督工作。

在作风建设方面,制定出台《浙江省科技厅贯彻落实中央八项规定精神进一步改进工作作风的实施意见》,明确 6 个方面 19 条具体管理措施,细化纪律要求。谋划开展“科技双服务”行动,通过思想大解放、一线大走访、政策大培训、落实大推进,培育一批有潜力的科研领域、优势企业和科技人才,打通一批制约创新和成果转化的瓶颈,出台一批提升经济社会发展科技贡献率的制度文件,建设一批有效服务创新主体的服务平台,锤炼一支忠诚担当务实清廉的“科技铁军”。

在关心关爱干部职工方面,研究起草了《关于进一步加强和改进离退休干部工作的实施办法》,加强对老干部的思想政治教育,进一步改进服务。

（六）坚持把统战工作落在实处,着力推进群团和文化建设

开展"1加1行动计划"、举办"青年论坛""科技朗读者""科技系统足球联赛"和"科技茶歇"等健康向上的文体活动,引导开展"巾帼建功""青年文明号""青年岗位能手"等创先争优活动,发掘典型、弘扬正能量,进一步凝聚科技厅系统干部职工的思想共识。2018年以来,科技厅系统产生全国妇女代表大会代表1人,省妇女代表大会代表1人,获得"省巾帼文明岗"1个、"省巾帼建功标兵"1个。加强与民主党派的联系,研究制定《关于进一步落实与民主党派对口联系制度的实施意见》,就重点课题研究、深化"最多跑一次"改革等加强与九三学社的思想交流和沟通,助推科技创新事业发展。推进群团和文化建设,通过组织培训、现场教学、检查督查等,基层党务干部的政治站位和履职能力得到提升,基层组织生活的质量得到提高;群团活动丰富多彩,涌现了一批先进集体和个人,科技系统干部的精神面貌进一步提升。

第三部分

地 市 篇

第十三章　杭州市

2018 年，杭州市科技创新工作质效齐升，领跑全省，居全国主要城市第一方阵，为全市经济高质量发展提供了动力支撑。全年实现高新技术产业增加值 1948.4 亿元，同比增长 10.8%，规上高新技术产业增加值占规上工业增加值比重 57.2%，新产品产值率 38.8%。发明专利申请 36538 件，授权 10267 件。荣获 2018 年度全国市县防震减灾工作考核先进单位，有 3 个项目获得 2018 年度国家科学技术奖，连续 10 年获全省市县党政领导科技进步目标责任制考核优秀单位。

一、科技体制改革向纵深推进

省级全面创新改革试验区建设与“最多跑一次”改革协同共进，对接省科技云平台，初步实现数据共享，《关于加强众创空间建设进一步推进大众创业万众创新的实施意见》等 10 余项政策相继出台，23 项全面创新改革试验任务、9 个重点突破的专项改革试点项目有序落地，其中高新技术企业培育机制等 5 项改革经验在全省复制推广。完善科技研发投入后补助政策，稳步推进高校科技成果处置、定价、收益、分配等机制改革，创新协议定价、技术入股、技术经纪人参与、订单式研发等新型合作模式。

二、科技企业集群日益壮大

出台《杭州市高新技术企业培育三年行动计划（2018—2020 年）》，提高“微成长、小升高、高壮大”的创新型科技企业梯次培育质效。新培育市级高新技术企业 994 家，累计 6600 家；新培育市级科技型初创企业 711 家，累计 3640 家；新培育省级科技型中小企业 1869 家，累计 11107 家；新培育省级高成长科技型中小企业 269 家，累计 847 家。市、区（县）联动、多措并举抓国家重点扶持领域的高新技术企业培育，通过科技部备案认定 1557 家，其中新增 1059 家，创历年来新高，累计 3903 家。新培育 4 家省创新型领军企业，累计 11 家，占全省三分之一。

三、创新平台载体梯次发展

（一）区域合作平台向一体化融合

G60 科创走廊从沪嘉杭 3 地扩展到沪嘉杭苏芜宣合金湖 9 地联姻并实现一体化办公，规划出台“一廊一核多城”总体空间布局，从城市战略上升为国家战略。杭州都市圈扩面增效，衢州、黄山融入。

（二）重大创新平台引领作用明显

积极推进杭州国家自主创新示范区工作，筹备部际协调小组会议，修订完善《杭州国家自主创新示范区发展规划纲要（2015—2020）》，会同市人大开展《杭州国家自主创新示范区管理条例》立法调研。杭州高新区跻身全国高新区综合排名前三位，四个一级指标首次全部进入前四位（图3－13－1）。杭州城西科创大走廊呈现出继高新区之后杭州高质量发展新的增长极态势。

图3－13－1 4月，世界一流高科技园区2035工作座谈会召开

（三）"三名工程"硕果累累

浙江省首个国家级重大科技基础设施——超重力离心模拟与实验装置落户未来科技城，这一国之重器将填补中国超大容量超重力实验装置的空白（图3－13－2）。之江实验室发展规划通过论证，占地约1358亩的园区一期工程奠基（图3－13－3）。积极扶持阿里巴巴达摩院立足基础科学、颠覆性技术和应用技术等领域开展科研攻关，阿里巴巴达摩院初步建成"4＋X"实验室模式。西湖大学正式成立，新引进诺贝尔奖国际创新中心、帝国理工先进技术研究院、北大信息经济高等研究院等高端创新平台17个。

图3－13－2 超重力离心模拟与实验装置落户未来科技城

（四）双创平台向专业化、精品化、国际化发展

新增市级标准化众创空间37家、专业化示范众创空间3家和国际化示范众创空间2家。众创空间累计143家，其中省级众创空间99家、国家级众创空间55家、省级

优秀众创空间25家,省级优秀众创空间数量占全省一半以上。新增孵化器28家,累计148家,其中省级75家、国家级32家,连续多年位居全国省会城市和副省级城市第一位。创新创业国际化进程加速,杭州硅谷协同创新中心、G5澳洲创新中心、贝壳社澳洲基金等海外创新中心相继挂牌。

图3-13-3　之江实验室一期工程项目规划效果图

四、科技创新赋能经济高质量发展

(一)产研融合加速

通过鼓励企业申报关键技术攻关项目和落实研发费用加计扣除、高新技术企业税收优惠等政策,引导企业加大研发投入,提高核心竞争力。2017年全市享受两项优惠政策的企业近7000家,所得税减免额约130亿元。2018年全社会研发经费支出占地区生产总值比重提高到3.44%,全市规上工业技术(研究)开发费支出366亿元,增长31.7%。新建市级高新技术企业研发中心279家,累计1633家;新建省级高新技术企业研发中心149家,累计984家;新建省级企业研究院67家,累计331家;新建省级重点实验室(工程技术研究中心)5家,累计49家。全市高新技术产业、战略性新兴产业和装备制造业分别增长10.8%、13.1%、9.3%,高于规上工业6.3%的增速。高新技术产业对规上产业增加值增长贡献率达90.9%,换而言之,全市工业增加值6.3%的增速中,5.7个百分点是由高新技术产业贡献的。

(二)科技金融助推产业高端发展

引导基金规模增加52.15亿元,累计达167.57亿元;新退出基金6只、收回资金2.7亿元,累计整体退出18只、部分退出8只、收回资金6.2亿元。为272家企业科技担保10.86亿元,累计完成担保业务90亿元、服务企业2500家次,为企业节约成本3亿元,年代偿率稳定在1%以内,风险控制较好。为196家企业融资周转17.32亿元,累计为企业提供转贷资金约82亿元、服务企业约1200家次,节省利息支出约2.2亿元。杭州创业引导基金累计投资929个项目、超64亿元,均属战略新兴产业和七大未来产业。其中聚光科技等15家上市,合众信息等14家被上市公司并购,20家在新三板挂牌。2018年10月市金融办首次公布的83家杭州市首批重点拟上市企业名单中,引导基金参与的企业有43家。

五、创新生态持续优化

高端人才加快集聚，新引进诺贝尔奖获得者 2 名、图灵奖获得者 1 名，新入选国家“万人计划”20 人、省“万人计划”25 人，新培育省领军型创新创业团队 9 个、市领军型创新创业团队 7 个，省市领军型创新创业团队累计达 40 个。人才净流入率和海外人才净流入率继续位居全国第一，连续 8 年入选“外籍人才眼中最具吸引力的中国城市”。双创示范继续走在全国前列，杭州高新区被国家纳入“科技资源支撑型”特色载体进行培育。知识产权跨越式发展，杭州市成功获批全国首批中小企业知识产权战略推进试点城市和国家知识产权运营服务体系建设重点城市（图 3－13－4）。科技服务向全面综合服务转变，出台市级产业创新服务综合体建设政策，首次认定 17 个市级产业创新服务综合体；成功创建生物医药、临安微纳技术及应用、萧山新能源汽车及零部件、桐庐笔业等 4 个省级产业创新服务综合体，累计达 6 个；新培育上城健康服务与大数据、拱墅汽车互联网、富阳信息经济等 3 个省级产业创新服务综合体（图 3－13－5）。创新券实现扩面放量，全年发放创新券 3.43 亿元、使用 2.7 亿元、兑现 2.02 亿元，分别增长 82%、55%、18%，服务企业 5450 家次；产学研联合开发项目 1488 个，增长 28%；合作合同金额 15.9 亿元，增长 67%；实现技术交易 380.15 亿元，同比增长 70.9%。

图 3－13－4　杭州市科技局主办世界知识产权日主题论坛

图 3－13－5　拱墅汽车互联网产业创新服务综合体

撰稿人：曾维启（杭州市科学技术局）

第十四章　宁波市

2018 年，宁波坚持创新强市工作导向，部署开展“六争攻坚、三年攀高”行动，以超常规力度推进“科技争投”，加大科技创新投入，补齐科技创新短板，不断增强科技创新对高质量发展的支撑作用。全年，宁波市实现高新技术产业增加值 1872.1 亿元，同比增长 6.9%；完成技术交易额 137.4 亿元，同比增长 68%；专利申请量、授权量分别达 7.3 万件、4.5 万件，同比增长 17.5%、21.0%，其中发明专利申请 25524 件、授权 5302 件；规上工业企业技术（研究）开发费支出增长 25.5%；预计全市 R&D 经费支出占 GDP 的比重提高到 2.6%。

一、2018 年宁波科技工作实现“六个新突破”

（一）贯彻落实国家重大战略布局实现新突破

获国务院批复同意建设国家自主创新示范区，省委、省政府在宁波高规格召开推进大会（图 3－14－1），科技部和省委、省政府主要领导到会指导并作重要讲话。圆满完成首批国家知识产权区域布局试点工作，投入运行中国（宁波）知识产权保护中心。创新型城市建设取得新进展，慈溪市成为首批国家创新型县（市）和全省首批全面创新改革联系点。

图 3－14－1　科技部和省委、省政府在宁波召开宁波温州国家自主创新示范区建设推进大会

（二）布局建设高能级创新平台实现新突破

主动对接浙江省大湾区建设，甬江科创大走廊、宁波前湾新区列入全省大湾区建设“三廊四新区”七大战略平台。密集引进共建北京航空航天大学宁波创新研究院、上海交通大学宁波人工智能研究院、宁波瑞凌节能环保创新与产业研究院等高水平科研院所 12 家（图 3－14－2），项目落地建设展现“宁波速度”，如上海交通大学宁波人工智能研究院从签订合作协议到正式揭牌仅用 12 天，宁波瑞凌节能环保创新与产业研究院成立不到 1 年就下线生产全球领先的辐射制冷降温薄膜。

图 3 - 14 - 2 北京航空航天大学宁波创新研究院（研究生院）揭牌

（三）培育创新型人才团队实现新突破

引进顶尖人才 45 名，其中引进全职国内外院士 9 名，“甬籍院士”全职回归实现零的突破。培育国家“千人计划”重点推荐人选 17 人、国家杰青 1 人、国家“万人计划”8 人、省“万人计划”11 人，新增省领军型创新创业团队 2 个，“3315 系列计划”重点引进支持“3511”产业和智能经济领域项目 148 个，均创近年新高。宁波江丰电子材料股份有限公司董事长姚力军获浙江省科学技术重大贡献奖。

（四）重大科技攻关与科技成果转化实现新突破

在关键领域、“卡脖子”地方大力实施重大科技专项，研制出首条国产化 500 千伏深海脐带缆、首个自主知识产权工业互联网操作系统、新能源汽车混合动力整车平台等核心技术和战略产品，推动行业细分领域抢占科技创新制高点。荣获 2018 年度国家科学技术奖 7 项，其中宁波大发化纤有限公司主持完成的“废旧聚酯高效再生及纤维制备产业化集成技术”获国家科技进步二等奖，为全省唯一一个由企业主持完成的获奖项目（图 3 - 14 - 3）。宁波方太厨具有限公司研制的“水槽式 Q6 洗碗机”获中国专利外观设计金奖。

（五）科技创新支撑产业转型升级实现新突破

科技引领新产业新动能快速发展，2018 年，宁波市高新技术产业增加值占规上工业增加值的比重达 50.2%，对规上工业增长的贡献率达 54.7%；战略性新兴产业领跑规上工业，全市战略性新兴产业实现增加值 993.6 亿元，同比增长 12.0%，高于规上工业平均水平 5.7 个百分点，其中集成电路、软件和信息服务、工业互联网等重点培育的新兴产业快速发展，宁波软件园正式开园。

（六）科技惠民共享发展水平实现新突破

加强生物医药、节能环保、现代农业等科技攻关，全球率先实现人工养殖小黄鱼产

图3-14-3　宁波大发化纤有限公司科研成果获国家科技进步二等奖

业化，攻克青蟹人工育苗难题，"甬优12"单季晚稻百亩示范方亩均产量1017.28公斤，刷新全省纪录，自主研发的杂交水稻推广面积超过600万亩，新增国家认定农业新品种16个、累计216个。促成全国首家地震科普领域院士工作站落地，连续16年获"全国市级防震减灾工作综合评比先进单位"称号。

二、2018年宁波市科技创新主要工作和举措

（一）聚焦"两迈进、八倍增"，部署开展"科技争投"攻坚行动

高起点确立科技发展目标。制定《推进"科技争投"三年攻坚行动方案（2018—2020年）》，拉高标杆、对标先进，部署实施"一转六大"创新行动，力争到2020年R&D投入、高新技术企业等8大创新指标在2017年的基础上实现倍增，率先迈进引领型国家创新城市行列，区域创新能力迈进全国第一方阵。健全完善协同联动工作机制。召开全市"科技争投"工作推进会（图3-14-4），建立"科技争投"协同推进组织架构，市级部门、区（县、市）共同参与、专班运作，建立形成每一项行动任务都有领导负责、有专班成员攻

图3-14-4　宁波市"科技争投"工作推进会

关、有联络员沟通的工作队伍;加大财政科技经费投入力度,三年安排150亿元支持“科技争投”,全年财政科技支出增长33.1%。定期开展督查与监测评价。建立项目任务落实机制,以项目管理方式形成对各项行动的监测评价;建立创新发展指标动态监测机制,每季度以展板形式对外公开主要科技创新指标,营造“科技争投、比学赶超”浓厚氛围。

(二)聚焦产业技术创新突破,组织实施科技研发引领工程

实质性实施“科技创新2025”重大专项。聚焦新能源汽车、智能器件/先进半导体及应用软件、先进材料等10个重点领域,设计200个左右项目,总投入100亿元以上;第一批8个重大专项面向全国发布,组织召开北京推介会(图3-14-5)。通过重大专项吸引集聚了市内外289个企事业单位和自然人,共365个高端创新团队,已立项支持107个项目。加快推进科技成果转化。围绕先进制造、新材料、人工智能等高新产业,引进群芯微电子芯片研发生产、航天云网云制造等高端项目20多个,国家02专项“45—28nm配线用超高纯系列溅射靶材开发与产业化”项目通过验收,康达洲际梅山健康产业园一期、中芯宁波模拟及特种工艺集成电路等项目已投产,宁海中乌高端新材料产业园开园。加快健全技术市场体系。完善宁波科技大市场运作机制,新建专业技术市场4家、累计10家,培育专家型技术经纪人57人、累计193人;征集38项成果参加省科技成果拍卖会竞拍,成交总价5496万元,同比增长144%,平均溢价率达36.9%。

图3-14-5 宁波市“科技创新2025”重大专项北京推介会

(三)聚焦高端创新资源集聚,布局实施科创平台支撑工程

加快建设高水平科研院所。先后引进北京航空航天大学宁波创新研究院、上海交通大学宁波人工智能研究院、哈尔滨工业大学宁波智能装备研究院等高水平科研机构,加快落地建设步伐;宁波瑞凌节能环保创新与产业研究院成立不到一年就下线生产全球领先的辐射制冷降温薄膜。加快建设产业创新服务综合体。统筹谋划和推进产业创新服务综合体建设,启动建设新材料、新能源汽车、精细化工等领域市级产业创新服务综合体11家、省级产业创新服务综合体8家,其中已列入省级创建类5家、培育类3家。推进高新园区创新发展。支持“一区多园”建设,宁波国家高新区入选全国首批科技资源支撑型双创特色载体、首批国家中小企业创新创业升级开发区,获批省级双创示范基地;宁波国际海洋生态科技城申报创建省级高新区。推动高校创新发

展。支持浙江大学宁波"五位一体"校区、中国科学院大学宁波材料工程学院建设，推进宁波大学加快建设"双一流"高校；宁波大学成为省级双创示范基地；浙江万里学院以第一作者在《Science》发表研究论文。

（四）聚焦产学研协同创新，构建完善区域科技创新体系

大力推进企业创新。组织开展创新型初创企业备案、科技型中小企业评价和高新技术苗子企业培育，新增创新型初创企业1976家、累计12524家，培育科技型中小企业1951家、高新技术苗子企业1039家，新认定高新技术企业618家，新上市公司中2/3为高新技术企业；加强创新型领军企业培育，认定省创新型领军企业1家、入库培育14家。加强企业研发载体建设。新建市级企业工程（技术）中心147家、市级企业研究院33家，累计分别达1488家、158家，新建省级高新技术企业研发中心72家、省级企业研究院30家，累计分别达462家和99家。加强科技合作交流。深入开展"一带一路"科技创新合作行动，组织推荐国家重点研发计划政府间国际科技创新合作项目31项，推进国际技术对接、产业联合研发，全职引进乌克兰等国家外籍院士6人，建立国际科技合作基地10家，其中国家级9家、省级1家；积极融入长三角地区一体化发展，达成沪甬科技创新战略合作，拓展与上海科技合作的广度和深度；科技招商成效明显，促成设立美国、芬兰等海外科技孵化器合作意向。开展重大科技活动。组织举办第三届中国创新挑战赛（宁波）、第七届中国创新创业大赛（宁波赛区）、2018中国（宁波）高新技术成果交易洽谈会等活动（图3-14-6），首次征集发布关键共性技术需求25项，创新挑战赛现场赛达成意向合作34项、意向金额4085万元，获全国新材料行业总决赛一等奖、二等奖各1项，推荐获奖率达85.7%，居全国第二。推进农业创新和科技扶贫。开展乡村振兴科技创新行动，科技扶贫、科技治水等科技惠民成效明显，新建国家级星创天地10家、省级星创天地7家、省级重点农业企业研究院2家、省级农业科技园区1家。深入推行"百团千名"科技特派员制度，5家单位（个人）获全省科技特派员工作15周年总结表彰大会通报表扬。

图3-14-6　第三届中国创新挑战赛（宁波）颁奖现场

（五）聚焦大众创业、万众创新，打造创新创业生态体系

加快建设双创平台。出台"众创空间—科技企业孵化器—科技企业加速器"全链

条孵化政策体系，加快发展新材料、生物医药等领域专业化众创空间，新增市级备案众创空间 16 家，其中专业化众创空间 3 家，累计分别达 85 家、16 家，省级备案众创空间达 45 家；新建市级科技企业孵化器 3 家、累计 30 家，创建首批省级海外创新孵化中心 1 家、中国留学人员创业园区孵化基地 1 个。推动科技与金融融通发展。引进设立国家科技成果转化引导基金子基金和百亿规模国投（宁波）科技成果转化基金，新成立宁波银行科技支行，累计拥有科技银行或科技金融事业部 7 家；市天使投资引导基金累计投资初创企业 221 家，引导社会资本投资 23. 5 亿元，财政资金放大效应达 12. 1 倍；搭建“银行 + 科技”信贷服务模式，科技信贷风险池规模达 9650 万元，新增专利质押融资额近 3 亿元。加强知识产权创造、运用与保护。加快建设知识产权运营服务体系，启动知识产权运营公共服务平台建设，开展专利导航、高价值专利组合和知识产权运营机构培育，完成知识产权区域布局导向目录 2 个（图 3 - 14 - 7）；加强企业知识产权管理，新增国家知识产权示范企业 1 家、优势企业 18 家，累计分别达 7 家、69 家，省、市级专利示范企业分别达 149 家、224 家；成立涉外知识产权联盟、模具知识产权创新联盟，加强专利行政执法队伍建设，深入开展知识产权联合执法。

图 3 - 14 - 7　中国（宁波）知识产权保护中心启动仪式

（六）聚焦深化科技体制改革，建设新时代科技治理体系

深入推进科技体制管理改革。结合“最多跑一次”，打造科技创新云服务平台，加强科技服务事项集成化管理和网上办理，实现信息资源互通共享、高效配置。推进科研项目经费管理改革。赋予高校和科研院所更多自主权，从下放预算调剂权限、提高间接费用比重、自主规范管理横向经费等方面，完善科研项目资金管理；推广应用科技创新券，全年发放额首次突破 4000 万元，累计发放额达 1. 29 亿元。引导激励企业加大研发投入。启动实施企业研发投入后补助，对企业研发经费支出给予每年不超过 5% 、最高 200 万元补助；推动落实企业研发费用税前加计扣除、高新技术企业所得税优惠政策，合计减免企业 2017 年度所得税 71. 6 亿元，增长 34. 7% 。

撰稿人：陈志伟（宁波市科学技术局）

第十五章　温州市

2018年是温州市科技创新的“攻坚提升年”，借助宁波温州国家自主创新示范区成功获批的重大战略机遇，在创新平台建设、创新主体培育、创新载体引进、创新难点突破、创新生态营造、创新贡献产出等方面取得了较大突破，年度目标任务提前超额完成，多项指标的绝对量、增量和增速跃居全省前3位。全市新增高新技术企业391家，累计1305家；新增省科技型中小企业1802家，累计6216家；新增产业创新服务综合体23家；实现技术交易总额204.05亿元；创新券使用金额2.69亿元；建立重点产业知识产权联盟12家，居全省第1位；发明专利授权量3415件；实现规上工业技术（研究）开发费118.22亿元，同比增长33.1%；实现高新技术产业增加值542.03亿元，占规上工业增加值的54.4%，同比增长10.9%，高于工业增加值增速2.5个百分点；实现战略性新兴产业增加值185.12亿元，同比增长10.1%；实现新产品产值1511.72亿元，同比增长28.4%；高新技术产业投资增速30.3%。

2018年，自创区“一区五园”新增省级及以上创新载体49家，新增高新技术企业157家，实现高新技术产业投资109.11亿元，高新技术产业增加值占规上工业增加值比重为65.3%，规上工业技术（研究）开发费为51.93亿元，发明专利授权量达到1383件，均超额完成全年目标任务。

一、创新平台建设有了新突破

（一）国家自主创新示范区建设加速推进

出台《关于高质量推进国家自主创新示范区建设的实施意见》及82条配套政策体系，明确自创区“一区五园”空间布局，确立以数字智造为核心的智能装备和以眼视光为核心的生命健康两大主导产业，其生产总值分别达到318.45亿元、32.56亿元。在全国率先建立了自创区建设评价指标体系。国家科技部和省委、省政府召开宁波温州国家自主创新示范区建设推进大会（图3-15-1），温州市召开了国家自主创新示范区建设研讨会、座谈会、动员大会，举办论坛、路演、技术成果推介会28场。招引重大平台、重点项目，高新区（浙南科技城）引进天心天思集团建设数字经济产业中心，与北京大学组建激光与光电子研发团队，与中国交通通信信息中心共建北斗产业基地；瓯江口产业集聚区建设欣乐加生物科技产业园、唯品会（中国）创新创业中心；市高教园区建设健康产业创新中心，高标准打造温州软件信息产业园。中国科学院大学温州研究院、温州科技金融中心、浙南云谷、乐清智能电器科技加速器、瑞安创E公社等一批亮点项目初显成效，中国眼谷、文昌创客小镇、国家大学科技园、创新创业新天地等项目正加紧建设，加快集聚更多创新资源。

图3-15-1　2018年11月30日召开宁波温州国家自主创新示范区建设推进大会

（二）多个国家级创新平台落地

温州市国家农业科技园区正式获批，乐清市成为全国首批创新型县（市），温州高新区通过国家知识产权试点园区考核验收。温州医科大学附属眼视光医院获批国家临床医学研究中心，温州医科大学再生医学与神经遗传国际联合研究中心获批国家级国际科技合作基地，温州大学成功创建国家级产教融合示范中心。

（三）省级创新平台显著增加

瑞安市创建温州市第二家省级高新技术产业园区，新申报省级产业创新服务综合体9家；新增省级企业研究院30家、排名全省第2位，累计111家、排名全省第3位；新增省级高新技术企业研发中心47家，累计358家；新增省级科技企业孵化器2家，累计8家；新增省级众创空间22家，累计41家；新增省级重点实验室1家，累计22家。浙江熊猫乳业获批省级重点农业企业研究院，泰顺县生态牧业、文成县高山果蔬列入省级农业科技园区培育。获批省级知识产权服务业集聚园区2家。

二、创新主体培育有了新跨越

（一）启动科技企业新“双倍增”三年行动计划

2018年新增高新技术企业391家，是2017年新增数的2.2倍；累计有效高新技术企业达1305家，同比增长36%，总数居全省第3位；有效高新技术企业中规上企业为1065家，相当于全市规上工业企业数的23.26%，同比增长33%。

（二）深入开展企业科技创新“三清零”

引导企业建设研发机构，组织实施53项市重大科技攻关项目，安排经费3230万元。落实企业研发经费后补助政策，共补助5.93亿元，惠及1400多家企业，带动企业研发投入59.3亿元。

(三)加速培育高成长科技企业

加快构建科技企业"微成长、小升高、高壮大"的梯次培育机制,全年新增省高成长科技型中小企业151家,累计448家,入选首批省创新型领军企业2家,申报第二批省创新型领军企业22家。

三、创新载体引进有了新起步

已引进共建国家大院名校温州联合研究院等各类创新载体200余个,建立华中科技大学温州先进制造技术研究院等实体研究院16家,实施科技项目、解决技术难题3000多项,实现技术交易额10亿元。中国科学院大学温州研究院正式揭牌(图3-15-2),与北京航空航天大学深化合作,杭州电子科技大学温州研究院、华北电力大学乐清智能电气与产业创新研究院、河北工业大学乐清技术创新方法研究院、北京绿色印刷包装产业技术研究院海西分院、浙江省高校创业学院联盟浙南研究院、海西清创园投入运营;北大-温州激光与光电子联合研发中心、武汉理工大学温州瓯江口智能水陆两栖电动车研究院、文成县现代农业与康养产业研究院、泰顺县现代农业与休闲产业发展研究院正式签约。交通安全应急信息技术国家工程实验室温州分实验室在浙南科技城成立,复旦大学温州生命科学创新中心、浙江大学温州研究院正加快落地。

图3-15-2　中国科学院大学温州研究院揭牌仪式

四、创新难点突破有了新进展

(一)加大全社会研发投入

突出抓"152"项目研发投入,瑞浦能源动力电池产业园已完成桩基工程,海洋科技创新园(一期)工程通过竣工验收,威马新能源汽车正式下线,欣乐加生物科技产业园、唯品会中国(温州)创新创业中心开工建设,温州软件信息产业园启动招商运营,乐清市生命健康产业园正式开园运营,台邦机器人核心部件项目一期结顶,科都(乐清)智能电气产业园入场施工,华峰新材料产业园建设稳步推进,瑞立汽车零部件智造项目落地。鼓励高校、科研院所申报市级重大科技创新攻关项目和市级基础性科研项目，加大成果转化激励力度，承接企业委托的横向项目。全年高校、科研院所研发投入达15.3亿元，占全市研发投入总数的13%左右。细化分解县（市、区）R&D经费投入指标，将企业申报科技计划项目及享受财政科技补助与R&D经费投入直接挂钩。

（二）深化科技开放合作

与上海嘉定率先实施高质量科技创新系列行动，共同主办长三角科技交易博览会（图3-15-3），规划建设温州-嘉定科技创新（研发）园，乐清南翔科创合作基地、瑞安安亭飞地创新港已揭牌投入运行，启用“双创券”跨区域通认通用平台，成立长三角汽车产业创新联盟。在自创区建设、全省科技资源布局等方面加强与杭州、宁波联动，协同合作，错位发展。推进世界温州人联动，成立世界温州人联谊总会科技分会，集聚海内外温籍科技人士、在温工作和服务温州产业发展的非温籍科技人士200多人。举办民营企业国际人才项目交流大会，达成200多项合作，90多项科技人才项目现场签约。推进与意大利设计人才交流合作，筹建意大利温州设计研究院。

图3-15-3　首届长三角科技交易博览会现场

（三）大力引育科技人才

温州医科大学瞿佳获国家何梁何利基金科学与技术进步奖，李校堃获国家光华工程科技奖，温州医科大学李校堃团队“我国原创细胞生长因子类蛋白药物关键技术突破、理论创新及产业化”获国家科技进步奖二等奖。浙江力邦合信智能制动系统股份有限公司韩忠华入选国家创新创业领军人才，温州医科大学梁广教授入选国家中青年科技创新领军人才，9名省“万人计划”创新创业领军人才、1支省领军型创新创业团队已通过专家答辩，有望取得历史最好成绩。温州伯纳激光科技有限公司的弗兰克博士荣获2018年度中国政府友谊奖。全市出台人才新政40条，新增“千人计划”“万人计划”等领军人才65人、硕士研究生及以上人才3083人，万人人才资源数综合评价跃居全省第2位。引进国（境）外专家智力项目和海外工程师资助申报，引智项目入选国家级1个、省级20个、市级42个；海外工程师资助项目入选省级5个、市级13个。设立4个外国人来华工作许可服务窗口，2018年成功注册用人单位311家，制发外国人工作许可证698张（包括新办、延期和转聘），办结各类业务1401笔。

五、创新生态营造有了新气象

（一）推进科技金融融合

设立14只市科投子基金，总规模23亿元，投资项目33个、金额4.83亿元。成立温州创业投资协会，举办项目路演12场。

（二）加速科技成果转化

探索技术产权交易所建设试点，温州科技大市场迁址重启（图3-15-4），率先在全省试行科技大市场运营服务规范贯标工作。组织实施发明专利产业化项目284项。

图3-15-4　温州科技大市场启动仪式

（三）强化知识产权保护和应用

启动创建国家知识产权强市，推进省级知识产权服务业集聚园区建设，成立温州知识产权仲裁院，启动温州知识产权大港湾。新增国家级知识产权示范企业2家，累计4家；新增国家级知识产权优势企业15家，累计44家；新增省级专利示范企业17家，累计104家。累计培育产业知识产权联盟12家，办理专利侵权假冒案件1334件。

六、创新贡献产出有了新作为

（一）产业创新稳步推进

全面推进传统产业改造提升，加快数字产业化步伐，北斗产业园、天心天思等一批项目落地。加大产业数字化力度，大力推进传统制造业数字化改造，形成了一批国家、省级示范试点企业和项目，瑞立集团“新能源汽车电控制动系统智能制造新模式示范项目”入选国家智能制造新模式应用项目，一鸣食品入选制造业与互联网发展示范试点企业，17家企业入选省级制造业与互联网融合发展示范试点企业。全年实现战略性新兴产业增加值 185.12 亿元，同比增长 10.1%；战略性新兴产业增加值占规上工业增加值的比重为 18.58%；战略性新兴产业增加值增速高于规上工业 1.7 个百分点。

（二）科技惠民成效显著

开展精准助企服务，组织科技人员服务企业 4185 家，“一对一”走访企业 219 家，解决技术、人才、培训等难题 3596 项，活动取得实实在在的成效。科技特派员制度实施十五年来，有力服务乡村振兴，全市累计下派省市县三级科技特派员 3038 人次，推广新技术 2266 项，引进新品种 2792 个；帮助建立各类农业协会和农民专业合作社等利益共同体 637 个，带动增收农户数达 3.2 万户。泰顺县功勋科技特派员汪自强等获省委、省政府表彰。

（三）创新氛围日益浓厚

组织温州创新创业大赛、智能制造产业高峰论坛、区块链技术和应用创新论坛等活动，举办中国（温州）-意大利设计人才专场交流会等，邀请两院院士、国家“千人计划”“万人计划”专家来温州交流。首次在中小学校实施科技创新项目，举办青少年科技夏令营。2018 年，市级以上主流媒体刊发温州市科技工作新闻报道共计 452 条，其中中央级 5 条、省级 87 条、市级 360 条。各级领导干部抓创新的意识进一步加强，全社会特别是企业和青年对科技创新的热情空前高涨。

撰稿人：夏拓坚（温州市科学技术局）

第十六章　嘉兴市

2018 年，在嘉兴市委、市政府的领导下，在各相关部门协同推进和社会各界的大力支持下，全市科技工作紧紧围绕“两区一城一走廊”建设，取得了显著成绩，科技创新对经济转型和高质量发展的支撑引领作用持续增强。全市 R&D 经费支出占 GDP 比重达到 2.72%，继续保持全省第 2 位；高新技术企业“育苗造林”专项行动、科技企业孵化之城建设专项行动确定的各项任务指标全面完成，全市孵化机构突破 100 家，国家高新技术企业突破 1000 家，省科技型中小企业突破 3000 家。

一、创新主体培育有新突破

2018 年，把培育高新技术企业作为推动全市经济高质量发展的重要基础和工作抓手，通过加大政策支持力度、建立科技企业培育库、实施高新技术企业认定上门辅导以及招商引进、引导培育、转化孵化、扶持壮大等方式，在全市科技系统各级部门的努力下，大力开展高新技术企业“育苗造林”计划，新认定国家高新技术企业 391 家，列全省第 2 位，累计 1265 家；共有 14 家企业入围省高新技术企业百强榜，列全省第 3 位；新认定省科技型中小企业 817 家，累计 3607 家；新增高成长科技型中小企业 145 家，累计 370 家；新增省级企业研究院 27 家，列全省第 4 位；新增省高新技术企业研发中心 56 家，列全省第 3 位；新建市级高新技术企业研发中心 101 家；新增国家知识产权示范企业 1 家、省级专利示范企业 21 家、市级专利示范企业 44 家。

二、创新平台建设有新进展

围绕各类创新平台尤其是高新园区建设，不断加快高新技术产业发展，全年实现高新技术产业增加值 1031.84 亿元，增长 8.6%，占规上工业增加值比重达 52.4%。

高新园区的核心载体作用进一步凸显，高新园区的发展水平稳步提升，秀洲国家高新园区在全国 157 家国家高新园区中的排名由第 60 位上升至第 55 位，在全省 8 家国家高新园区中排名第 3 位，嘉兴科技城被科技部认定为国家互联网产业国际创新园。

大众创业万众创新氛围日益浓厚，新增省级孵化器 4 家、省级众创空间 8 家，新认定市级孵化器 7 家、市级众创空间 5 家，市级以上各类孵化机构达 113 家；推进域外孵化器建设，全市已有域外孵化器 14 家，其中 3 家被评为浙江省海外创新中心；探索建立多元孵化模式，特别是依托龙头企业建设科技企业孵化器，形成了“老司机 + 新创客”的特色孵化模式，如北斗创客家、嘉欣西电产业园等，走出一条双赢的创新路。

三、创新协同发展有新动作

加快建设嘉兴 G60 科创走廊，以浙江清华长三角研究院为龙头，把全市的创新平台串珠成链，致力于打造高新技术产业集聚带和产业协同创新示范带。开展 G60 科创走廊嘉兴段的规划编制工作，对嘉兴 G60 科创走廊的战略定位、空间布局和创新要素的集聚进行整体设计，联合浙江清华长三角研究院构建 G60 科创走廊创新指标体系，并在上海 · 嘉兴周上发布（图 3 - 16 - 1）。

图 3 - 16 - 1　G60 科创走廊创新指标体系在上海 · 嘉兴周上发布

与上海开展科技人才合作交流活动 37 场次，引进科技合作项目 116 项，合同金额约 35 亿元，引进上海创新载体 22 家。积极推广使用科技创新券，嘉兴市创新券已覆盖至科技创新活动全过程，全年科技创新券确认使用额 4491 万元，增长 89%；嘉兴市作为浙沪两地科技创新券跨区域使用试点，目前已有 680 家上海机构的 10250 台（套）大型仪器可为嘉兴企业提供 1.3 万项技术创新服务。

积极实行“一院一园一基金”模式，先后引进浙江柔性电子研究院、浙江未来技术研究院、浙江军民融合研究院等重大创新载体，与上海工程技术大学签订全面战略合作协议，与同济大学共建新产品研发中心、同济大学（嘉兴）新能源汽车研究院，与浙江大学、英国爱丁堡大学合作共建生物医学高科技跨国研究中心，与上海大学共建新兴产业研究院（图 3 - 16 - 2）。

图 3 - 16 - 2　上海大学（浙江 · 嘉兴）新兴产业研究院启动仪式

四、科技融通发展有新成效

(一)以科技金融助推企业发展

在全省率先出台《嘉兴市科技保险补贴实施办法(试行)》《嘉兴市科技金融支持科技型中小企业发展的实施办法》;在全省率先开展科技金融支持企业管理服务平台建设,打通科技金融供需双方的通道;平台已有科技型企业2099家、科技金融机构11家,累计授信余额43.3亿元,贷款余额28亿元;全市全年专利权质押融资登记额21.7亿元,列全省第2位。

(二)以科技创新助推乡村振兴

列入2019年度省重点农业企业研究院1家;新认定省级星创天地3家、省农业科技企业15家、省农业科技研发中心1家;发挥科技特派员作用助推三农建设,全市科技特派员创业项目直接参与农户达4.4万余户,培训农民16.6万余人次。

五、创新生态建设有新亮点

在全省率先全面推广应用企业研发项目信息管理系统,企业可在网上实现研发项目自行填报,税务、科技部门在线审核,并对加计扣除项目进行核算。通过这个平台,实现了企业研发项目网络化管理、项目化归集、自动化核算,有效解决了研发项目普遍面临的鉴定难、信息不对称以及企业研发费用辅助账核算复杂的问题,也实现企业从"最多跑一次"到"一次都不跑",让数据在网上跑(图3-16-3)。2018年,全市已有2483家企业在系统注册,研发支出总额136.3亿元,加计扣除总额达99.4亿元,比上年增长55%。依托信息化服务平台,以财税普惠政策引导企业加大研发投入,充分释放政策红利。该项工作作为嘉兴市全面创新改革试验区的改革经验之一和科技系统深化"最多跑一次"改革的典型案例,已被省科技厅上报至省委办公厅,力争在全省范围内复制推广。

图3-16-3　嘉兴市企业研发费用加计扣除政策落实工作会议

六、科技队伍建设有新举措

积极打造“创新家园”机关服务品牌，常态化举办“创新论坛”（图 3 - 16 - 4）。先后在清华大学和市委党校举办“创新驱动发展专题研讨班”和“科技干部素质提升班”。

图 3 - 16 - 4　嘉兴市科技局“创新论坛”启动仪式

紧密结合全市“三大”活动，谋划开展“百名人才专家大走访、百家科技企业大调研、百场科技合作大对接”专项行动，共走访人才 110 余名，调研与座谈企业 300 余家，举行各类科技对接活动 215 场（次），发布科技成果 1967 项，解决企业技术难题 238 项。

撰稿人：甘人杰（嘉兴市科学技术局）

第十七章　湖州市

2018 年，湖州市科技创新工作聚焦高质量竞争力现代化，以创建国家创新型城市为目标，大力实施科技创新加速行动，在创新环境优化、创新主体培育、创新平台建设、创新资源集聚等方面加强谋划、主动作为、精准发力，全力实现科技创新再加速，支撑高质量赶超发展再提升。

一、目标任务完成情况

（一）编制国家创新型城市建设规划

完成《湖州市国家创新型城市建设规划（2018—2022）》编制。

（二）科技型企业培育

全年新增高新技术企业 122 家、累计 758 家，完成年度目标任务的 135.5%。全年新认定省科技型中小企业 606 家、累计 2496 家，完成年度目标任务的 202%。

（三）高新技术产业投资和增加值增幅

全市高新技术产业工业增加值同比增长 10.4%，列全省第 4 位，高于全省平均 1 个百分点，比全市规上工业高 1.1 个百分点，占规上工业增加值比重达到 51.6%。规上工业新产品产值同比增长 25%，列全省第 4 位；全市高新技术产业投资增幅 5.5%。

（四）众创空间建设

全年新建众创空间 75 家，完成年度目标任务的 150%。

（五）发明专利申请

全市发明专利申请量 15725 件，完成年度目标的 178.7%。发明专利授权 1831 件。每万人发明专利授权拥有量达到 32 件，列全省第 2 位。

（六）技术交易额

全市完成技术市场交易额 65.9 亿元，完成全年目标任务的 219.7%，列全省第 4 位。

二、重点工作推进情况

（一）创新生态环境持续优化

编制完成《湖州国家创新型城市建设规划》，制定出台《科技创新加速行动实施方案》,落实众创十条、人才新政等一系列创新政策。全市创新环境综合评价居全省第3位,长兴县和安吉县成功列入首批国家创新型县(全省共5个),是全省入选数量最多的设区市。全市科技研发经费投入72.65亿元,占GDP比重为2.7%。全市高新技术企业所得税减免额10.9亿元,企业研发费税前加计扣除31.4亿元。加快创新券推广运用,全市创新券发放额1.05亿元,使用额5737万元,均居全省第3位。争取2019年省科技发展专项资金6184万元,列全省第2位。举办系列创新创业大赛12场,组织举办5场科技创新政策系列培训班,为近200家科技型企业解读和宣传科技创新政策,营造了浓厚的创新创业氛围。吴兴区、德清县入选2018年度全国科技创新百强区县,安吉县成为全省首批可持续发展创新示范区。

（二）高新技术产业加快发展

制定出台《湖州市进一步扶持众创空间发展的十条意见操作细则(试行)》,完善《湖州市众创空间认定和备案管理办法》,委托第三方专业机构对市级众创空间进行评审。全市2018年新增市级认定(备案)众创空间75家(其中市本级42家),累计认定(备案)众创空间115家(其中市本级60家),入驻"双创"团队2027个,集聚"双创"人数7815人,其中大学生5103人。大力推进湖州科技城、莫干山国家级高新区和4家省级高新区建设,科技城范围内千人计划产业园、南太湖药谷研发中心、新能源创新服务综合体等4个重点工程投入运行;南浔智能机电高新园区申报创建省级高新园区。莫干山高新区推行"基地+飞地"模式,引导地信梦工场与杭州杉湖资本在梦想小镇共建异地孵化器,科创园在浙大紫金港小镇建立"飞地",目前已顺利开园并投入运营。2018年全市5家省级以上高新区实现规上工业增加值301.2亿元,同比增长12.5%。24个高新技术特色产业基地实现工业增加值382.6亿元,同比增长16.8%。制定出台《湖州市工业"双高"企业倍增暨科技型企业培育行动计划(2018—2020年)》,新增300家"双高"培育企业、70家省级高成长科技型中小企业,9家企业入围2018年度省高新技术企业创新能力百强。新增省级重点实验室(工程研究中心)2家、累计13家;新增省级企业研究院22家、累计85家,省级高新技术企业研发中心55家、累计352家,数量居全省第4位,增幅创近年新高。新认定市级高新技术企业研发中心92家。

（三）政产学研合作不断深化

召开湖州市第九届政产学研合作大会暨创新驱动高质量发展论坛(图3-17-1),市政府与中国科学院过程工程研究所、哈尔滨工程大学签订共建协议,72个合作项目成功签约。推进市政府与中国空间技术研究院、吉林大学签订战略合作协议。完成中国科学院高能物理研究所"环形正负电子对撞机(CEPC)-超级质子对撞机(SPPC)"重大科学装置专家团实地考察活动。组织企业参加2018上海工业博览会、科技对接长三角区域高校等科技交流对接活动,累计达成68项项目合作意向。以科技接轨上海为重点,积极参与G60科创走廊建设,2018年引进浙江大学、上海交通大学、复旦大学、同济大学等高校院所来湖州共建创新载体26家。实施科技成果转化项目102项,实施发明专利产业化项目243项。26项成果通过2018年省科技进步奖行业评审,其中一等奖3项、二等奖6项,创历史新高。

图3－17－1　湖州市举办第九届政产学研合作大会暨创新驱动高质量发展论坛

（四）科技资源要素进一步集聚

加强科技人才引育，出台南太湖精英计划3.0版，全年新引进市领军型创新团队21个，培育首批科技创新、创业领军人才36人。入选国家创新人才推进计划3人，入选国家"千人计划"外专项目6人、累计17人，列全省首位；入选省海外工程师37人，列全省第1位；入选省"万人计划"5人、省"千人计划"外专项目8人、省领军型创新创业团队1个。国家创新人才示范基地成功挂牌，实现零的突破。加快实施知识产权战略，长兴县、德清县、吴兴区成功入围2017年度中国知识产权领域最具影响力县域50强（全省12个）。获批国家知识产权示范企业2家、优势企业12家，新增省专利示范企业29家，列全省第1位；获省专利金奖1项、优秀奖3项，获第20届中国专利奖8项，创历史新高。出台《湖州市级科技银行管理办法》，发放科技型企业保证保险贷款1030万元，实现专利权质押融资总额5.32亿元，受惠企业51家，科技金融持续推进。

（五）科技惠民富民成效显著

农业科技平台支撑能力不断加强，安吉县"两山"农业科技园区成功列入国家级农业科技园区，湖州成为全省唯一一个拥有2个国家级农高园区的城市。南浔区绿色渔业和德清县淡水智能渔业农业科技园区列入2019年度省级农业科技园区创建名单（全省共6家），在全省率先实现省级农业科技园区县区全覆盖。长兴县生态循环农业科技园区列入2019年度省级农业科技园区培育名单。吴兴区老恒和农产品生物酿造重点企业研究院和安吉县天草植物生化利用重点企业研究院被认定为2019年度省级重点农业企业研究院，全市累计创建省级重点农业企业研究院5家，居全省第1位。制定出台《湖州市众创田园（星创天地）建设管理办法》，认定市级众创田园（星创天地）13家。

（六）机关效能和党建工作全面提升

深化"大学习、大调研、大抓落实"活动和"提标杆、破难题、助赶超"专项调研活动，认真参与市委"十问湖州"专项调研，牵头抓好"科技和人才创新活力"调研课题。

深化科技系统“最多跑一次”改革，群众满意率达到 100%，机关效能建设连续 2 个季度被评为“优秀部门”，荣获 2018 年度市对部门综合考核“一等奖”。开展“形式主义、官僚主义”专项检查，开展“党纪教育一刻钟”学习活动 25 次，做好局机关和下属事业单位党风廉政主体责任书签订和廉政风险点排查工作。全面加强科技服务，深入开展“问难帮困稳增长”活动，为企业解决具体难题 33 个，全力帮扶“双高”企业和高新技术企业发展（图 3 - 17 - 2）。

图 3 - 17 - 2 湖州市科技局深入开展“问难帮困稳增长”活动

撰稿人：华云飞（湖州市科学技术局）

第十八章　绍兴市

2018年，绍兴市认真学习贯彻习近平总书记关于科技创新的重要讲话精神，牢固树立“四个强省”工作导向，努力做强“人才第一资源、创新第一动力”，着力构建“产学研用金、才政介美云”十联动创新创业生态系统，科技主要指标高质量完成。全市研发经费支出138亿元，同比增长13%，占GDP比重达2.55%；研发人员数4万人年；高新技术产业投资额同比增长22.9%；高新技术产业增加值598.73亿元，同比增长10.1%，占规上工业增加值比重达48.5%，同比提高8.5个百分点；规上工业新产品产值2670.5亿元，同比增长23.3%；新产品产值率39.3%，同比提高3.7个百分点。被国家科技部、国家发改委列入新一批国家创新型城市建设名单。

一、强化主体培育，激发企业创新活力

积极实施科技型企业“双倍增”计划，完善“微成长、小升高、高壮大”梯次培育机制，不断增强企业竞争能力。

（一）做大高新技术企业群体

围绕企业初创、成长、发展三个阶段，加强源头孵化、初期培育、发展扶持，大力培育国家高新技术企业、高成长“双高”企业。2018年新认定国家高新技术企业323家、省高成长企业155家、省科技型中小企业1360家，均创历史新高。

（二）完善多层次研发体系建设

实施规上企业研发活动和研发机构“两个全覆盖”计划，把企业研发投入与研发机构建设作为项目申报的前置条件，把研究院、研发机构、研发团队建到企业中去，增强企业创新能力。新认定省级重点实验室1家、省级企业研究院13家、省级高新技术企业研发中心33家。鼓励企业联合大院名校加大共性关键技术攻关和技术创新，实施省重点研发项目20项、省级新产品计划1718项，13项成果获省科学技术奖。

（三）全面落实创新政策

落实省“科技新政50条”，制定《关于全面加快科技创新的若干政策》（绍兴“科技新政20条”），充分发挥财政资金“四两拨千斤”作用。2018年，全市科学技术支出31.6亿元，增长21.5%，占一般公共预算支出的5.68%。进一步落实高新技术企业所得税优惠、企业研发经费加计扣除等创新普惠性政策，全年企业研发经费加计扣除额46亿元，同比增长15%，高新技术企业所得税减免16.08亿元。推进科技资源开放共享，全年发放创新券5308万元、使用2930万元，同比增长19.3%、69.1%。

二、强化平台建设，优化创新资源配置

以科创大走廊为核心，统筹抓好高新平台整合提升和新型创新平台建设，积极打造高端引领的创新增长极。

（一）加快绍兴科创大走廊建设

制定《绍兴科创大走廊三年建设计划》，市委组织部牵头，抽调10名年轻干部，组建专班，实体化运作绍兴科创大走廊（图3－18－1）。

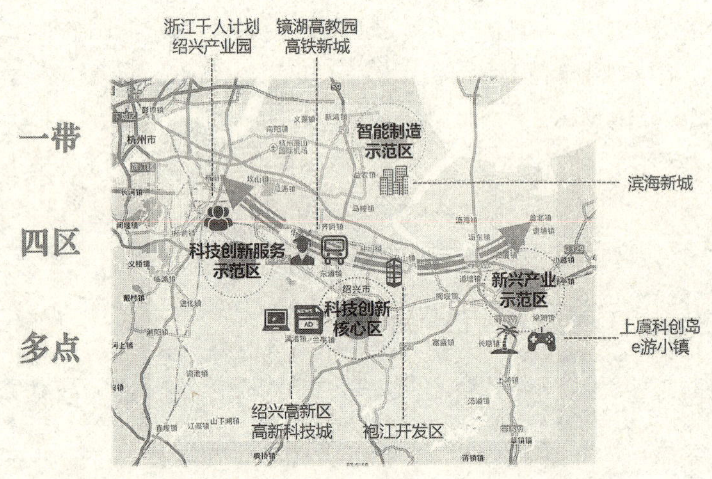

图3－18－1　绍兴科创大走廊“一带四区多点”规划

（二）推进高新园区争先创优

2018年，全市高新区发展势头良好，经济体量持续增加，高新区工业增加值达669.9亿元，居全省第3位，占地区工业增加值比重达46.65%，居全省第2位。新昌高新园区位居省级高新园区评价首位，诸暨现代环保装备高新园区、嵊州高新园区分别提高16、8位，位列第9、第16位。

（三）加快产业创新服务综合体建设

制定实施《绍兴市产业创新服务综合体建设行动计划》，按照主导产业综合体全覆盖的要求，明确29个重点领域（行业）综合体功能定位和发展目标，扎实推进柯桥现代纺织、诸暨袜业、上虞化工、新昌轴承等产业创新服务综合体建设（图3－18－2、图3－18－3），其中5家产业创新综合体新进入省创建（培育）名单，累计达7家，位列全省第3位。

（四）加快建设新型创新平台

完善科创园、孵化器、众创空间等多主体协同创新和全链条孵化体系，出台《绍兴市发展众创空间三年行动计划》，大力发展市场化、专业化、集成化、网络化的“众创空间”。新增省级科技企业孵化器4家，省级众创空间22家（全省第一），市级众创空间39家；累计建设孵化器31家，众创空间70家，形成“百家孵创”创新创业格局。

图3－18－2　浙江大唐袜业产业创新服务综合体

图3－18－3　绍兴现代纺织产业创新服务综合体

三、强化产业创新，促进科技成果转化

认真贯彻落实成果转化“一法两条例”，围绕“两业经”布局创新链，加速产业链、技术链、创新链“三链融合”，加快成果转化和产业化。

（一）实施“大院名所”建设工程

积极推广“一个产业一个研究院”模式，新引进浙江大学、武汉理工大学、杭州电子科技大学、南华大学等8家高校在绍兴建设研究院，与西安交通大学、武汉理工大学、清华大学长三角研究院、浙江大学微电子学院5家高校院所签订《战略合作协议》，新引进西安工业大学、中国计量大学等6家高校院所来绍兴建立技术转移中心，累计达45家。

（二）深化产学研合作机制

开展“千企走访”活动，对高新技术企业全覆盖摸排，提炼企业技术需求375项，开展纺织印染、智能制造、新材料、中东欧国家科技成果对接会等活动30余场（图3－18－4）。

积极拓展引智渠道、优化引智结构、提升引智效能，新增省领军型创新创业团队4家，居全省第2位；入围科技创新领军人才1名、科技创业领军人才3名，总量居全省第3位。

图3-18-4 中国·绍兴"一带一路"创新合作暨中东欧国家科技成果对接会

（三）完善技术交易市场

按照"展示、交易、服务、共享、交流"要求，加快科技大市场建设，实现市县两级科技大市场全覆盖，入驻中介服务机构94家，累计服务企业6233家，发布企业需求2536个，成交项目807个。2018年，全市参加全省科技成果竞价（拍卖）、技术难题竞标36项，成交金额3495万元；技术交易额52.25亿，同比增长283%；实施发明专利产业化项目140项。

（四）加强海外创新载体建设

积极推进日本福井海外创新孵化中心、波士顿海外孵化器建设，卧龙电气被列入2018年度浙江省海外创新孵化中心创建名单；新引进俄罗斯、白俄罗斯，乌克兰3家国际技术转移中心，新增浙江（绍兴）外国专家工作站10家。扎实推进浙江（绍兴）外国高端人才创新集聚区建设。优化高端外国人才服务举措，浙江新和成股份有限公司外国专家获批全省首张外国人才签证，外国人才确认函办理量位居全省第2位，2人入选"西湖友谊奖"，柔性引进海外工程师192名。

四、强化科技惠民，实施乡村振兴战略

坚持科技创新造福人民的价值理念，聚焦人民群众日益增长的美好生活需要，加强民生科技和服务能力建设，让科技创新惠及更多百姓。

（一）强化乡村振兴科技支撑

落实《浙江省创新驱动乡村振兴科技行动计划（2018—2022）》，制定《绍兴市创新驱动支撑乡村振兴行动计划》。农业创新载体培育工作取得新突破，新增国家级星创天地4家；新增省级星创天地5家，居全省第2位；新增省级重点农业企业研究院1

家，上虞区产业联动示范农业科技园区被确定为省级农业科技园区培育单位；巴贝工厂化养蚕省级重点企业研究院已取得阶段性成果，攻克产业核心关键技术，多次受到科技部和省委、省政府主要领导的表扬。

（二）深化科技特派员制度

制定《深化完善农村科技特派员制度的实施意见》，完善农业科技创新服务体系。2018 年，顺利完成下派科技特派员服务团队的验收工作，3 位科技特派员在全省表彰大会上受表彰。新增市级农村科技特派员团队 4 支，累计达 15 支，共 70 余人。

（三）强化社会民生科技支撑

深入实施《“811”美丽绍兴建设行动方案》，围绕绿色发展、“五水共治”、大气防治、土壤防治、节能减排等“十大行动”，组织开展一批民生科技攻关项目和成果推广应用，2018 年实施市级医卫、社发项目 154 项，省公益技术应用社会发展项目 11 项，省重点农业企业研究院项目 1 项。

（四）推进军民科技融合

成立军民深度融合综合服务中心，引进中国航天第十二研究院重大项目 17 项，组织召开首届绍兴军民融合大会暨军地对接活动，邀请近 60 位部队、军工单位、院校负责人参会，与 120 多位地方企业代表和相关部门开展项目对接，现场签约 8 个项目。组织军工保密工作管理培训、军民融合产业发展专题培训、军转民技术成果推介会等专项活动。

五、强化生态营造，完善创新服务体系

全面推进国家创新型城市建设，全方位优化创新生态环境，着力构建“产学研用金、才政介美云”十联动的创新创业生态系统。

（一）推进创新型城市建设

制定出台《绍兴市建设国家创新型城市三年行动计划（2018—2020）》等文件，围绕创新平台引领力、创新主体竞争力、创新成果转化力、创新人才集聚力、创新惠民支撑力、创新环境吸引力“六大提升行动”，建立监测和考评体系，加快建成高水平创新型城市。

（二）深化科技体制改革

加强省级全面创新改革联系点建设，印发《2018 年重点工作任务清单》，22 项重点任务稳步推进。召开全市推广新昌全面创新经验工作会议，新昌全省全面创新改革试验区建设取得突破性进展，科技创新新昌模式写进 2019 年省政府工作报告（图 3－18－5）。

（三）加强知识产权创造保护运用

深入实施知识产权战略，以全面推进国家知识产权示范城市创建为主线，提升知识产权综合管理能力。2018 年，全市专利授权量 37288 件，其中发明专利授权量 3254 件，同比分别增长 44.9%、53.6%，增速分别居全省第 2、第 1 位。国家专利金奖实现

图3-18-5　绍兴市传统产业改造提升暨推广新昌全面创新经验工作会议

零的突破。加大知识产权保护执法力度,2018年先后成立绍兴市知识产权保护研究中心、知识产权纠纷人民调解委员会。

（四）营造浓厚创新氛围

实行党政领导科技进步目标责任制考核和区、县(市)及市直开发区"一把手"年度科技工作专项述职评议制度,成立市科技创新委员会,定期审议确定重大创新战略、创新项目、创新政策,着力在全市营造推进创新的浓厚氛围。

撰稿人:王表(绍兴市科学技术局)

第十九章　金华市

2018 年，金华市以跻身国家创新型城市建设行列、成功融入 G60 科创走廊为契机，深入实施创新驱动发展战略，以“强平台引资源、育主体扶产业、优政策领创新”为主线，加快推进金义科创廊道建设，全面开展产业创新服务综合体培育，大力实施科技创新补短板行动，全力助推打赢实体经济翻身战和都市能级提升战，科技创新工作取得较好成效，为打造全省重要增长极和第四大都市区提供有力的科技支撑。

一、国家创新型城市建设全速推进，创新环境进一步优化

（一）国家高新区建设取得新进展

金义都市经济开发区成功更名为金华高新技术产业园区，为下一步建设国家高新区奠定基础。创新主体培育取得新突破。认定国家高新技术企业 285 家，创历年新高，同比增长 12.6%，其中新认定 176 家，复审通过 109 家，净增加 141 家，有效国家高新技术企业累计 682 家。认定省科技型中小企业 613 家，累计 2824 家。创新载体建设取得新成效。新建市级以上各类创新载体 44 家，全市累计 91 家，其中省级以上科技孵化器 9 家（国家级 2 家、省级 7 家），省级以上众创空间 19 家（国家级 1 家、省级 18 家），省级以上星创天地 13 家（国家级 7 家、省级 6 家）。新认定市级以上研发机构 159 家，累计市级以上研发机构 1226 家。

（二）搭建产学研合作大平台

成功举办第 17 届中国·金华工业科技合作洽谈会，106 所高校院所的 300 余位专家教授、1000 余家企业的负责人参加活动。会上发布高校院所科技成果 2395 项，签订各类合作协议 143 项，达成合作金额 3.86 亿元，较上一届增长 13.9%（图 3－19－1）。推进科技成果转移转化。金华科技大市场完成新一轮投标运营，兰溪科技大市场挂牌运行，实现县市科技大市场建设全覆盖。全市实现技术交易总额 33.5 亿元。新立项实施发明专利产业化项目 218 项，完成省考核任务的 272.5%，完成率居全省第 1 位。优化科技创新扶持政策。积极争取上级财政补助，全市获省级以上科技发展专项资金补助 1 亿元，其中获科技部补助 454 万元。兑现落实 2018 年市本级扶持企业财政科技资金 1.12 亿元。加大对企业研发投入的财政补助，鼓励引导全社会加大自主研发投入，全市共兑现财政补助金额达 1.1 亿元，惠及企业 458 家。大力推广实施创新券政策，发放科技创新券 3060 万元，确认使用 1820 万元。

图3-19-1 2018年11月13日,第17届中国·金华工业科技合作洽谈会产学研科技合作项目签约现场

二、成功融入G60科创走廊,共享合作共赢红利

2018年6月1日,G60科创走廊第一次联席会议在上海召开,金华等九地市签订共建共享G60科创走廊战略合作协议,审议通过科创走廊总体发展规划3.0版,发布《G60科创走廊松江宣言》,金华成功搭上长三角一体化国家发展战略的快车。一年来,金华市设立G60科创走廊"一网通办"服务窗口,打通了九城市间30项行政审批服务的"断头路";成功承办G60科创走廊科技创新合作圆桌会,合作共享形成共识,汇成九城市科技创新发展"并车道";G60科创走廊九城市首个产业联盟——新材料产业技术创新联盟在金华市成立,横店集团东磁股份有限公司担任首届理事长单位,为金华市新材料产业发展拓宽了"新渠道"。

三、金义科创廊道顺利推进,凝心聚力共建金华科技城

(一)合力共建金华科技城

积极探索金华科技城合作共建机制,目前,科技城建设势头良好,要素集聚开始加速。2018年,全市各县(市、区)共推荐引进产业项目22个。科创廊道内,捷孚传动已正式投产,浙大网新、石墨烯项目相继落地开工;金华理工学院纳入浙江省"十三五"高等学校设置规划。

(二)大力招院引所

2018年新签约引进四川抗菌素工业研究所金华分所、上海交通大学义乌智能技术研究院、杭州电子科技大学浦江微电子与智能制造研究院等10个高水平研发机构项目,其中四川抗菌素工业研究所金华分所是金华市签约引进的首个民办事业科研机构。聚力高新产业发展,全市在建高新产业项目76项,其中投资总额超20亿元的项目有24个。2018年,万里扬新能源驱动、花园生物、众泰福特等8个20亿元以上重大高新产业化项目开工建设。

四、产业创新服务综合体建设全面开展，全产业服务链不断完善

制定出台《金华市产业创新服务综合体建设三年行动计划（2018—2020 年）》《金华市产业创新服务综合体建设管理办法》。2018 年，金华市永康五金、义乌饰品列入第一批省级创建名单，磐安中药材、东阳横店影视文化、武义电动工具通过第二批省级创建答辩。启动市级产业创新服务综合体建设，建设第一批市级产业创新服务综合体 8 家，全市目前在建各类产业创新服务综合体 18 家。

五、国家知识产权示范区建设取得新进展

10 月 26 日，金华市作为全省唯一推荐单位申报创建国家知识产权示范城市。发明专利申请和授权量大幅增加。全市发明专利申请量 8716 件，增幅 85.5%，居全省第 1 位；授权发明专利 1649 件，同比增长 28.3%。全市万人发明专利拥有量达到 10.26 件。知识产权保护进一步强化。提升重点产业和专业市场的知识产权保护水平，义乌获批筹建国家级小商品知识产权快速维权中心。深化“双随机”工作，启动 2018 年专利执法维权专项行动，省市县三级联合执法，加大对专利侵权行为的打击力度（图 3－19－2）。知识产权转化运用加快。东阳浙江博嘉阳光家居有限公司、义乌浙江中国小商品城集团有限公司列入第五批国家知识产权保护规范化培育市场。全市新认定国家知识产权示范企业 1 家、优势企业 4 家，省专利示范企业 7 家，市专利示范企业 65 家。

图 3－19－2 2018 年 4 月 20 日，2018 年专利执法维权专项行动执法检查现场

六、深入实施乡村振兴战略，大力推动科技兴农

（一）加强农业科创平台建设

金东区水果花卉农业科技园区列入 2019 年度省级农业科技园区培育对象。2018 年，全市认定市级以上农业科技企业 26 家，累计达 382 家；新增市级以上农业科技研发中心 6 家，累计 167 家；新认定国家星创天地 3 家、省级星创天地 4 家，省级认定数居全省第 3 位。

(二)深化科技特派员工作

在 10 月 15 日召开的浙江省科技特派员工作 15 周年总结表彰会议上,金华市武义县科技局、磐安县科技局被授予“浙江省科技特派员工作先进集体”。金华市在任科技特派员共有 133 人,其中省级 35 人、市级 59 人;法人科技特派员 10 个;团队科技特派员 16 个。举办科技文化卫生“三下乡”活动,会同市科协、宣传部、原卫计委、医院、农科院等单位部门开展科技科普宣传、农业新产品推广、医疗义诊服务等活动。参与公众达 1.63 万余人次,发放宣传资料 1.25 万余份(册),举办科技培训 60 多场次,参训农民 1200 余人次;开展义诊活动 10 次,惠及民众 100 多人次。

(三)积极开展防震减灾活动

围绕纪念汶川地震十周年和全国防灾减灾日,组织县(市、区)参加防灾减灾知识竞赛、普及地震逃生知识等科普活动,增强群众防震减灾意识,提高全社会防震减灾能力,全市 300 所中小学校 20 万余名师生参加。

七、深化产学研合作,加快科技成果转移转化

(一)加强技术转移中心建设

2018 年,新签约引进西安交通大学金华技术转移中心,与浙江大学、浙江工业大学、上海大学等 11 家院校续约签订技术转移中心协议。加强军民融合发展,金华市“高强度结构材料及制品——空投型通用弹药包装箱的研制”和“面向军方需求的玄武岩纤维产业化关键技术研究”2 个项目列入首批军民融合重点研发项目,立项数居全省第 3 位,项目申报立项率居全省第 1 位。

(二)加强国际科技交流合作

深化与芬兰医疗服务设计管理与建设研究中心的技术交流。义乌光电信息科创园获评 2018 年度浙江省国际科技合作基地。承办国际智能医疗健康产业论坛活动,达成意向签约落地项目 2 项。

八、聚焦创新第一要素,加强科技人才工作

(一)推荐一批高层次人才

积极推荐申报省领军型创新创业团队 1 个,省“万人计划”杰出人才 1 名,科技创新、创业领军人才各 5 名。

(二)表彰一批高素质科技型企业家

评选第二届“科技婺商”10 名,树立创新创业的婺商典范。

(三)培育一批“潜力型”创业创新人才

工科会期间,启动首届“婺星回归”创业大赛并同步举办金华分站赛,以赛带选择优评选一批“婺星”人才,享受金华“双龙计划”人才项目政策和专项落地服务。

(四)引进一批专家教授入企帮扶

组织开展新一轮百博入企工作,聚焦供需两端,积极牵线搭桥,引进专业型院校博士、教授入企开展科研攻坚,突破核心技术。

撰稿人:刘超(金华市科学技术局)

第二十章　衢州市

2018年,衢州市科技工作紧紧围绕"1433"发展战略体系,坚持"环境、人才、平台、项目"四位一体,深入实施创新驱动发展战略,以科技创新助推"活力新衢州、美丽大花园"建设。

一、持续推进科技体制改革,激发创新活力

(一)加大科技创新政策有效供给

印发实施《衢州市促进科技成果转化若干规定》,鼓励研究开发机构、高等院校、企业等创新主体及科技人员转移转化科技成果。制定出台《推进创新生态体系建设若干政策意见的实施细则(试行)》《龙头标杆企业培育政策、竞争分配财政专项资金实施细则》《衢州市发明专利奖励实施办法》等一系列政策性文件,从初步实践情况看,科创大专项的实施取得了预期效果,在2019年省级重点科研计划项目竞争评审中,衢州市有29个项目列入省级计划,争取首期经费2427万元,立项数、经费数均为近几年最高水平。新修订出台《科技金融合作贷款工作方案》,结束了近4年的试点探索,正式全面推开,贷款规模由2亿元扩容到6.4亿元,贷款银行由1家增至8家,科技金融合作贷款更快更便捷。2018年根据新政策下达科技项目经费5290万元。

(二)继续深化"最多跑一次"改革

制定出台《衢州市科学技术局深化"最多跑一次"改革实施方案》,与浙江省科技信息研究院共同建设衢州市科技创新云服务平台,对外承诺的10项政务服务事项均进入行政服务中心窗口实行"无差别受理"。制定《衢州市"数字科技"建设试点方案》,启动"数字科技"建设。

二、持续推进创新平台建设,优化创新布局

(一)加快建设科创金融小镇

加快策划小镇整体设计方案,快速推进人才社区项目建设。市委、市政府主要领导以及市政府分管领导先后听取科创金融小镇规划设计成果汇报,市长办公会审议通过人才社区项目建设方案,明确了项目功能定位、项目选址、建设主体、建设模式、供地方式等内容。

(二)谋划建设产业创新服务综合体

制定出台《衢州市推进产业创新服务综合体建设三年行动计划(2018—2020年)》和《衢州市产业技术创新公共服务平台(产业创新服务综合体)认定管理实施办法》,

实施省市县三级梯度培育。氟硅钴新材料、龙游特种纸和常山油茶3家产业创新服务综合体列入省级创建名单，占全省创建数的8.8%，认定7家市级产业创新服务综合体（表3－20－1）。

表3－20－1　衢州市2018年新增省、市产业创新服务综合体

序号	名称
1	浙江省衢州氟硅钴新材料产业创新服务综合体
2	浙江省常山油茶产业创新服务综合体
3	浙江省龙游特种纸产业创新服务综合体
4	衢州市空气动力装备产业创新服务综合体
5	衢州市柯城柑橘产业创新服务综合体
6	衢州市衢江放心农产品产业创新服务综合体
7	衢州市龙游特种纸产业创新服务综合体
8	衢州市江山输配电产业创新服务综合体
9	衢州市常山油茶产业创新服务综合体
10	衢州市开化茶叶产业创新服务综合体

（三）推进省级高新区建设

指导各县（市、区）创建省级高新区，江山市获批创建智能装备技术省级高新园区，龙游县创建省级高新园区方案已上报省政府，衢江区启动申报创建。常山县获批省首批可持续发展创新示范区。同时，市县联动做好众创空间、孵化器“双清零”工作，2018年新增1家省级科技企业孵化器、4家省级众创空间（表3－20－2）。

表3－20－2　衢州市2018年新增省级科技企业孵化器、众创空间

序号	名称	区域	备注
1	衢州颐高科技创业园	市本级	科技企业孵化器
2	中国（衢州）网红星耀城	柯城区	众创空间
3	衢江科技创新孵化园	衢江区	众创空间
4	易云众创空间	开化县	众创空间
5	开化县万腾大学生创业园	开化县	众创空间

三、持续推进创新主体培育，点燃创新引擎

（一）着力实施科技企业“双倍增”行动计划

多次举办高新技术企业培训班，指导企业材料申报工作。邀请浙江省高新技术企业协会到衢州召开投资合作交流会，签订了全面战略合作协议并在衢州设立办事处。2018年新申报国家高新技术企业通过省级评审80家，完成全年任务数的200%，创历史新高，重新认定国家高新技术企业通过省级评审41家。新认定省科技型中小企业276家，完成全年任务数的172.5%，总数达到1072家。

(二)实施新一轮"双百"科技型中小企业"登高计划"

新修订《"双百"科技型中小微企业"登高计划"实施方案》,遴选200家科技型中小微企业列入培育库,组建企业科技特派员团队,召开市区科技特派员座谈会,动员科技特派员团队入企开展梯度培育、分类指导、精准服务,推动入库企业营收规模和创新能力逐级登高。257家企业完成国家科技型中小企业入库,新增高成长科技型中小企业68家。

(三)企业创新能力持续增强

引导企业不断加大科技投入,成立研发机构,推动企业加强科研条件与人才队伍建设、新产品研发与产业化和产学研体系建设,企业科技创新能力不断提升。2018年,新认定市级研发中心24家,总数达221家;新增省级高新技术企业研发中心9家、省级企业研究院10家。由衢州市企业作为第一完成单位的科研成果获2018年度省科技进步奖一等奖1项、二等奖1项、三等奖3项,创15年来最好成绩。2018年,衢州市高新技术产业投资额增幅达到32.6%,远超10%增幅的指标任务。

四、持续推进产学研合作,提升区域创新能力

(一)着力推进浙江大学工程师学院衢州分院和浙江大学衢州研究院项目建设

5月30日,在全省山海协作工程推进会上,衢州市政府与浙江大学签订共建协议,浙江大学衢州研究院已注册成立并开始进入运行阶段。12月28日,举行衢州市人民政府和浙江大学新一轮市校战略合作协议签署暨浙大衢州"两院"揭牌仪式,市校合作进入更深层次、更加富有成效的合作阶段。以浙江大学"两院"建设为契机,召开浙江大学-衢州市化工新技术合作对接会,搭建浙江大学与衢州市企业合作桥梁,助推科研项目的转化和落地(图3-20-1)。

图3-20-1 2018年12月28日,衢州市人民政府和浙江大学新一轮市校战略合作协议签署暨浙大衢州"两院"揭牌仪式现场

(二)积极打造山海协作"升级版"

根据《山海协作科技合作协议书》内容,不断深化与杭州市科技局的互动合作,打造杭衢山海协作升级版。10月24日,在绍兴-衢州山海协作工程工作座谈会上,衢州市科

技局与绍兴市科技局签署《绍衢科技合作协议》,双方围绕产业资源共享、技术市场、科技项目、知识产权示范城市培育指导、农业科技互动等方面开展合作。

(三)深化产学研对接交流

四川省绵阳市副市长孙福全一行到衢州市进行东西部科技协作对接,在衢州市-绵阳市东西部科技协作座谈会上签订《衢州市科技局 绵阳市科知局战略合作框架协议》。组织召开浙江省·静冈县企业管理研讨会,组织企业参加第十三届中国重庆高新技术交易会暨第九届中国国际军民两用技术博览会、第二十届中国国际高新技术成果交易会、第二届陕西"一带一路"科技创新创业博览会等8次对接活动。加强与中国科学院过程工程研究所、中国科学院宁波材料技术与工程研究所、中国科学院广州能源研究所以及西安交通大学、同济大学、浙江清华长三角研究院等高校科研院所的对接交流。2018年,衢州市技术交易合同额达16.55亿元,完成全年任务的185.7%。

五、持续推进创新环境建设,浓厚创新氛围

(一)推进国家知识产权示范城市培育创建工作

召开国家知识产权示范城市培育工作推进会,组织"4·26"知识产权周活动,制定《衢州市知识产权政策实施管理办法》。衢州国家高新区和衢江区通过省知识产权示范区验收评估。衢州市企业共2件发明专利获2018年度浙江省专利金奖,11家企业被新认定为2018年浙江省专利示范企业,开展专利权质押融资3.1亿元、服务企业21家。2018年,全市发明专利申请1994件,完成全年任务的123.7%,发明专利授权667件,完成全年任务的106.38%。深入推进《衢州市开展国家知识产权示范城市培育工作方案》贯彻落实,实施规上工业企业专利"清零"三年行动计划,省市县三级联合开展专利执法,查处商品流通领域假冒、侵权案件。

(二)严格贯彻执行促进科技成果转化"一法两条例"

根据"一法两条例",衢州市相继出台《关于进一步完善市财政科研项目资金管理等政策的实施意见》《衢州市促进科技成果转化若干规定》《衢州市开展国家知识产权示范城市培育工作方案》等文件。衢州市科技局相关处室赴市内高校院所、企业宣讲解读"一法两条例"和《衢州市促进科技成果转化若干规定》等法规政策。9月,省人大常委会姒健敏副主任在衢州市开展促进科技成果转化"一法两条例"执法检查时,对衢州市科技成果转化工作给予高度肯定。

(三)开展"科技好故事"征文大赛

开展"科技好故事·活力新衢州"征文大赛并组织召开座谈会进行表彰。省科技厅厅长高鹰忠在"5·30"全国科技工作者日,走访"科技好故事"主人翁,慰问基层一线的科技工作者,营造了全社会科技创新浓厚氛围。

六、持续推进民生科技发展,助力乡村大花园建设

(一)制定出台创新驱动乡村振兴"3+4"计划

制定《衢州市实施创新驱动乡村振兴"3+4"专项计划方案(2018—2020)》,争取到

2020 年,实现农业创业创新平台建设三个“县域全覆盖”[省级现代农业科技园区(省特色小镇)县域全覆盖,省级以上星创天地县域全覆盖,市级以上农业公共技术创新服务平台(综合体)县域全覆盖],“四个一百”[选派省、市农村科技特派员 100 名,培育农业科技型企业、农业龙头企业 100 家,推广农业农村新品种新技术 100 项,举办农村科技(科普)活动 100 场]。柯城区柑橘产业农业科技园区列入 2019 年度省级农业科技园区创建名单,浙江茗皇天然食品开发股份有限公司被认定为省重点农业企业研究院,新增国家级星创天地 3 家(表 3 - 20 - 3)。

表 3 - 20 - 3　衢州市 2018 年新增国家级星创天地名单

序号	企业名称	备注
1	开化县开化生态牧原星创天地	开化县
2	柯城区柴家合作社柑橘产业链科技创新服务园星创天地	柯城区
3	江山市江山如画生态农业星创天地	江山市

(二)扎实推进科技特派员工作

制定出台《衢州市农村科技特派员管理办法》,进一步完善对市级农村科技特派员队伍的管理。组织 2018 年市科技特派员项目申报,首次通过省科技云服务平台申报科技特派员项目,并将项目经费由 2 万元提升至 5 万元,特派员项目痕迹化管理更加规范,项目实施进度更加可控,项目示范带动效应更加明显。

(三)加强科技人才队伍建设

继 1 月份巨化集团和金昌纸业两支团队荣获省领军型创新团队、衢州市实现零的突破之后,开化华康药业团队获评省领军型创新团队。组织召开重点创新团队座谈会,联合市委人才办等单位对 22 家三年建设期满的市重点创新团队进行考核,开展首批衢州市首席技术官考核和第二批首席技术官评选。在向企业选派科技特派员的基础上,组建企业科技特派员团队,为衢州市转型升级、高质量发展提供人才支撑(图 3 - 20 - 2)。

图 3 - 20 - 2　2018 年 6 月 5 日,企业科技特派员业务培训班现场

撰稿人:毛晓翠(衢州市科学技术局)

第二十一章　舟山市

2018年，舟山市科技工作深入贯彻落实习近平新时代中国特色社会主义思想，以"八八战略"为指引，聚焦"高质量、竞争力、现代化"和海洋科技主战场，狠抓"创新舟山"建设，深入实施创新驱动发展战略，努力打造全新的"产学研用金、才政介美云"十联动创新创业生态系统，科技创新工作取得了一定成效，科技对经济发展的支撑作用不断增强。

一、2018年省对市科技创新考核主要指标

2018年，新增高新技术企业43家，同比增长16.22%；新增科技型中小微企业163家，同比增长1.24%；高新技术产业投资全年增幅95.2%；高新技术产业增加值131.65亿元，同比增长5.2%；发明专利申请量3784件，同比增长3.7%；授权专利2216件，同比增长15.42%，其中发明专利508件，同比增长1.4%；发明专利产业化项目40项，技术交易总额17.23亿元（表3-21-1、表3-21-2）。

表3-21-1　舟山市2018年科技创新主要指标完成情况

考核指标	规上工业新产品产值（亿元）			高新技术产业增加值（亿元）		
	2018年目标	全年统计数据（完成比例）		2018年目标	全年统计数据（完成比例）	
全省	29060	25049.9	86.2%	6185	7542.8	122.0%
舟山	356	149.4	42.0%	192	68.6	35.7%
考核指标	新增高新技术企业（家）			新增科技型中小微企业（家）		
	2018年目标	全年统计数据（完成比例）		2018年目标	全年统计数据（完成比例）	
全省	1500	—	—	6000	10539	175.7%
舟山	36	43	119.4%	144	163	113.2%
考核指标	高新技术产业投资（亿元）			技术交易总额（亿元）		
	2018年目标	全年增幅		2018年目标	全年统计数据（完成比例）	
全省	10%	—	22.6%	473	989.3	209.2%
舟山	10%	—	95.2%	6.1	17.23	282.5%

说明：目标依据浙江省人民政府《关于印发加快推进"一转四创"建设"互联网+"世界科技创新高地行动计划的通知》（浙政发〔2016〕24号），技术交易总额目标为"示范区"考核指标。

表3-21-2　舟山市各县(区)2018年科技创新主要指标完成情况

考核指标	2017年全社会R&D经费(亿元)			2017年全社会R&D人员			2018年高新技术企业(家)			2018年科技型中小企业(家)		
	2017年目标	全年统计数据(完成比例)		2017年目标	全年统计数据(完成比例)		2018年目标	全年统计数据(完成比例)		2018年目标	全年统计数据(完成比例)	
全市	20	14.11	70.6%	4642	4700	101.2%	40	45	112.5%	144	163	113.2%
新城管委会	—	—	—	—	—	—	5	5	100%	8	12	150%
集聚区管委会	—	—	—	—	—	—	6	6	100%	10	12	120%
普-朱管委会	—	—	—	—	—	—	1	1	100%	2	2	100%
定海	—	5.7	—	1975	2368	119.9%	11	12	109.1%	42	45	107.1%
普陀	—	5	—	1313	1526	116.2%	11	11	100%	42	52	123.8%
岱山	—	3.1	—	461	772	167.5%	6	6	100%	30	30	100%
嵊泗	—	0.1	—	22	21	95.5%	1	2	200%	10	10	100%

二、主动融入经济发展主战场,科技支撑高质量发展取得新成效

2018年,舟山市把科技创新作为催生新动能的源泉和推动传统动能转型升级的根本手段,大力提升科技创新能力,加快新旧动能转换和高质量发展。

(一)"创新舟山"建设成效显著

国家战略实施取得新成效,自贸试验区探索形成59项制度创新成果,6项在全国复制推广;波音完工和交付中心成功交付首架737MAX飞机,被誉为波音速度(图3-21-1)。产业转型升级精准发力,百项"机器换人"计划进展顺利;制定了五大传统产业转型升级方案、船舶高质量发展行动计划和扶持民营经济发展等政策,促进传统产业向高端化、绿色化、智慧化发展。着力促进"大众创业、万众创新",不断提升自主创新能力,大力优化创新生态环境,抢抓新机遇、培育新动能、发展新产业、引领新常态,砥砺奋进、加快发展,打开了创新驱动发展的全新局面。

图3-21-1　2018年12月15日,舟山波音737MAX完工和交付首架飞机

(二)重大科技专项深入实施

由浙江大学海洋学院研发攻关的世界首台应用270度电动变桨技术和水下视频技术的300千瓦海洋潮流能发电机组,在摘箬山海洋科技示范岛顺利并网发电运行,该项目首创半直驱水平轴海流发电新机型,在国内外产生了广泛的影响。主动设计支撑"五大会战"行动计划重大项目"石油化工现货交易结算仓储一体化系统开发与应用",推进了大宗商品现货交易商业模式创新,为打造浙江自贸区石油化工的"舟山指数"奠定了基础。

(三)科技创新主体培育成效显著

科技创新主体培育创历史新高,全年新增高新技术企业43家、科技型中小企业163家。科技招商工作持续推进,全年引进市外资金2.27亿元。企业核心竞争力提升取得新实效,全市规上工业企业研发机构设置率连续四年位居全省前列,2018年新增省级高新技术企业研发中心5家、省级企业研究院2家;累计建成省级高新技术企业研发中心54家、省级企业研究院22家。同时,科技创新政策有效落实,2018年,全市累计享受研发费用加计抵扣企业达170家以上,加计扣除超4亿元;享受高新技术企业减免43家,减免所得税超1亿元;发放创新券1998.47万元。

三、不断提升平台创新服务能力,区域创新呈现新局面

2018年,舟山市着眼于全面提升区域创新能力,依托现有科技资源优势,加大核心资源整合力度,强化创新平台建设,大力提升创新平台的层级,充分发挥创新平台的作用。

(一)舟山国家高新区创建取得阶段性成果

舟山国家高新区已进入国家科技部等部委审核、国务院审批环节,有望在2019年获批(图3-21-2)。

图3-21-2　2018年6月15日,科技部专家组来舟山调研国家高新区创建工作

(二)舟山现代海洋产业创新服务综合体加快建设

高质量打造了舟山海洋生物、海洋电子信息两大产业创新服务平台,整合研发场地 6.4 万平方米,为企业提供检测 11835 次,对外服务企业 2254 家次,为企业新增产值近 1500 万元(图 3－21－3)。

图 3－21－3　2018 年 6 月 20 日,省科技厅党组书记何杏仁调研舟山科技创新工作

(三)创业孵化体系逐步形成

有效构建了“众创空间—孵化器—加速器—科创园区”的创业孵化链条,“双清零”工作顺利开展,目前已建设培育科创园区 5 家、众创空间 15 家(其中省级以上 11 家),创业孵化面积近 33.4 万平方米;舟山市首个飞地孵化器——智慧海洋协同创新中心(舟山)在杭州设立,开启舟山市异地孵化新模式。

四、聚焦技术攻关与成果转化,科技创新实力取得新提升

2018 年,围绕舟山群岛新区系列国家重大战略落地、传统产业提升、新兴战略产业发展,大力开展科技攻关和成果转化。

(一)向上争取科研经费支持取得新成绩

帮助林东潮流能发电项目成功获得 2018 年国家财政补助计划 7200 万元;争取省级以上科技项目资金 8000 万元,其中舟山现代海洋产业创新服务综合体首期到位资金 2500 万元;2019 年度省竞争性重点研发计划项目立项 11 项,获省科技经费支持 2000 多万元,为该类项目历史之最。

(二)科技攻关实现三个“零突破”

国内首艘江海直达船“江海直达 1 号”完成 2 万吨铁砂运载,实现江海联运首航零突破;浙江省海洋开发研究院研发水解型无锡自抛光防污涂料,打破国外技术垄断,实现该领域国内空白填补零突破(图 3－21－4);彩虹鱼深海装备科技有限公司突破载人舱和中空半球形视窗关键技术,成功研制载人观光潜水器,实现国产载人观光潜水器零突破。

图 3－21－4　2018 年 7 月 26 日，海洋船舶防污涂料成果转化推介会

（三）科技成果拍卖创历史新高

科技成果竞拍交易 15 项，竞价金额达 2970 万元，创历史之最。

（四）科技改善民生福祉取得新进展

2018 年，把实施科技项目作为科技惠民和乡村振兴的总抓手，立项涉渔农业领域省级以上科技计划项目 10 项，争取科技经费 1000 多万元；安排涉渔农业领域市级科技项目 27 项，科技经费支持达 500 多万元。

五、扎实推进对外科技合作交流，产学研协同创新呈现新气象

2018 年，舟山市科技工作不断探索对外合作交流新模式，不断拓宽合作领域、延伸合作深度、拓展合作广度，充分发挥各方优势，将产学研的合作真正转化为内在需求，提高了技术创新效率。

（一）国家级合作平台优势有效激发

国家海洋科技国际创新园成功与德国、美国等开展技术合作；国家海洋科技国际创新园、国际科技合作基地先后吸引挪威诺德兰郡郡长、美国阿肯色大学教授等高端智力来访交流。

（二）载体建设取得新突破

新成立上海海洋大学远洋渔业工程技术研究中心舟山分中心，新签约共建江苏科技大学技术转移中心等 3 个高质量创新载体（图 3－21－5）；由浙江省海洋开发研究院、海力生集团有限公司、浙江海洋大学联合共建的管华诗院士专家工作站被评为“2018 年全国模范院士专家工作站”，是全国至今唯一一家以产学研联合共建形式入选的全国模范院士专家工作站，实现舟山市获此殊荣的院士专家工作站零突破。

图 3 – 21 – 5　2018 年 7 月 20 日，江苏科技大学技术转移中心舟山分中心揭牌仪式

（三）对外交流活动日益活跃

联合举办"现代海洋设施养殖国际学术论坛暨中国水产学会鱼类工业化养殖专业委员会第三届学术研讨会"等四场高层次国际学术论坛，积极吸纳合作交流的外溢资源（图 3 – 21 – 6）。

图 3 – 21 – 6　2018 年 11 月 11 日，现代海洋设施养殖国际学术论坛暨中国水产学会鱼类工业化养殖专业委员会第三届学术研讨会

（四）特色资源主动对外输出

主动对接"一带一路"倡议，浙江国际海运职业技术学院和当地海洋类大学合作开办浙江 – 乌克兰国际海事学院和浙江 – 巴布亚新几内亚国际海事学院，加快优质海事教育和科技资源向海外输出。

六、加快科技创新人才引培，人才队伍建设形成新态势

2018 年，舟山市科技工作坚持创新驱动人才支撑，通过搭建平台聚人才、拓展渠道引人才、狠抓项目育人才、优化环境留人才等举措，积极引进培育高层次创新人才和高质量科创团队。

(一)领军人才(团队)招引取得新实效

通过举办“第二届中国浙江舟山群岛新区全球海洋经济创业大赛”等高端招引活动,吸引“5313”行动计划科技创业领军人才项目落户30个以上(图3-21-7)。

图3-21-7　2018年5月29日,第二届中国浙江舟山群岛新区全球海洋经济创业大赛启动仪式

(二)育才用才实现五个“零突破”

浙江省海洋开发研究院院长郑斌荣获浙江省特级专家称号,实现舟山市本土自主培育首位特级专家零突破;国家“千人计划”专家徐志伟领衔的“海洋电子信息技术创新团队”,入选省领军型创新创业团队,实现舟山市省领军型创新创业团队零突破;由浙江省海洋开发研究院科研项目团队攻关的发明专利“一种利用金枪鱼下脚料制备鱼油的方法”和软课题项目“浙江舟山群岛新区海洋科技发展战略研究”分别荣获省专利奖和省科学技术进步奖三等奖,实现舟山市海洋生物领域发明专利和软科学领域获省奖两个零突破;首次探索“软引进”国家级战略团队与地方智力合作,申报2项软科学研究项目获国家知识产权局立项,实现舟山市申报自贸试验区知识产权研究国家级知识产权软课题零突破。

(三)推荐高端人才创历史新高

2018年,已推荐申报国家、省“千人计划”“万人计划”,省领军型创新创业团队C类及以上层次人才17名,创历史新高。

七、稳步推进科技体制机制改革,创新体系建设取得新进展

2018年,舟山市科技工作围绕“创新管理机制、增强创新动力、激发创新活力”,深入贯彻实施国家及省、市出台的系列深化科技体制改革政策,推进科技改革取得新成果。

(一)重点改革举措取得新成果

地方科技立法工作开启先河,《舟山市创新发展促进条例(暂名)》列入市人大2018年度立法调研项目,将科技创新制度供给上升到法律保障高度。知识产权试点城市建设顺利推进,首次开启自贸试验区重点产业专利导航工作,中国(浙江)自贸试验区知识产权综合服务平台运行良好。

(二)科技创新服务精准实施

中小微型科技企业帮扶计划精准实施，开展科技型中小企业大调研，实现626家企业调查全覆盖，构建个性问题派单解决、共性问题协同解决等机制；建立市领导对口帮扶重点科技型中小企业制度、科技型中小企业和创新型人才座谈例会制度。

(三)科技资源管理服务市区一体化体系已初步构建

科技资源管理服务市区一体化体系建设加快推进，极大提升了科技资源的共享性和利用率，有效提高了全市整体创新能力和创新绩效。

(四)科技成果转化长效激励机制有效施行

2018年，舟山市出台《关于进一步完善市财政科研项目资金管理等政策的实施意见》，鼓励成果主要创造者的收益比例不得低于70%。《浙大海洋中心促进科技成果转化实施办法》试行效果良好，已转让4项专利成果，成交金额共计77万元。

撰稿人：远飞(舟山市科学技术局)

第二十二章　台州市

2018 年，台州市科技工作认真贯彻落实中央和省、市的决策部署，紧紧围绕高质量发展要求，深入实施创新驱动发展战略，以科技新长征为抓手，大力建设创新平台、培育创新主体、促进成果转化、优化创新环境，高新技术产业增加值增速、高新技术产业增加值占规上工业增加值比重、新产品产值增速等多项指标居全省前列，全市科技创新综合实力实现新提升。

一、着力建平台，高端创新资源不断集聚

（一）重大平台建设实现新突破

推进高新园区“以升促建”，台州高新区创建国家高新区工作通过了科技部专家组的实地评估，并得到专家组的充分肯定（图 3 - 22 - 1）。2018 年，台州高新区的工业增加值、高新技术产业增加值、新产品产值、装备制造业增加值四项指标增速居全省 39 个高新区之首，综合实力列第 14 位。投资 20.9 亿元的台州科技城科创综合区一期项目已竣工。

图 3 - 22 - 1　国家科技部专家组实地评估台州高新区创建国家高新区工作

（二）创业创新服务平台量质提升

出台《台州市产业创新服务综合体行动方案》，新创建温岭泵业、三门橡胶、玉环水暖阀门、临海现代医药化工省级产业创新服务综合体 4 家，累计创建 6 家，覆盖了台州七大千亿产业的四大产业。其中，椒江、黄岩、三门分别获得 5000 万元的省财政专项激励资金。新创建市级产业创新服务综合体 11 家。深化校地、院地合作，新引进共建浙江工业大学台州研究院、中国科学院上海有机所黄岩创新中心、同济大学科技成

果转移转化台州中心等科创平台16家,南方科技大学台州研究院、台州·深圳创新中心揭牌运行(图3－22－2)。出台《台州市级科技创新平台绩效考核评估办法(试行)》,通过加强绩效考评,强化对科创平台的管理,释放服务效能。

图3－22－2 南方科技大学台州研究院揭牌运行

(三)孵化平台扩面提质

进一步加强对众创空间的培育、管理和指导,全市新增台州北大科技园众创空间、台州星空众创空间等省级众创空间11家,新增数为历年最高。探索向北京、上海、深圳、杭州等地借脑借智,首家"飞地孵化器"落地杭州滨江,已有遥感操作机器人、水下无人机、无线充电及AI应用、新能源汽车电池温度控制系统、裸眼3D等项目入驻孵化。

二、着力育企业,产业创新活力持续增强

(一)创新型企业增长较快

深入实施科技企业"双倍增"行动计划,积极完善"省级科技型企业—高新技术企业—创新型企业"的阶梯式培育机制,不断壮大创新主体队伍。杰克缝纫机股份有限公司、浙江双环传动机械股份有限公司入选第二批省级创新型领军企业,全市累计4家,居全省第3位。新增国家重点扶持的高新技术企业163家,新增数为历年最高;新增省级科技型中小企业865家。

(二)企业研发机构加快建设

支持医药化工、智能制造、新材料等领域高新技术企业建设高水平研发机构,新增各类企业研发机构282家,其中省级重点实验室(工程技术研究中心)1家、省级企业研究院18家、省级高新技术企业研发中心25家。入选省级海外研发机构2家,全省仅4家。

(三)技术攻关力度进一步加大

出台《十大共性技术突破项目实施方案》,推动传统产业高新化发展,支持企业

承接和实施智能机器人、航空航天材料、新能源汽车等领域的科技项目，135 个项目获得 2018 年度省级科技资金补助 7447 万元，同比增长 41.83%。高新技术产业发展持续向好，全市实现高新技术产业增加值 621.81 亿元，同比增长 15.1%，增速居全省第 1 位，高于全省 5.7 个百分点；高新技术产业增加值占规上工业增加值比重为 56.4%，居全省第 2 位；新产品产值 1851.17 亿元，同比增长 30.1%，增速居全省第 2 位。

三、着力促合作，科技成果加速转化

（一）技术交易市场蓬勃发展

将科技大市场与科创平台统筹规划，完善网上信息数据库和实时信息发布系统，推进线上线下结合，有力促进技术交易增长。通过实地走访企业，深度挖掘企业的技术需求，推广大院名校科技成果，征集并发布技术需求 644 项、科技成果 4027 项。全市登记技术交易合同 1326 项，实现技术交易额 63.36 亿元。台州企业在全省科技成果竞价（拍卖）会上共拍得 30 项科技成果，成交金额 5746 万元，同比增长 53.43%。发明专利运用成效明显，全省发明专利产业化工作现场会在台州召开（图 3－22－3）。

图 3－22－3　全省发明专利产业化工作现场会在台州召开

（二）科技交流合作进一步深化

结合地方产业特点，积极“走出去、引进来、动起来”，组织开展新材料产业技术对接会、海峡两岸科技项目合作洽谈会等对接活动 100 余场。举办第二届“和合杯”创新创业大赛，吸引海内外 400 余个创业项目参与，近 30 位行业领军人才及近千名业内创业精英参加；与近百家海内外知名投资机构、创投媒体、创业服务平台开展合作。16 支创业团队有意向落地台州，涉及新智造、新材料、新医药、新能源等领域。

（三）科技军民融合积极推进

成立航天军民科技合作成果转化基地，从信息交流、技术服务、知识产权、成果转化、项目合作等方面服务军民科技交流合作，11 个项目准备申报国防专利。

四、着力优服务,创新生态环境不断优化

(一)创新政策体系进一步完善

制定出台《台州社会事业高水平科研项目及科研成果奖励实施细则(试行)》,修订出台《台州市创新券推广应用实施管理办法》,将高层次人才创业企业纳入创新券扶持范围,进一步加大对创业创新的支持力度。2018年,全市共发放创新券6485万元,企业接受服务7905次(居全省第2位)。

(二)科技金融加速融合

台州市政府出资5亿元设立台州市科技创新基金,重点支持种子期、初创期和早中期科技创新型企业的发展,鼓励人才创业创新。新设立8家科技银行,累计23家,实现县域全覆盖。引导城市商业银行创新科技金融合作模式,泰隆科技银行创新推出科技专利贷、科技信保贷、科技人才贷等九大科技金融产品专项服务。积极开展专利权质押融资,全市专利质押登记数和服务企业家数均居全省第3位。升级台州市中小微(科技金融)服务平台功能,科技金融服务体系进一步完善。

(三)科创人才团队加速集聚

新引进培育省"万人计划"创新创业领军人才3人,共计引进外国专家近500人次,帮助企业解决技术难题48项,自主创新取得新技术23项,获得省部级奖项2项,产生直接、间接经济效益16.18亿元。11项引智项目获得国家和省级财政资助,其中省级项目获资助数创历史新高。24名外国专家入选省级海外工程师,较2017年增长100%,入选数位列全省第4位。入选国家"千人计划"外专项目2人,省"外专千人计划"3人,为历年之最。

(四)知识产权工作再创佳绩

通过实施专利提升工程,发明专利实现量质攀升。全市实现专利授权量26287件,同比增长34.3%,其中发明专利授权量2767件,同比增长50%。新认定国家知识产权优势企业、示范企业8家,获省发明专利奖4项,两者均创历年新高。新认定省级专利示范企业7家,市级专利示范企业51家。

五、着力惠民生,农业科技水平不断提高

(一)农业科创载体建设取得新成效

积极创建农业科技园区和星创天地等科创载体,推动农业农村一二三产业融合发展。新增国家级星创天地1家、省级农业科技园区1家、省级星创天地3家,其中天台圆圆星创天地被列入省级重点研发计划入库项目。

(二)科技特派员工作取得新提升

深入实施科技特派员制度,带动农业农村创业创新。实施省市两级科技特派员专项54项,增强了农技示范推广效应。如黄岩头陀镇组织实施团队科技特派员项目,引

进试种浙茭7号新品种,示范推广茭白"肥药双控"技术,建立400亩茭白"肥药双控"技术示范基地,提质增效明显,被省农业厅选为2018年全省绿色防控现场会参观点。将"科技直通车"活动打造为科技特派员工作亮点,2018年共开展7场活动,解决各类农业技术难题80多项。

撰稿人:莫斐(台州市科学技术局)

第二十三章　丽水市

2018 年，丽水市科技局的科技创新工作始终坚持“尤为如此”要求，以“科技担当”落实“丽水之干”，认真落实市委、市政府的各项决策部署，全力以赴搭平台、育主体、强技术、促转化、深改革、优环境，全市科技创新能力显著增强，为经济转型发展提供了有力的科技支撑。

一、抓平台建设，拓展创新创业空间

一是积极推进产业创新服务综合体建设。继续聚焦传统动能修复和新动能培育，制定发布《丽水市产业创新服务综合体实施方案》，共推荐申报缙云锯床和特色机械装备产业、庆元竹木产业、青田鞋产业及遂昌金属制品产业 4 家综合体，最终缙云锯床及特色机械装备产业创新服务综合体列入省级创建名单（图 3－23－1），庆元竹木产业创新服务综合体进入省级培育名单。同时，2017 年列入省级培育名单的丽水生态产品（丽水山耕）全产业链创新服务综合体进入省级创建名单。

图 3－23－1　缙云锯床和特色机械装备产业创新服务综合体

二是全力推进科技企业孵化器和众创空间建设。联合市财政局出台《丽水市科技企业孵化器、众创空间认定管理暂行办法》，制定优惠政策扶持孵化器和众创空间发展，被认定为国家级、省级孵化器的，分别一次性给予 100 万元、50 万元奖励；被认定为国家级、省级众创空间的，分别一次性给予 20 万元、10 万元奖励。2018 年，新增省级科技企业孵化器 1 家、备案省级众创空间 3 家。截至 2018 年底，全市已认定省级及以上科技企业孵化器、众创空间（星创天地）12 家（图 3－23－2）。

三是全力夯实国家农高区创建基础。把国家农高区创建作为“全域统筹绿色发展综合改革”的重要抓手，整理汇编了农高区创建的相关政策，稳步推进农高区展厅、全产业链创新服务综合体以及大院名校技术转移中心等场地建设。

图 3-23-2　丽水经济开发区科技孵化园

二、抓主体培育,提升科技企业竞争力

一是加强创新型企业培育。深入实施高新技术企业和科技型中小企业“双倍增”计划,出台优惠政策,积极打造高新技术企业培育库,建立高企培育梯队。2018 年新增国家高新技术企业 67 家、省级科技型中小企业 195 家,新认定国家科技型企业 180 家、省级高成长科技型企业 41 家。高新技术企业占规上企业比重为 17.67%,列全省第 2 位。

二是加速推进企业研发机构建设。围绕丽水产业结构调整和高新技术产业发展的需要,积极引导企业建立企业研究院、企业研发中心。2018 年新增高新技术企业研发中心 12 家,累计达 142 家;新增省级企业研究院 11 家,为历年之最。同时,获批“百兴食用菌省级重点农业企业研究院”,实现丽水农业领域重点企业研究院零突破。

三是积极组织企业参与创新创业大赛。浙江臻泰能源科技有限公司获第七届中国创新创业大赛新能源及节能环保行业总决赛成长组一等奖(图 3-23-3),是丽水企业历年来参与国家级创新创业大赛取得的最好成绩。浙江博聚新材料有限公司获第五届浙江省“火炬杯”创新创业大赛新材料行业决赛成长组冠军。

图 3-23-3　浙江臻泰能源科技有限公司的“新型高温燃料电池及其应用系统”项目获第七届中国创新创业大赛新能源及节能环保行业总决赛一等奖

三、抓资源集聚，加快科技成果转化

一是全面深化与浙江大学的合作。稳步推进市校合作“13950”五年行动计划，加快推进市校合作三大平台、九大工程建设及 50 个配套项目实施。截至 2018 年底，共签订科技合作项目 57 项，合作经费 779 万元（图 3 – 23 – 4）。

图 3 – 23 – 4　丽水与浙江大学合作工作推进会

二是积极加强与国内高校院所的合作。着力拓展与江南大学、中国科学院生态环境研究中心、中国农科院环发所的战略合作。拓展与西北有色金属研究院的合作，签订《钛产业战略合作协议》，推动落实西北有色金属研究院共建丽水技术转移中心（图 3 – 23 – 5）。

图 3 – 23 – 5　丽水市市长吴晓东带队赴西北有色金属研究院考察

三是与省科技厅建立厅市科技工作会商制度。省科技厅厅长高鹰忠与丽水市市长吴晓东签订厅市科技工作会商制度议定书，将深入推动丽水现代农业发展、绿色生态发展和科技成果转化（图 3 – 23 – 6）。

四是持续推进丽水大院名校产业科技服务中心工作。积极推广“三段六步法”模式，全年共举办产学研对接会 11 场，征集技术难题 467 项，网上成交项目 241 项，成交额 29210 万元。

图 3－23－6　丽水市同省科技厅建立厅市科技工作会商制度

四、抓创新生态，优化创新创业环境

一是积极落实各类政策兑现。积极协助税务部门落实研发费用加计扣除、高新企业所得税减免等税收优惠政策。2017 年度研发费用加计扣除额达 4.85 亿元，高新企业所得税减免 0.92 亿元。及时兑现研发投入后补助，对上年度研发投入占主营业务收入比例列市本级前 30 位并不低于全市平均水平的规上工业企业给予研发投入后补助 250 万元。

二是全面推广工业科技特派员制度。出台《丽水市工业科技特派员实施方案》，按照各地高新技术企业占比等因素，明确各县（市、区）今后五年的派驻任务，计划到 2021 年全市将累计派驻工业科技特派员 300 名。截至 2018 年底，全市已选派工业科技特派员 125 名（图 3－23－7）。

图 3－23－7　丽水市召开工业科技特派员工作交流会

三是开展科技项目监理。对 2016 年至 2017 年新立项的 40 项重点研发计划项目实施情况开展监理，及时发现并处理资金使用异常项目 2 项。

四是着力缓解企业资金压力。促进科技资源开放共享，降低企业创新成本，2018

年全市发放创新券2598.35万元,确认使用1718.90万元,其中,市本级发放459.24万元,确认使用314.50万元。

五是成功举办首届高层次人才创业大赛。历经上海、武汉两个分赛区以及德国、日本和中国深圳线上路演,共筛选出12个项目参加总决赛,并评出一等奖1个,二等奖3个,三等奖5个(图3-23-8)。

图3-23-8 丽水市成功举办首届高层次人才创业大赛

五、抓民生科技,加快推进幸福丽水建设

一是开展"科技乡贤助力乡村振兴"专项行动。印发《关于开展"科技乡贤助力乡村振兴"专项行动的工作方案》,依托工作创新,集聚科技人才,聚焦产业培育,计划利用5年时间,每个县发展好1个产业振兴试点乡(镇),建设好1—2个乡村振兴试点村(图3-23-9)。

图3-23-9 丽水市召开科技乡贤专项行动推进会

二是启动临床医学研究中心建设。与原市卫计委、市财政局联合发布《丽水市临床医学研究中心认定管理办法(试行)》,并评选出第一批丽水市临床医学研究中心牵头单位8个(图3-23-10)。

三是持续深入推进科技特派员工作。在全省科技特派员工作15周年表彰大会

图 3－23－10　丽水市召开临床医学研究中心申报动员会

上,丽水作为先进典型发言。全市有 8 人被评为浙江省突出贡献科技特派员,占全省获奖人数的 40%;7 家单位被评为科技特派员工作先进集体(全省 30 家),26 人获通报表扬,获奖数均为全省地市中最多。

撰稿人:孟海燕(丽水市科学技术局)

第四部分

附　　录

Science
Technology

一、2018 年浙江科技大事记

1 月

1 月 3 日　浙江省科技厅召开 2018 年第一次厅党组（扩大）会议，专题传达学习全省全面深化改革大会以及车俊书记的重要讲话精神。时任厅党组书记、厅长周国辉主持会议并讲话，厅领导班子成员、厅机关各处室主要负责人参加会议。

1 月 8 日　2017 年度国家科学技术奖励大会在北京人民大会堂开幕。浙江省共有 28 项成果获得国家科学技术奖，其中浙江省主持完成的获奖项目 10 项，参与完成的获奖项目 18 项。浙江省科研团队首次领衔摘取国家科技进步奖特等奖，获得国家技术发明奖一等奖。

1 月 11 日　浙江省科技厅"科技学堂"2018 第一课开讲。全国政协常委、全国工商联副主席、正泰集团董事长南存辉应邀作了题为《智能能源 引领未来》的主题演讲。时任省科技厅党组书记、厅长周国辉参加讲座，时任省科技厅党组副书记、副厅长邱飞章主持。

1 月 12 日　浙江省科技厅召开厅党组（扩大）会议，传达学习国家科学技术奖励大会、全国科技工作座谈会、全国科技工作会议、全国知识产权局局长会议精神。时任厅党组书记、厅长周国辉主持会议并讲话，厅领导、厅机关各处室主要负责人参加会议。会议指出，科技和知识产权领域的四个全国会议，是党的十九大、全国经济工作会议后召开的重要会议，是深入学习贯彻习近平新时代中国特色社会主义思想的实际行动，体现了党中央、国务院对科技创新和知识产权工作的高度重视和殷切期望，极大地鼓舞了广大科技工作者的士气和工作热情。

浙江省科技厅召开厅党组（扩大）会议，传达学习习近平总书记 1 月 5 日在学习贯彻党的十九大精神研讨班开班式上的重要讲话精神。时任厅党组书记、厅长周国辉主持会议并讲话，厅领导、厅机关各处室主要负责人参加会议。会议传达了省委常委会学习习近平"1・5"重要讲话精神的要求。会议要求，要迅速开展学习，以习近平总书记的重要讲话精神武装头脑、指导工作。

1 月 15 日　浙江省科技厅"科技学堂"邀请国家"千人计划"入选者、国家"973"计划首席科学家、浙江大学特聘教授项春生，浙江大学药学院教授陈枢青作了关于细胞治疗技术的专题讲座。随后，省科技厅组织省卫生计生委、省食药监局，厅机关相关处室和相关厅属单位召开细胞治疗技术工作推进会，商讨研究推进浙江省细胞治疗技术发展的工作思路。省科技厅副厅长曹新安主持讲座和会议。

1 月 16 日　中国创新创业峰会在浙江杭州青山湖科技城启幕。科技部党组成员、科技日报社社长李平，浙江省副省长高兴夫等领导出席会议，时任省科技厅党组书记、厅长周国辉主持会议。来自政府、学术机构、投资机构、高新区、双创平台、高新技术企业等代表 1000 余人参加了此次峰会。

智能传感创新应用峰会在青山湖科技城举行，青山湖微纳智造小镇正式启动建设。科技部党组成员、科技日报社社长李平，科技部火炬中心主任张志宏，时任省科技厅党组书记、厅长周国辉，杭州市副市长陈新华，临安区领导卢春强、骆安全等，以及中国传感器与物联网产业联盟、浙江省物联网产业协会，省区市各有关部门相关负责人等参加峰会，并见证小镇启动。

1 月 19 日 2018 年全省科技创新和知识产权工作会议在杭州召开。会议深入学习贯彻习近平新时代中国特色社会主义思想和党的十九大精神，贯彻落实中央经济工作会议、全国科技工作会议、全国知识产权局局长会议和省第十四次党代会、省委十四届二次全会、省委经济工作会议精神，回顾总结过去五年和 2017 年全省科技工作，谋划部署今后五年和 2018 年思路举措。

1 月 22 日 浙江省科技厅召开厅党组（扩大）会议，传达学习贯彻党的十九届二中全会精神，以及省委常委会传达学习的有关精神。时任厅党组书记、厅长周国辉主持会议并讲话，厅领导、厅机关各处室主要负责人参加会议。

1 月 30 日 浙江省科技厅召开部分省属科研院所座谈会，认真征求对厅党组在贯彻落实习近平新时代中国特色社会主义思想和党的十九大精神，省第十四次党代会、省委十四届二次全会精神，推进全省科技创新工作等方面的意见和建议，特别是对省属科研院所改革创新等方面的意见和建议。

1 月 31 日 浙江省科技厅召开厅党组（扩大）会议，传达学习省“两会”精神。省政协副主席，时任省科技厅党组书记、厅长周国辉主持会议并讲话，省政协委员，省科技厅党组成员、副厅长章一文谈参会感受，厅领导、厅机关各处室主要负责人参加会议。

2 月

2 月 1 日 浙江省知识产权局与省高级人民法院在杭州市联合召开全省知识产权保护工作机制协调会。省知识产权局专利保护处、省高院知识产权审判庭主要负责人，各市中院知识产权庭，各市知识产权局、知识产权纠纷调解第三方平台等 30 个单位参加会议。会上，各市中院和知识产权局重点围绕新时代、新形势下，如何强化知识产权保护，完善行政执法与司法保护衔接机制进行了积极研讨。

2 月 5 日 浙江省科技厅召开厅党组（扩大）会议，传达学习省纪委十四届二次全会和省委建设法治浙江工作领导小组会议精神。省政协副主席，时任省科技厅党组书记、厅长周国辉主持会议并讲话，时任省科技厅党组成员、省纪委省监察委派驻科技厅纪检监察组组长梁山中传达省纪委会议精神，厅领导、厅机关各处室主要负责人参加会议。

浙江省政协副主席，时任省科技厅党组书记、厅长周国辉在省科技厅会见了到访的挪威新任驻沪总领事尹克婷（Kristin Iglum）一行。周国辉向总领事尹克婷女士介绍了浙江省经济和科技发展的特点及取得的阶段性成果、浙江省与挪威合作具有潜力的技术领域、之江实验室的建设情况等，并特别提到了今后 5 年浙江省创新强省建设的宏伟目标。他表示，在科技合作方面，浙江省与挪威已有良好的民间合作基础，将来定能找到巨大的合作空间。

2 月 9 日 浙江省科技厅党组召开 2017 年度党员领导干部民主生活会。浙江省副省长王文序到会指导并讲话，省政协副主席，时任省科技厅党组书记、厅长周国辉主持会议。非中共党员厅领导列席会议。省纪委机关、省委组织部也派员到会指导。

浙江省科技厅举行厅系统年终总结座谈会。省科技厅系统老干部代表、厅机关全体干部职工、厅属单位中层以上干部、代管单位班子成员欢聚一堂，辞旧迎新，共谋发展。省政协副主席，时任省科技厅党组书记、厅长周国辉致新春贺词。

2月28日　浙江省科技厅召开全厅干部大会，通报2017年度厅党组民主生活会情况，开展干部选拔任用工作“一报告两评议”，并对机关党建工作和机关处级干部、厅属单位正职进行民主测评。省政协副主席，时任省科技厅党组书记、厅长周国辉主持会议。

浙江省科技厅召开春节后第一次厅党组理论学习中心组学习（扩大）会，深入学习贯彻习近平新时代中国特色社会主义思想。省政协副主席，时任省科技厅党组书记、厅长周国辉主持会议并讲话。厅领导，厅机关处长、副处长，厅属单位主要负责人参加会议。

3月

3月2日　浙江省科技厅召开厅党组（扩大）会议，传达学习党的十九届三中全会精神。省政协副主席，时任省科技厅党组书记、厅长周国辉主持会议并讲话，厅领导、厅机关各处室主要负责人参加会议。会议指出，党中央在十九届二中全会胜利召开之后一个多月的时间，马上召开十九届三中全会，研究部署事关新时代党和国家事业发展的重大问题，充分展示了以习近平同志为核心的党中央对党、国家和人民高度负责的历史担当，不忘初心、时不我待的勤勉精神。我们要认真学习党的十九届三中全会和习近平总书记重要讲话精神，坚决拥护党中央关于深化党和国家机构改革的决定，切实把思想和行动统一到中央决策部署上来。

3月13日　浙江省政协副主席，时任省科技厅党组书记、厅长周国辉会见了到访的奥地利驻华大使馆全权公使（科技）张超、奥地利联邦交通创新技术部安全技术转让和安全司长格诺·格林等一行。周国辉指出，中奥之间的传统友谊是双方开展科技交流合作的重要政治基础，奥地利和浙江的科技合作已经起步，奥方侧重应用研究领域，具有完善、完备的技术转移体系，浙江拥有成熟的市场经济、产业基础，并致力于打造“互联网+”科技创新高地，奥地利和浙江的科技合作方向是完全契合的。

3月14—17日　由浙江省科学技术厅和浙江省卫生和计划生育委员会主办的“2018年第31届浙江国际科研、医疗仪器设备技术交流展览会”在杭州白马湖国际会展中心举办。16日下午，浙江省政协副主席，时任省科技厅党组书记、厅长周国辉，时任省科技厅副厅长王坚参观了展会，并与贝克曼库尔特、宁波康达、绍兴明峰、山东新华等部分参展代表亲切交谈，详细询问了解企业技术研发投入、产品核心技术和市场占有率等情况，并听取参展商对展会组织服务的满意度等。

3月16日　浙江省科技厅与太平科技保险公司签署合作协议。省政协副主席，时任省科技厅党组书记、厅长周国辉出席仪式并讲话。时任省科技厅党组副书记、副厅长邱飞章与太平科技保险公司总经理林喆签署协议，厅相关处室负责人参加签约仪式。周国辉在讲话中指出，省委、省政府高度重视科技保险工作，科技保险既是科技体制改革的一项重要举措，也是科技金融领域的一项创新改革。要严格按照科技部、银保监会和省委、省政府的要求开展各项工作，以科技保险降低科研风险，为科技创新保驾护航，让创新主体能够全身心地投入科技创新工作中。

3月19日　浙江省科技厅召开“最多跑一次”改革工作专题会议，听取“最多跑一次”改革工作情况汇报，研究部署下一阶段的工作重点。省政协副主席，时任省科技厅党组书记、厅长周国辉主持会议并讲话。

3月22日　浙江省科技厅召开厅党组理论学习中心组学习(扩大)会,传达学习全国“两会”精神。省政协副主席,时任省科技厅党组书记、厅长周国辉主持会议并讲话,全国政协委员、时任省科技厅副厅长王坚传达全国“两会”精神并畅谈了参加全国“两会”的感受,厅机关全体人员、厅属单位班子成员参加会议。

3月26日　浙江省科技厅系统举行处级干部学习贯彻党的十九大精神集中轮训班暨科技学堂第五十五讲,科技部政策法规与监督司司长贺德方围绕“全面深刻领会十九大对科技创新的新要求新部署”“科技体制改革与政策体系建设的经验与思考”“重点科技创新政策进展、成效与方向”等问题全面解读当前我国科技体制改革与科技创新政策发展路径。

3月29—30日　科技部在浙江省杭州市召开全国农业农村科技工作会议,总结2017年农业农村科技工作,部署2018年农业农村科技重点任务,推动实施乡村振兴战略。科技部党组成员、副部长徐南平出席会议并讲话。浙江省政协副主席陈小平出席会议并致辞。来自全国37个省、自治区、直辖市及计划单列市科技厅(委、局),新疆生产建设兵团科技局,国务院有关部门、直属机构科技司(局),国家农业高新技术产业示范区、国家农业科技园区、农口国家工程技术研究中心、产业技术创新战略联盟、科技特派员、星创天地、新农村发展研究院、重点高校/院所/企业、定点扶贫县、县域创新驱动发展典型县(市),七大农作物育种等重大项目牵头单位等有关单位代表和专家,科技部相关司局、农村中心有关同志以及其他特邀代表参加了会议。

4月

4月3日　浙江“省市高新技术企业创新合作与服务座谈会”在杭州举行。浙江省科技厅厅长高鹰忠,浙江省高新技术企业协会理事长蒋泰维、常务副理事长王宏理等到会并讲话。全省11个市科技局(委)负责人及协会各部门负责人参加座谈会。省高新技术企业协会副理事长、秘书长赵敏主持会议。

4月10日　浙江省科技厅召开厅党组(扩大)会议,传达学习省委书记车俊同省直部门主要负责人集体谈话时的讲话精神,省长袁家军在省政府第一次全体会议上的讲话精神,省委常委、组织部部长任振鹤在省科技厅新一届领导班子会议上的讲话精神,以及省委常委会有关精神。省科技厅党组书记何杏仁、省科技厅厅长高鹰忠参加会议并讲话,何杏仁主持会议。

4月11日　全省科学技术奖励大会在省人民大会堂举行。省委书记、省人大常委会主任车俊出席,省委副书记、省长袁家军讲话,葛慧君、梁黎明、蔡秀军参加,任振鹤、陈金彪、王文序宣读表彰决定和通报,冯飞主持。车俊为2017年度省科学技术重大贡献奖获得者颁奖。随后,省领导向省科学技术奖一等奖代表、第五批省特级专家代表、2016年度市县党政领导科技进步与人才工作目标责任制考核优秀单位颁发荣誉证书。

4月16日　浙江省科技厅召开科技新政专题会议,传达学习袁家军省长在全省科技奖励大会和省政府第三次常务会议上的重要讲话精神,研究部署科技新政专项工作。省科技厅厅长高鹰忠主持会议并讲话,厅领导邱飞章、曹新安、章一文、孟小军、梁山中、杨春民和厅机关相关处室主要负责人参加会议。

4月18日　浙江省科技厅召开《浙江省新一代人工智能发展规划》实施工作推进

会议，章一文副厅长主持会议并讲话，省委人才办、省发展改革委、省经信委等22个省级部门、11个市科技局(委)、之江实验室、省科技信息研究院等相关负责同志出席了会议。

4月20日　在第十八个世界知识产权日到来之际，上海市、江苏省、浙江省、安徽省在上海联合召开长三角地区知识产权一体化发展新闻发布会。会上，三省一市签署了《长三角地区知识产权一体化发展框架协议书》。根据协议，苏浙沪皖将建立一体化协作机制，促进区域知识产权的发展共商、布局共进、保护共治、服务共享和人文环境共建。三省一市知识产权局主要负责人分别介绍了2017年三省一市知识产权发展与保护情况，并回答了新闻媒体记者提问。

4月23日　浙江省科技厅组织部分企业和专家代表，召开芯片设计制造和应用企业工作座谈会，共商浙江省加快大规模集成电路设计制造和产业化、积极应对目前部分高新技术产品核心部件依赖国外进口等问题。省科技厅厅长高鹰忠，厅党组成员、副厅长章一文参加座谈会并讲话。

4月24日　2018年度电子商务领域专利执法维权推进会暨"雷霆"专项行动启动仪式在浙江杭州举行。国家知识产权局专利管理司副司长赵梅生、时任浙江省科技厅(知识产权局)副巡视员杨春民等出席了启动仪式。

浙江省知识产权局在温州召开全省产业知识产权联盟工作交流会。会议总结交流了近几年全省重点产业知识产权联盟发展现状和运行情况，查找了制约产业知识产权联盟深度发展的问题短板，研究部署了下一阶段联盟工作重点。

4月25—26日　全省授权发明专利产业化工作现场会在台州召开。章一文副厅长出席会议，全省各地市科技部门分管领导以及相关业务处室主要负责人参加会议，台州市委常委、副市长芮宏出席会议并致辞。

4月26日　"深化科技体制改革 打造创新生态最优省"调研座谈会在省科技厅召开。会议就推进创新型省份建设，加快构建"产学研用金、才政介美云"十联动的创新创业生态系统展开深入讨论。中国科学学与科技政策研究会名誉理事长、中国科学院原党组副书记方新出席会议并讲话，时任省科技厅副厅长王坚主持会议。

4月27日　2018年第七届中国创新创业大赛暨第五届浙江省"火炬杯"创新创业大赛正式拉开帷幕。浙江省科技厅副厅长章一文、科技部火炬中心相关负责人等出席大赛新闻发布会。来自国家级高新区、省级高新园区管委会、各省级高新技术特色小镇建设和培育对象、各有关科技企业孵化器(众创空间)、大学科技园以及大赛合作单位代表、媒体记者等200多人参加了发布会。

5 月

5月2日　浙江省科技厅召开厅党组(扩大)会议，传达学习省委书记车俊在县委书记工作交流会上的重要讲话精神。厅党组书记何杏仁主持会议并讲话，厅长高鹰忠，厅领导邱飞章、王坚、曹新安、章一文、孟小军、梁山中、杨春民和厅机关各处室、省基金办主要负责人参加会议。

5月9日　之江实验室第一届理事会第二次会议在杭州召开。省长袁家军强调，要深入贯彻落实习近平总书记在全国网络安全和信息化工作会议上的重要讲话精神，抢抓机遇、主动作为，以无我境界全力推进之江实验室建设，打造科技创新旗舰、数字浙江平台，增强发展新动能，为"两个高水平"建设和科技强国、网络强国、数字中国作出新的贡献。

5月14日　浙江省科技厅党组书记何杏仁前往杭州市临安区青山湖科技城调研科技创新工作。在青山湖科技城，何杏仁先后调研走访了杭州国电能源环境设计院、香港大学浙江科学技术研究院、杭州市化工研究院、海康驰拓科技有限公司等科研院所和企业，并在青山湖科技城规划展览馆召开了座谈会。

5月15日　浙江省科技厅党组书记何杏仁一行前往杭州高新区（滨江）调研。在杭州海康威视数字技术股份有限公司，何杏仁参观了海康威视的展示厅，详细了解了海康威视在核心技术、产品生产、智能分析技术等领域的情况。在参观交流中，何杏仁对海康威视的成绩予以肯定，并鼓励海康威视在今后的发展中持续加大科技创新研发投入，带动产业持续发展。

5月16日　浙江省科技厅党组书记何杏仁一行前往杭州城西科创大走廊专题调研科技创新工作。在随后召开的座谈会上，调研组一行听取了杭州城西科创大走廊建设领导小组办公室和余杭区相关工作汇报。何杏仁表示，省委、省政府高度重视杭州城西科创大走廊、余杭全面创新改革试验区的建设工作，希望进一步提高认识，加大工作力度。

5月17—18日　浙江省科技厅党组书记何杏仁一行赴宁波调研科技创新工作。何杏仁希望宁波市在科技创新工作中要对标先进，建好国家自主创新示范区，发挥引领和示范作用，为创新强省建设作出更大的贡献。在18日上午召开的座谈会上，调研组听取了宁波市科技工作和国家自创区建设推进情况汇报，并就调研中有关院校、企业提出的问题和诉求，和在调研过程中发现的一些问题进行了交流。

5月19日　2018年浙江省科技（科普）活动周在浙江科技大市场开幕。本次活动周以“科技创新 强国富民”为主题，由省科技厅、省委宣传部、省科协联合主办。省政协副主席周国辉、省科技厅党组书记何杏仁、省科技厅厅长高鹰忠、省委宣传部副部长黄明辉、省科技厅副厅长孟小军、杭州市滨江区区长金志鹏等参加开幕式，省科协党组书记、副主席郑金平主持。

5月22日　首次国际科技合作基地（海外创新孵化中心）创新服务活动在德清“千人计划”产业园内举行。参加活动的5家国合基地和海外创新孵化中心，带来了64位海外高层次人才、112个国际合作成果和32家国外合作伙伴信息。

5月24日　2018年度国家自然科学基金项目受理工作总结会议在浙江温州召开。国家自然科学基金委员会副主任高瑞平、浙江省科技厅厅长高鹰忠、温州医科大学校长李校堃等出席会议并讲话，国家自然科学基金委员会计划局局长王长锐主持会议。来自全国各地近60家依托单位的科学基金管理工作者共聚一堂，研究完善科学基金工作。

5月26日　科技部部长、党组书记王志刚，科技部党组成员、国家自然科学基金委主任李静海一行在浙江调研科技创新工作，先后前往阿里巴巴集团和之江实验室进行实地考察并召开座谈会。王志刚强调，浙江的科技创新走在全国前列，要加快实施创新驱动发展战略，更好体现浙江担当、服务国家战略，为创新型国家建设作出更大贡献。副省长王文序、省政协副主席周国辉、省政府副秘书长陈宗尧、省科技厅党组书记何杏仁、省科技厅厅长高鹰忠等陪同调研或参加座谈。科技部创新发展司、基础研究司、高新技术与产业化司等相关负责人参加调研。

5月28日　浙江省科技厅召开厅党组（扩大）会议，传达学习科技部部长、党组书记王志刚在浙江调研时的重要讲话精神。厅党组书记何杏仁主持会议并讲话,厅长高鹰忠参加会议并讲话,厅领导邱飞章、王坚、曹新安、章一文、孟小军、梁山中、杨春民和厅机关各处室主要负责人参加会议。

5月30日　浙江省科技厅党组书记何杏仁一行赴湖州长兴县实地调研全面创新改革和科技创新工作时强调,要在科技创新工作中不断提高站位,聚焦全面创新改革工作重点,为全省全面创新改革工作凝练和总结可复制、可推广的经验。

6月

6月5日　浙江省委、省政府在省人民大会堂召开浙江省生态环境保护大会暨中央环保督察整改工作推进会。会上,浙江省科技厅被授予2017年度美丽浙江建设考核优秀单位。

6月6日　浙江省副省长王文序、省政府副秘书长陈宗尧一行到省科技厅调研指导科技创新工作。王文序强调,在新时代的科学春天里,科技部门要当好主角、不辱使命,努力推动浙江科技事业再上新台阶。在认真听取厅党组书记何杏仁和厅长高鹰忠的工作情况汇报后,王文序对我省科技创新工作取得的成绩给予了充分肯定。

6月7日　浙江省科技厅召开厅党组(扩大)会议,学习贯彻习近平总书记在两院院士大会上的重要讲话精神。厅党组书记何杏仁主持会议并讲话,厅长高鹰忠参加会议并讲话,厅领导邱飞章、王坚、曹新安、章一文、孟小军、杨春民和厅机关各处室主要负责人参加会议。

6月12—13日　浙江省政协副主席周国辉、省科技厅党组书记何杏仁、省科技厅厅长高鹰忠一行,前往上海调研学习科技创新工作,并与上海市科委、中国科学院上海分院等就沪浙两地在科技创新领域的协同发展进行了交流。

6月14—15日　浙江省科技厅党组书记何杏仁赴温州调研,勉励温州建好用好国家自主创新示范区"金字招牌",快速提升科技创新水平,成为浙南地区民营经济创新创业的新高地、新标杆,辐射带动区域创新发展,为浙江经济高质量发展作出更大贡献。

6月19—20日　浙江省科技厅党组书记何杏仁在厅属单位调研时强调,要深入学习领会习近平新时代中国特色社会主义思想,认真贯彻落实党中央、国务院和省委、省政府关于科技创新的一系列重大决策部署,牢固树立改革创新意识和开放发展理念,主动变革、主动作为,努力适应经济发展和科技革命的新形势,不断做大做强做优科技创新服务,为创新强省建设和全省高质量发展贡献力量。

6月20—21日　浙江省科技厅党组书记何杏仁在舟山市调研时强调,要深入学习贯彻习近平新时代中国特色社会主义思想特别是科技创新重要论述,牢固树立"创新是第一动力,人才是第一资源"理念,抢抓浙江舟山群岛新区、中国(浙江)自由贸易试验区、舟山江海联运服务中心等国家战略机遇,聚焦海洋科技创新,着力打造"产学研用金、才政介美云"十联动的创新创业生态系统,为新时代海洋强省建设提供有力科技支撑。

6月25日　浙江省科技厅条件处、省科研院所联合会,省农科院、计量院、冶金院、机电院、林科院等单位联合主办的王一成同志先进事迹报告会在省农科院举行。省农科院党委书记汤勇、人事处黄佳男分别讲述了王一成同志的先进事迹。30家科研院所近500人聆听了报告。

6月26日 由浙江省知识产权研究与服务中心、杭州仲裁委员会主办的浙江知识产权仲裁调解中心挂牌仪式在杭州举行。来自国家知识产权局、浙江省和杭州市知识产权管理部门等单位和机构的百余名代表出席了挂牌仪式。

6月28日 浙江省科技厅党组书记何杏仁到省自然科学基金委员会办公室和国家知识产权局专利局杭州专利代办处、省知识产权研究与服务中心调研,亲切看望慰问干部职工,并召开座谈会听取有关情况汇报。

7月

7月2—3日 浙江省科技厅党组书记何杏仁赴衢州调研科技创新工作,强调要深入学习贯彻习近平新时代中国特色社会主义思想,牢固树立"创新是第一动力"理念,加快推进以科技创新为核心的全面创新,促进科技与经济紧密结合,为实现经济高质量发展和"活力新衢州、美丽大花园"建设提供强大支撑。

7月3日 浙江省科技厅厅长高鹰忠在杭州会见了到访的图灵奖获得者、"公钥加密之父"惠特菲尔德·迪菲教授团队一行。时任省科技厅副厅长王坚参加会见。高鹰忠向迪菲教授介绍了浙江经济科技发展的特点及取得的阶段性成果。迪菲教授在区块链领域的造诣,与浙江相关产业的发展方向匹配度很高,通过与浙江大学、嘉兴市及浙江清华长三角研究院的紧密合作,将对浙江相关产业发展提供有力的技术支撑。

7月5日 浙江省科技厅召开厅党组(扩大)会议,专题学习传达车俊书记在省委理论学习中心组"大学习、大调研、大抓落实"专题学习会和市委书记工作例会上的重要讲话精神,研究部署深化科技系统"大学习、大调研、大抓落实"活动。厅党组书记何杏仁主持会议并讲话。

7月12日 浙江省科技厅召开厅党组(扩大)会议,专题传达学习习近平总书记对浙江工作的重要指示精神和省委常委会议、省政府党组(扩大)会议、省委"八八战略"与习近平新时代中国特色社会主义思想座谈会精神,研究贯彻落实意见。厅党组书记何杏仁主持会议并讲话,厅长高鹰忠,厅领导邱飞章、王坚、曹新安、梁山中参加会议并交流学习体会。会议强调,全省科技系统要深刻领悟习近平总书记的深切关怀和真情关爱,进一步担负起总书记赋予浙江"干在实处永无止境、走在前列要谋新篇、勇立潮头方显担当"的新要求新使命新期望,推进"八八战略"再深化、改革开放再出发。

7月16日 浙江省科技厅厅长高鹰忠赴杭州城西科创大走廊调研科技创新工作。高鹰忠强调,要深入学习贯彻习近平总书记对浙江工作的重要指示精神,按照"干在实处永无止境、走在前列要谋新篇、勇立潮头方显担当"的新要求新使命新期望,高起点、高水平推动杭州城西科创大走廊建设再上新台阶。厅党组成员、副厅长章一文和厅办公室、高新处等有关处室负责人陪同调研。

7月17日 浙江省科技厅召开厅属单位工作座谈会,厅长高鹰忠主持会议并讲话。高鹰忠强调,厅属单位是支撑服务保障创新强省建设的一支重要力量,要深入学习贯彻习近平新时代中国特色社会主义思想特别是科技创新重要论述,围绕中心、服务大局、加快改革、推动转型,为加快建立科学高效的创新治理体系、超常规建设创新强省提供高质量的科技供给。厅党组成员、副厅长孟小军,各厅属单位主要负责人,厅办公室、计财处、条件处、人事处、机关党委等相关处室负责人参加会议。

7月25日 浙江省科技厅召开厅党组(扩大)会议,传达学习贯彻省委十四届三次全会特别是车俊书记重要讲话精神和省纪委十四届三次全会精神。厅党组书记何杏仁主持会议并讲话,厅领导邱飞章、曹新安、章一文、孟小军、梁山中、杨春民和厅机关处长、副处长,厅属单位主要负责人参加会议。

8 月

8 月 1 日　浙江省科技厅召开厅党组(扩大)会议,学习贯彻落实袁家军省长在省政府第二次全体会议上的重要讲话精神。厅党组书记何杏仁主持会议并讲话,厅长高鹰忠参加会议并讲话,厅领导邱飞章、王坚、章一文、孟小军、梁山中、杨春民和厅机关各处室、省基金办主要负责人参加会议。会议强调,要紧盯任务目标、狠抓工作落实,谋划推动下半年各项重点工作,为高质量发展提供高质量科技供给。

8 月 6 日　第九届"科技新浙商"在杭州揭晓,新出炉的 10 位科技新浙商和 9 位科技小巨人登台受奖。浙江省副省长王文序在致辞中说,科技创新的地位和作用越来越凸显,科技创新助力经济发展的重要性和紧迫性,以及科技创新的任务之重前所未有。科技新浙商、科技小巨人作为创新创业的佼佼者,必然要承担更为艰巨的使命和担当,也必将在其中发挥出更加积极的作用。

8 月 6—7 日　浙江省科技厅在杭州召开学习贯彻习近平总书记重要指示精神主题联学会暨上半年全省科技(高新区)工作座谈会,深入学习贯彻习近平总书记对浙江工作的重要指示精神和省委十四届三次全会、省政府第二次全体会议精神,总结上半年全省科技(高新区)工作,研究部署下半年重点工作。厅党组书记何杏仁作工作报告,厅长高鹰忠主持会议并作会议小结,厅领导班子成员、厅机关处室和厅属单位主要负责人、设区市科技局(委)和省级以上高新区管委会负责人参加会议。

8 月 17—18 日　浙江省科技厅厅长高鹰忠率科技、医疗代表团赴西藏考察调研,与自治区科技厅和那曲市科技局深入交流,对接深化科技援藏工作,服务藏区失明群众,助推那曲创新发展。

8 月 22 日　浙江省科技厅"科技学堂"第六十讲开讲,浙商发展研究院副院长、省委政研室原副主任郭占恒应邀作了题为《"八八战略"思想与实践》的专题讲座。时任省科技厅党组成员、驻厅纪检监察组组长梁山中主持讲座,厅机关全体干部、厅属单位中层以上干部聆听了讲座。

8 月 24 日　浙江省科技厅召开厅党组(扩大)会议,传达学习贯彻车俊书记在全省组织工作会议上的重要讲话精神,厅党组书记何杏仁主持会议并讲话,厅长高鹰忠、厅领导邱飞章、曹新安、章一文、梁山中和厅机关各处室主要负责人参加会议。

8 月 29 日　浙江省科技厅系统第一期青年干部培训班在湖州开班,培训旨在深入贯彻习近平新时代中国特色社会主义思想,培养高素质专业化青年科技干部。厅机关主任科员及以下干部、厅属事业单位青年中层干部 30 余人参加培训。

9 月

9 月 2 日　历时 4 个多月选拔和竞赛,第七届中国创新创业大赛浙江赛区暨第五届浙江省"火炬杯"创新创业大赛总决赛在杭州举行。从上千名参赛选手中脱颖而出的 21 位双创精英站上了总决赛舞台。科技部火炬中心基金受理处处长安磊、浙江省科技厅党组书记何杏仁、浙江省科技厅副厅长章一文等出席,投资机构、企业代表、媒体嘉宾等 800 余人参加。

9 月 5 日　浙江 – 芬兰科技合作交流对接会在芬兰赫尔辛基举行,浙江省政协主席葛慧君、芬兰国家商务促进局局长佩卡·索尼、浙江省科技厅厅长高鹰忠等出席活动并分别致辞,来自浙江省和芬兰的近100名企业家、科研机构代表参加对接会。活动期间,高鹰忠与佩卡·索尼代表双方续签了第三轮浙江-芬兰科技合作备忘录。根据备忘录精神,双方将进一步完善创新合作机制、拓展合作交流领域。

9月11日 浙江省科技厅召开厅党组(扩大)会议,专题传达学习贯彻习近平总书记在十九届中央政治局第六次集体学习时的重要讲话精神。厅党组书记何杏仁主持会议并讲话,厅长高鹰忠、厅领导邱飞章、王坚、曹新安、孟小军、梁山中、杨春民和厅机关各处室、省基金办主要负责人参加会议。

9月12日 2018海峡两岸(浙台)科技创新合作对接会在杭州举行。会议旨在促进两岸科技交流,深化浙台高校院所、科技企业在数字经济、生命科学、智能制造等领域的互动合作。省政协副主席周国辉、海峡两岸经贸交流协会副会长高孔廉等领导参会并致辞,省科技厅党组书记何杏仁主持会议。海峡两岸工商界人士、高校院所专家学者、企业家代表等100多人参加活动。

9月21日 浙江省科技厅召开厅党组理论学习中心组学习(扩大)会,省纪委副书记、省监委副主任罗悦明应邀到会指导并作新修订的《中国共产党纪律处分条例》专题辅导报告。省科技厅党组书记何杏仁主持会议,厅长高鹰忠,厅领导邱飞章、王坚、曹新安、孟小军、梁山中、杨春民和厅机关全体干部、厅属单位中层以上干部参加报告会。

9月26日 由浙江省科技厅与浙江日报联合主办的"创新驱动看浙江"全国媒体浙江行主题采风活动在杭州启动。省科技厅党组成员、副厅长孟小军,浙江日报编委、浙江在线执行总编方卫英出席座谈会并致辞。厅办公室、法规处、条件处、高新处、农村处、成果处、专利保护处、省基金办等负责人及受邀媒体记者参加启动会。

浙江省科技厅在余杭经济开发区组织开展国际科技合作创新载体对接服务活动。在前期充分征集园区企业需求的基础上,来自省内国际科技合作基地、海外创新孵化中心等10家创新载体的19位专家代表,分两组深入走访余杭区相关企业、创新平台,并就下一步合作方向和模式与8家企业和平台代表开展座谈交流和对接洽谈。

9月28日 浙江省科技厅召开厅党组(扩大)会,传达学习中共中央政治局常委、全国人大常委会委员长栗战书在浙江考察调研时的重要讲话精神,厅党组书记何杏仁主持会议并讲话,厅长高鹰忠,厅领导邱飞章、王坚、曹新安、孟小军、梁山中、杨春民和厅机关各处室、省基金办主要负责人参加会议。

10月

10月9日 "浙江省新型智库建设工作会议"在杭州召开。省委宣传部常务副部长来颖杰、省社科联党组书记盛世豪、省社科联副主席邵清、全国哲学社会科学工作领导小组办公室智库处处长徐春生等出席会议。会上对13家浙江省新型重点专业智库单位及"智江南"等8家省重点培育智库授牌。

10月16—19日 首批省级企业研究院创新方法推广应用培训班分2期在杭州举办,来自150余家省级企业研究院的相关负责人参加了本次培训。参训企业对此次培训工作的满意率达95.6%,其中,课程针对性和实用性满意率均达93.3%,老师授课水平满意率达97%以上。

10月18日 浙江省科技厅召开厅党组(扩大)会议,传达学习李克强总理在浙江考察调研时的重要讲话精神，厅党组书记何杏仁主持会议并讲话，厅长高鹰忠，厅领导王坚、曹新安、章一文、孟小军、梁山中和厅机关各处室主要负责人参加会议。

按照省人大常委会年度工作安排，省人大常委会执法检查组在杭州召开促进科技成果转化“一法两条例”（《中华人民共和国促进科技成果转化法》《浙江省促进科技成果转化条例》《浙江省专利条例》）高校院所专题座谈会。省人大常委会副主任姒健敏出席会议并讲话，省人大教科文卫委主任委员金兴盛主持会议。省人大常委会执法检查组成员，省科技厅、省审计厅等省直有关单位负责人，部分高校院所负责人，有关专家等参加座谈会。

10 月 19 日　浙江省委书记车俊在杭州与清华大学校长邱勇一行座谈，共商深化省校合作，努力以更高水平的科技合作推动浙江高质量发展。车俊向清华大学长期以来给予浙江的大力支持和帮助表示感谢。副省长王文序、清华大学副校长尤政分别介绍了省校科技合作情况，并共同签署了深化科技合作备忘录。根据备忘录，双方将共同支持浙江清华长三角研究院建设新时代创新高地，加强高端人才培养引进和重大战略咨询合作，深化科技创新合作模式，推动省校合作迈上新台阶。

10 月 25 日　浙江省科技厅召开厅党组会，传达学习全省机构改革动员大会精神，研究部署厅机构改革实施方案。厅党组书记何杏仁主持会议并讲话，厅长高鹰忠参加会议并讲话，厅领导王坚、曹新安、章一文、孟小军、梁山中参加会议。

10 月 26 日　由浙江省科技信息研究院、浙江省科技发展战略研究院主办的“智江南”论坛暨纪念建院六十周年科技情报学术研讨会在杭州举行。浙江省政协副主席周国辉、浙江省科技厅党组书记何杏仁等领导出席会议并讲话。中国科学技术信息研究所所长戴国强、中国科学技术发展战略研究院院长胡志坚、浙江省科技厅副厅长章一文等出席。

10 月 30 日　2018 年浙江省人民政府“西湖友谊奖”颁奖大会在杭州举行。会前，省长袁家军接见了“西湖友谊奖”获奖专家代表，副省长王文序陪同会见并为外国专家颁奖。省政府副秘书长陈宗尧，省委组织部副部长、省人力社保厅厅长鲁俊，省委组织部副部长、省委“两新”工委书记马小秋，省科技厅党组书记何杏仁、厅长高鹰忠，省外侨办副主任彭波等出席会议。“西湖友谊奖”是省政府为表彰外国专家在浙江省经济社会发展和人才培养中作出突出贡献而设立的最高荣誉。

11 月

11 月 7 日　2018 浙奥科技创新合作对接暨奥地利科技日（浙江）活动在杭州举行，奥地利科技集团、奥地利国家技术研究院等近 20 家机构和企业与浙江省高校、科研院所和企业代表齐聚一堂，就开展科技对接合作进行了深入交流。本次活动重点围绕浙江和奥地利产业创新合作需求，通过开展全体大会、专题推介、一对一洽谈对接交流等活动，推动浙奥高校、科研机构和企业间开展有效技术对接，持续推进浙江创新国际化。

11 月 12—16 日　2018 年度全省市县科技局长培训班在杭州开班。省科技厅党组书记何杏仁、厅长高鹰忠，科技部政策法规与创新体系建设司副司长唐玉立等分别作主题报告，厅党组副书记、副厅长宋志恒出席开班仪式并讲话。本次培训班专门设置了分组研讨与经验交流环节，并实地考察调研了之江实验室。大家围绕科技创新的“六问”、科技系统党风廉政建设、“数字科技”建设、科技企业“双倍增”行动计划以及产业创新服务综合体建设等议题展开讨论。

11月14日　浙江省科技厅厅长高鹰忠到省科技信息研究院(省科技发展战略研究院)调研。高鹰忠强调,两院要以习近平新时代中国特色社会主义思想为指导,深入学习贯彻习近平总书记科技创新重要论述,围绕建设创新强省的目标和厅党组工作要求,充分发挥两院平台、资源、人才队伍等方面优势,提供更高质量、更高水平的科技信息支撑,努力把两院打造成科技系统的一张“金名片”。

11月15日　浙江省科技特派员工作15周年总结表彰会议在省人民大会堂举行。省委书记车俊在会上强调,要认真贯彻习近平总书记关于科技创新的重要论述,把坚持发展科技特派员制度作为坚定不移沿着“八八战略”指引的路子走下去的应有之义,进一步总结经验、完善机制,乘势而上、再谱新篇,努力开创新时代科技特派员工作新局面,不辜负总书记赋予浙江的新期望。省委副书记、省长袁家军主持。会前,车俊、袁家军看望了突出贡献科技特派员,参观省科技特派员工作15周年成就展。会上,一批先进个人和集体受表彰,丽水市、泰顺县科技局、省农科院负责人和科技特派员代表作了交流发言。

11月28日　浙江省科技厅党组副书记、副厅长宋志恒会见了来访的英国中部发展引擎计划执行机构主席庄贝思爵士一行。省委外事办副主任顾建新出席,英国中部发展引擎计划执行机构行政主管、诺丁汉郡首席执行官安东尼·梅以及双方高校、金融机构代表等参加会见。

11月30日　宁波温州国家自主创新示范区建设推进大会在宁波市举行。省委书记车俊、科技部部长王志刚出席会议并讲话。省委副书记、省长袁家军主持。陈金彪出席,科技部党组成员夏鸣九宣读了国务院关于同意宁波、温州高新技术产业开发区建设国家自主创新示范区的批复,高兴夫介绍了示范区建设情况,陈伟俊、裘东耀分别作了表态发言。会议以视频形式召开,温州市设分会场。宁波温州国家自主创新示范区是2015年杭州国家自主创新示范区获批以来,党中央、国务院赋予浙江的又一重大创新平台,使浙江成为继广东后拥有2个国家自主创新示范区的省份。

12月

12月5—7日　省科技厅党组书记何杏仁率厅办公室、农村处、高新处负责人深入丽水、金华两市调研科技创新工作。何杏仁一行先后考察调研了丽水绿谷信息产业园、浙江省汽车空调产业创新服务综合体、丽缙智能装备高新技术产业园区、金义都市新区、义乌信息光电高新技术产业园区等建设情况,走访了龙泉汽车空调产业创新服务平台、骑客产业园、天喜控股集团、华灿光电(浙江)有限公司、浙江爱旭太阳能科技有限公司等创新平台和科技企业,听取相关高新区和企业发展情况的汇报,看望省派科技特派员,与有关负责人和科研人员亲切交流,了解基层一线在发展中遇到的问题和诉求,对科技创新工作提出希望和要求。

12月10日　省政府召开新闻发布会,介绍近日省政府印发《关于全面加快科技创新推动高质量发展的若干意见》(浙政发〔2018〕43号)有关情况,即“科技新政50条”。“科技新政”由总体要求、政策举措和保障措施三部分组成。其中,在政策举措方面,从六个方面提出了50条政策举措,针对性强、创新性强、操作性强,将成为全省高质量发展的重要推动力。

12月12日　以“登高望远·勇立潮头·成果转化谋新篇”为主题的2018中国浙

江网上技术市场活动周开幕式暨军民融合科技合作促进大会在杭州举行。浙江省副省长高兴夫、省政协副主席周国辉等出席开幕式。省政府副秘书长董贵波主持开幕式,省人大教科文卫委副主任委员梅新林,省科技厅党组书记何杏仁、厅长高鹰忠,省军区党委常委、办公室主任朱云忠以及省经信厅、省教育厅、省国资委、省工商联、省委军民融合办等相关负责人参加开幕式。

12 月 13 日　浙江省科技厅与丽水市人民政府厅市会商工作会议在丽水市举行,省科技厅厅长高鹰忠,丽水市委副书记、市长吴晓东出席会议并讲话。会上,省科技厅党组副书记、副厅长宋志恒宣读《浙江省科学技术厅 丽水市人民政府科技工作会商制度议定书》,高鹰忠与吴晓东签订了新一轮厅市科技工作会商制度议定书,共同推动丽水市科技进步与经济发展。丽水市副市长徐光文主持会议,省科技厅有关业务处室负责人、丽水市政府相关单位主要负责人出席会议。

12 月 14 日　省科技厅举行"科技学堂"第六十二讲,国家统计局统计科学研究所研究员何平应邀作了《〈中国区域科技创新评价报告〉解读及浙江分析》专题讲座。省科技厅党组副书记、副厅长宋志恒主持讲座。讲座从数据出发,为浙江省科技工作坚定信心、把握优势、挖掘潜力、弥补短板,提供了有价值的指导意见。

12 月 19 日　由浙江省与清华大学共同发起,浙江省委组织部、省科技厅和浙江清华长三角研究院共同主办的第十届"海外学子浙江行"启动仪式暨"浙江行"活动十周年总结大会在杭州举行。浙江省副省长高兴夫、省政府副秘书长董贵波、省委组织部副部长温暖、省科技厅厅长高鹰忠,清华大学副校长尤政、浙江清华长三角研究院院长王涛等出席,省科技厅党组书记何杏仁主持启动仪式。来自美国、英国、德国、澳大利亚等 20 个国家的 130 余名海外学子,以及 300 多名天使投资人、孵化平台、风投机构、重点企业、行业协会、相关政府服务机构的代表参加本次活动。

12 月 24 日　浙江省科技厅与西藏自治区科技厅签约座谈会在杭州举行。浙江省科技厅厅长高鹰忠、西藏自治区科技厅厅长赤来旺杰出席并讲话。省科技厅副厅长章一文主持会议。会上,双方签署了《西藏自治区科学技术厅 浙江省科学技术厅科技创新合作协议》,进一步深化科技创新合作。

12 月 28 日　浙江省外国专家局与中国银行浙江省分行签订外国专家金融服务战略合作协议,为在浙外国专家提供贴心便捷的金融服务。浙江省科技厅厅长高鹰忠、中国银行浙江省分行行长郭心刚、省外专局局长厉勇等出席签约仪式。

全省科技成果转化工作例会在杭州召开。省科技厅副厅长章一文出席会议并讲话,全省各地市科技部门分管领导以及相关业务处室主要负责人参加会议。会上,11 个地市科技部门相关负责人分别围绕新形势下如何更好地开展工作进行了经验交流,厅成果处对 2019 年全省科技成果转化及产业化相关工作进行了重点部署。

12 月 29 日　浙江省科技厅党组理论学习中心组(扩大)会专题学习人工智能发展。厅党组书记何杏仁主持会议并讲话,厅党组理论学习中心组成员及厅机关副处以上干部、厅属单位主要负责人参加学习会。会上,科技部新一代人工智能发展研究中心副主任李修全博士应邀作了《人工智能的发展形势及我国的战略应对》专题辅导报告。

二、2018 年浙江省技术市场成交合同统计

1. 各类技术合同统计表

合同类别	合同数(项)	成交金额(万元)	其中技术交易额(万元)
总计	16189	5778300.00	4695765.61
技术开发	10579	4230852.99	3358818.05
技术转让	748	724871.58	714652.7
技术咨询	944	166504.51	116184.46
技术服务	3918	656070.92	506110.4

2. 各级计划项目进入技术市场统计表

	总计		国家科技计划		部门计划		省、自治区、直辖市及计划单列市计划		地市县计划		计划外	
	项数	金额(万元)	项数	金额(万元)	项数	金额(万元)	项数	金额(万元)	项数	金额(万元)	项数	金额(万元)
合计	16189	5778300	28	11501.32	55	16041.86	367	88985.53	1238	267391.43	14501	5394379.86
机关法人	3	21									3	21
事业法人	6408	280416.18	8	1076	16	1845.02	54	3350.21	55	9282.09	6275	264862.86
社团法人	16	749.07							3	0.02	13	749.05
企业法人	9663	5410518.68	20	10425.32	38	13954.85	312	83635.33	1179	257809.31	8114	5044693.87
自然人	19	26265.14					1	2000	1	300	17	23965.14
其他组织	80	60329.94			1	242					79	60087.94

3. 技术买方统计表

	总计		机关法人		事业法人		社团法人		企业法人		自然人		其他组织	
	项数	金额（万元）	项数	金额（万元）	项数	金额（万元）	项数	金额（万元）	项数	金额（万元）	项数	金额（万元）	项数	金额（万元）
买方总计	16189	5778300	3	21	6408	280416. 18	16	749. 07	9663	5410518. 67	19	26265. 14	80	60329. 94
机关法人	1997	277173. 2			361	14364. 1			1636	262809. 1				
事业法人	1898	187457. 33			647	36958. 02			1251	150489. 31				
社团法人	78	70314. 93			29	5036. 02			48	49409. 31			1	15869. 6
企业法人	11984	5206658. 11	3	21	5271	220307. 69	16	749. 07	6605	4935570. 87	10	5549. 14	79	44460. 34
自然人	86	28738. 4			19	1433. 6			58	6588. 8	9	20716		
其他组织	146	7958. 03			81	2306. 75			65	5651. 28				

4. 受让技术所服务的社会经济目标统计表

社会经济目标类别	合计	
	合同数	成交金额（万元）
总计	16189	5778300
环境保护、生态建设及污染防治	740	135341. 58
能源生产、分配和合理利用	687	377866. 29
卫生事业发展	838	179177. 68
教育事业发展	218	27794. 44
基础设施以及城市和农村规划	813	1130901. 53
社会发展和社会服务	5332	1210434. 34
地球和大气层的探索与利用	64	4374. 68
民用空间探测及开发	34	25862. 24
农林牧渔业发展	646	47378. 56
工商业发展	2766	1686535. 71
非定向研究	551	115985. 01
其他民用目标	3467	830187. 94
国防	33	6460

5. 技术流向地域统计表 A

合同类别	合计		技术开发		技术转让		技术咨询		技术服务	
买方地区	合同数	成交金额(万元)	合同数	成交金额(万元)	合同数	成交金额(万元)	合同数	成交金额(万元)	合同数	成交金额(万元)
总计	16189	5778300	10579	3930851.43	748	725147.58	944	169504.51	3918	952796.48
国内各省市小计	16132	5741085.33	10535	3905485.37	747	723297.58	941	164174.16	3909	948128.23
北京市	558	527196.76	358	470150	18	5037.5	38	14931.67	144	37077.59
天津市	81	18736.28	51	11156.57	4	4819.33	13	640.1	13	2120.28
河北省	88	37900.35	42	7173.66	11	13917	5	596.5	30	16213.19
山西省	83	78825.9	54	55073.35	1	2000	5	77	23	21675.55
内蒙古自治区	50	31988.02	33	20657.96	5	10099.5	3	57	9	1173.57
辽宁省	102	33380.82	58	20944.65	2	5006	7	825.54	35	6604.63
吉林省	64	34574.79	36	25196.46	4	3168.5	6	802.06	18	5407.77
黑龙江省	45	18750.87	23	6628.57			3	66.7	19	12055.59
上海市	700	247910.8	430	178749.35	29	13631.32	60	10199.4	181	45330.73
江苏省	705	238757.13	509	202112.7	37	17944.69	39	1484.07	120	17215.67
浙江省	11449	2822896.86	7371	1678079.56	478	497564.81	668	94367.76	2932	552884.73
安徽省	184	97824.63	132	33413.17	16	6135	8	2757	28	55519.46
福建省	171	73658.98	128	22905.76	4	4520	5	221.9	34	46011.32
江西省	118	88357.6	79	61983.41	13	16393.2	5	182.4	21	9798.59
山东省	266	104914.84	181	66567.83	24	22517.6	12	1195.62	49	14633.79
河南省	89	119769.3	63	101846.18	3	297	9	1240.5	14	16385.62
湖北省	136	61302.37	93	23590.31	9	18466.47	7	16871.75	27	2373.85
湖南省	75	31504.79	45	17204.6	11	4852.5	4	1118.08	15	8329.61

续表

合同类别	合计		技术开发		技术转让		技术咨询		技术服务	
买方地区	合同数	成交金额(万元)	合同数	成交金额(万元)	合同数	成交金额(万元)	合同数	成交金额(万元)	合同数	成交金额(万元)
广东省	509	679883.62	390	633006.99	35	20051.35	18	2366.38	66	24458.9
广西壮族自治区	62	110698.39	39	106059.96	13	4169.13			10	469.3
海南省	34	5466.33	26	4289.6	4	517.2			4	659.53
重庆市	57	38609.71	39	20223.77	3	18094.18	2	124.04	13	167.73
四川省	158	59472.8	102	49637.73	7	476	3	73	46	9286.07
贵州省	48	13496.33	34	11671.05	2	450	1	15	11	1360.28
云南省	50	35015.1	38	24230.7	3	10000	3	240.8	6	543.6
西藏自治区	7	6073	5	581	2	5492				
陕西省	116	64737.39	90	29356.15	5	7603.3	1	50	20	27727.94
甘肃省	27	23344.6	17	9467.09	1	204	5	12054	4	1619.51
青海省	12	868.25	10	727.4			1	5.8	1	135.05
宁夏回族自治区	25	13606.66	18	3006.34	3	9870	3	175	1	555.32
新疆维吾尔自治区	63	21562.06	41	9793.5			7	1435.1	15	10333.46
港澳台地区小计	16	7268.55	11	5030			2	530.35	3	1708.2
台湾省	3	1555.35	2	1050			1	505.35		
香港特别行政区	12	5436	9	3980			1	25	2	1431
澳门特别行政区	1	277.2							1	277.2
国外小计	41	29946.12	33	20336.06	1	1850	1	4800	6	2960.05
亚洲	13	5728.95	10	2346.51	1	1850			2	1532.44
欧洲	17	12223.83	14	11179.22					3	1044.61
北美洲	11	11993.34	9	6810.34			1	4800	1	383

6. 技术流向地域统计表 B

合同类别	合计		技术开发		技术转让		技术咨询		技术服务	
计划单列市	合同数	成交金额(万元)	合同数	成交金额(万元)	合同数	成交金额(万元)	合同数	成交金额(万元)	合同数	成交金额(万元)
总计	2357	1142345. 92	1774	756382. 31	107	320180. 27	78	3682. 59	398	62100. 75
大连市	51	10018. 61	30	7430. 86			5	793. 39	16	1794. 36
宁波市	2017	582285. 13	1515	223128. 76	93	316192. 07	67	2722. 53	342	40241. 77
厦门市	42	9397. 74	39	8073. 74					3	1324
青岛市	65	24482. 88	45	14737. 88	5	3800	2	20. 67	13	5924. 33
深圳市	182	516161. 56	145	503011. 07	9	188. 2	4	146	24	12816. 29

7. 技术领域分类统计表

技术领域	合计	
	合同数	成交金额(万元)
总计	16189	5778300
电子信息	6798	1751884. 86
航空航天	32	17193. 32
先进制造	2984	1755819. 83
生物、医药和医疗器械	1416	287332. 6
新材料及其应用	933	514246. 05
新能源与高效节能	668	425141. 11
环境保护与资源综合利用	824	113960. 94
核应用	3	378. 5
农业	650	46979. 23
现代交通	323	486955. 76
城市建设与社会发展	1558	378407. 8

8. 知识产权分类统计表

知识产权类别	合计	
	合同数	成交金额(万元)
总计	16189	5778300
技术秘密	2972	1209939.38
专利	700	616283.32
计算机软件著作权	3215	843006.55
植物新品种	28	3824
集成电路布图设计专有权	5	2688.54
生物、医药新品种	98	29935.82
设计著作权	200	377750.54
未涉及知识产权	8971	2694871.85

9. 技术所属国民经济行业分类统计表

国民经济行业类别	合计	
	合同数	成交金额(万元)
总计	16189	5778300
农、林、牧、渔业	755	45675.48
采矿业	65	60002.05
制造业	3725	2115112
电力、热力、燃气及水的生产和供应业	765	455259.14

续表

国民经济行业类别	合计	
	合同数	成交金额(万元)
建筑业	576	968067.33
批发和零售业	162	36827.48
交通运输、仓储和邮政业	350	98803.95
住宿和餐饮业	29	2224.18
信息传输、软件和信息技术服务业	3647	903738.69
金融业	195	29122.27
房地产业	122	72830.04
租赁和商务服务业	52	27414.02
科学研究和技术服务业	2350	447812.45
水利、环境和公共设施管理业	684	122285.78
居民服务、修理和其他服务业	178	13124.73
教育	244	26560.76
卫生和社会工作	794	98694.36
文化、体育和娱乐业	119	28897.38
公共管理、社会保障和社会组织	1376	225837.91
国际组织	1	10

三、2018年浙江省省级新产品试制计划项目及其地区分布统计

（单位：项）

地　区	电子与通信	机械	建筑与建材	轻工纺织	生物与医药	石油化工	冶金	合计
杭州市	328	605	124	156	114	106	34	1467
温州市	146	809	15	304	1	38	9	1322
嘉兴市	577	1245	309	2185	117	301	43	4777
湖州市	93	383	169	427	45	53	29	1199
绍兴市	92	793	92	509	74	146	13	1719
金华市	39	148	10	70	8	20	8	303
衢州市	19	97	8	57	6	21	0	208
舟山市	36	187	19	14	7	3	0	266
台州市	95	1120	58	189	55	72	12	1601
丽水市	15	208	4	73	0	8	19	327
义乌市	0	0	0	11	0	2	0	13
宁波市	0	0	0	0	0	0	0	0
合计	1440	5595	808	3995	427	770	167	13202

四、2018 年浙江省各地市专利申请量及授权量

1. 2018 年浙江省各地市专利申请量统计表

（单位:件）

地区	市县名称	专利类型			申请人类型					职务/非职务		合计申请量
		发明	实用新型	外观设计	大专院校	科研院所	企业	机关团体	个人	职务	非职务	
杭州	市本级	34857	40225	13700	14635	1525	61961	919	9742	79040	9742	88782
	上城区	909	1115	601	77	90	1588	319	551	2074	551	2625
	下城区	3489	2167	582	3218	296	1850	123	751	5487	751	6238
	江干区	6180	5331	2329	4767	377	6703	74	1919	11921	1919	13840
	拱墅区	847	1696	670	435	2	2064	109	603	2610	603	3213
	西湖区	7849	4592	1283	4722	592	6197	109	2104	11620	2104	13724
	滨江区	7299	5097	3119	850	15	13561	79	1010	14505	1010	15515
	萧山区	2044	6500	1074	183	11	8583	52	789	8829	789	9618
	余杭区	4900	11320	3729	289	27	18439	49	1145	18804	1145	19949
	富阳区	1340	2407	313	94	115	2976	5	870	3190	870	4060
	桐庐县	290	896	1710	4	0	2075	0	817	2079	817	2896
	临安市	950	2694	591	328	14	3271	13	609	3626	609	4235
	建德市	178	689	720	0	0	1450	1	136	1451	136	1587
	淳安县	264	459	173	0	0	648	13	235	661	235	896
	合计	36539	44963	16894	14967	1539	69405	946	11539	86857	11539	98396

续表

地区	市县名称	专利类型			申请人类型					职务/非职务		合计申请量
		发明	实用新型	外观设计	大专院校	科研院所	企业	机关团体	个人	职务	非职务	
宁波	市本级	16390	16922	7817	1943	735	31909	435	6107	35022	6107	41129
	海曙区	1776	2371	1284	315	15	3385	237	1479	3952	1479	5431
	江北区	2021	1892	598	1053	0	2978	32	448	4063	448	4511
	镇海区	2961	1485	423	57	529	3995	5	283	4586	283	4869
	北仑区	1760	3176	1287	85	12	4746	82	1297	4926	1297	6223
	鄞州区	7101	6625	3790	429	143	14640	66	2238	15278	2238	17516
	奉化区	771	1373	435	3	36	2165	13	362	2217	362	2579
	慈溪市	4279	6141	4939	23	11	11583	23	3719	11640	3719	15359
	余姚市	2874	3448	3455	81	20	7071	10	2595	7182	2595	9777
	宁海县	845	1541	1856	9	0	2701	1	1531	2711	1531	4242
	象山县	1095	1196	176	0	0	1711	20	736	1731	736	2467
	合计	25483	29248	18243	2056	766	54975	489	14688	58286	14688	72974
温州	市本级	6587	10954	5719	2194	384	12291	820	7571	15689	7571	23260
	龙湾区	2708	4214	2124	33	261	6457	71	2224	6822	2224	9046
	鹿城区	1199	3347	2053	154	93	1675	606	4071	2528	4071	6599
	瓯海区	2680	3393	1542	2007	30	4159	143	1276	6339	1276	7615
	永嘉县	717	1667	1377	10	2	1936	9	1804	1957	1804	3761
	乐清市	2108	4966	1653	0	4	6245	1	2477	6250	2477	8727
	洞头县	108	198	160	0	1	276	5	184	282	184	466
	瑞安市	1718	5082	1927	0	4	5225	86	3412	5315	3412	8727

续表

地区	市县名称	专利类型			申请人类型					职务/非职务		合计申请量
		发明	实用新型	外观设计	大专院校	科研院所	企业	机关团体	个人	职务	非职务	
温州	平阳县	563	1604	1509	0	0	1902	1	1773	1903	1773	3676
	苍南县	646	1415	957	0	66	1798	4	1150	1868	1150	3018
	文成县	295	298	167	0	0	135	27	598	162	598	760
	泰顺县	390	535	74	11	0	325	65	598	401	598	999
	合计	13132	26719	13543	2215	461	30133	1018	19567	33827	19567	53394
嘉兴	市本级	3939	8241	1487	627	146	10684	231	1979	11688	1979	13667
	南湖区	1405	3413	669	274	144	4399	166	504	4983	504	5487
	秀洲区	2534	4828	818	353	2	6285	65	1475	6705	1475	8180
	平湖市	1925	3350	607	16	31	4879	23	933	4949	933	5882
	嘉善县	2222	3170	558	77	7	5499	148	219	5731	219	5950
	海盐县	1506	2866	857	0	36	4808	0	385	4844	385	5229
	海宁市	4283	3783	941	86	0	7692	8	1221	7786	1221	9007
	桐乡市	3010	4430	689	1	3	5151	96	2878	5251	2878	8129
	合计	16885	25840	5139	807	223	38713	506	7615	40249	7615	47864
湖州	市本级	6009	6483	726	676	54	11391	187	910	12308	910	13218
	吴兴区	3737	3918	357	675	54	6325	181	777	7235	777	8012
	南浔区	2272	2565	369	1	0	5066	6	133	5073	133	5206
	安吉县	3921	4476	1311	13	1	6541	46	3107	6601	3107	9708
	长兴县	2806	3837	226	0	0	6559	61	249	6620	249	6869
	德清县	2989	3243	1257	0	6	6617	1	865	6624	865	7489
	合计	15725	18039	3520	689	61	31108	295	5131	32153	5131	37284

续表

地区	市县名称	专利类型			申请人类型					职务/非职务		合计申请量
		发明	实用新型	外观设计	大专院校	科研院所	企业	机关团体	个人	职务	非职务	
绍兴	市本级	4560	13380	4275	2087	51	18065	235	1777	20438	1777	22215
	越城区	1542	5089	870	1451	19	4994	117	920	6581	920	7501
	柯桥区	1607	4144	2439	576	32	7235	84	263	7927	263	8190
	上虞区	1411	4147	966	60	0	5836	34	594	5930	594	6524
	诸暨市	2814	8790	498	68	0	3648	54	8332	3770	8332	12102
	嵊州市	1090	1854	379	0	0	2322	0	1001	2322	1001	3323
	新昌县	3517	5782	155	11	0	8000	132	1311	8143	1311	9454
	合计	11981	29806	5307	2166	51	32035	421	12421	34673	12421	47094
金华	市本级	2480	3356	1337	1143	77	4758	104	1091	6082	1091	7173
	金东区	704	919	552	12	1	1734	5	423	1752	423	2175
	婺城区	1776	2437	785	1131	76	3024	99	668	4330	668	4998
	兰溪市	624	1581	389	0	0	1732	5	857	1737	857	2594
	东阳市	1386	1861	1186	23	0	2478	35	1897	2536	1897	4433
	义乌市	1517	1766	3708	323	22	3186	51	3404	3587	3404	6991
	永康市	1183	3309	5680	0	0	4022	9	6141	4031	6141	10172
	浦江县	903	1507	828	1	0	1320	54	1863	1375	1863	3238
	武义县	302	1613	1081	3	0	2393	2	598	2398	598	2996
	磐安县	321	365	206	0	0	540	6	346	546	346	892
	合计	8716	15358	14415	1498	99	20429	266	16197	22292	16197	38489

续表

地区	市县名称	专利类型			申请人类型					职务/非职务		合计申请量
		发明	实用新型	外观设计	大专院校	科研院所	企业	机关团体	个人	职务	非职务	
台州	市本级	2779	5912	6808	257	107	6866	31	8238	7261	8238	15499
	椒江区	1334	2685	1541	213	85	3012	26	2224	3336	2224	5560
	黄岩区	849	2019	3849	44	8	2329	4	4332	2385	4332	6717
	路桥区	596	1208	1418	0	14	1525	1	1682	1540	1682	3222
	临海市	1116	1748	1558	93	9	2644	48	1628	2794	1628	4422
	温岭市	1466	3088	1576	36	0	4456	59	1579	4551	1579	6130
	玉环县	604	2378	1024	5	17	3018	0	966	3040	966	4006
	天台县	557	1052	658	0	0	1097	1	1169	1098	1169	2267
	仙居县	445	354	180	10	0	530	0	439	540	439	979
	三门县	524	1514	354	28	0	1307	17	1040	1352	1040	2392
	合计	7491	16046	12158	429	133	19918	156	15059	20636	15059	35695
衢州	市本级	1253	2044	350	523	33	2631	40	420	3227	420	3647
	柯城区	1024	1421	134	523	31	1702	32	291	2288	291	2579
	衢江区	229	623	216	0	2	929	8	129	939	129	1068
	龙游县	196	978	169	0	0	1203	0	140	1203	140	1343
	江山市	364	622	199	0	0	1011	2	172	1013	172	1185
	常山县	76	441	152	9	0	537	0	123	546	123	669
	开化县	106	510	73	0	0	607	19	63	626	63	689
	合计	1995	4595	943	532	33	5989	61	918	6615	918	7533

续表

地区	市县名称	专利类型			申请人类型					职务/非职务		合计申请量
		发明	实用新型	外观设计	大专院校	科研院所	企业	机关团体	个人	职务	非职务	
舟山	市本级	1717	1392	182	1761	162	1090	50	228	3063	228	3291
	定海区	1110	1178	87	1231	160	708	49	177	2198	177	2375
	普陀区	607	214	95	480	2	382	1	51	865	51	916
	嵊泗县	35	76	11	0	0	40	4	78	44	78	122
	岱山县	82	250	39	0	0	234	0	137	234	137	371
	合计	1834	1718	232	1761	162	1364	54	443	3341	443	3784
丽水	市本级	799	1469	277	138	26	1580	275	526	2019	526	2545
	莲都区	799	1469	277	138	26	1580	275	526	2019	526	2545
	青田县	786	928	181	1	0	478	6	1410	485	1410	1895
	缙云县	532	1296	574	56	0	1461	0	885	1517	885	2402
	龙泉市	207	779	634	9	5	681	2	923	697	923	1620
	庆元县	104	365	139	0	10	429	44	125	483	125	608
	遂昌县	181	363	33	0	0	398	1	178	399	178	577
	松阳县	65	423	75	0	0	436	24	103	460	103	563
	云和县	516	998	872	0	2	1032	6	1346	1040	1346	2386
	景宁县	93	223	107	0	0	217	6	200	223	200	423
	合计	3283	6844	2892	204	43	6712	364	5696	7323	5696	13019
合计		143064	219176	93286	27324	3571	310781	4576	109274	346252	109274	455526

2. 2018 年浙江省各地市专利授权量统计表

（单位：件）

地区	市县名称	专利类型			申请人类型					职务/非职务		合计授权量
		发明	实用新型	外观设计	大专院校	科研院所	企业	机关团体	个人	职务	非职务	
杭州	市本级	9853	27908	12263	7979	976	37313	330	3426	46598	3426	50024
	上城区	219	795	515	42	28	1077	100	282	1247	282	1529
	下城区	1008	1630	821	1607	95	1421	52	284	3175	284	3459
	江干区	1730	3912	2187	2465	188	4544	39	593	7236	593	7829
	拱墅区	236	1140	701	513	5	1274	44	241	1836	241	2077
	西湖区	2894	3387	1068	2651	522	3360	73	743	6606	743	7349
	滨江区	1981	3953	2450	508	45	7426	8	397	7987	397	8384
	萧山区	477	4240	941	83	12	5136	4	423	5235	423	5658
	余杭区	932	7354	3199	69	31	11078	8	299	11186	299	11485
	富阳区	376	1497	381	41	50	1997	2	164	2090	164	2254
	桐庐县	79	590	1163	0	0	1176	1	655	1177	655	1832
	临安市	252	1740	333	175	4	1945	8	193	2132	193	2325
	建德市	53	348	324	0	0	638	1	86	639	86	725
	淳安县	30	305	138	0	0	429	1	43	430	43	473
	合计	10267	30891	14221	8154	980	41501	341	4403	50976	4403	55379
宁波	市本级	3768	12657	6771	1296	366	18535	120	2879	20317	2879	23196
	海曙区	341	1407	862	140	27	1966	42	435	2175	435	2610
	江北区	539	1432	467	771	1	1462	25	179	2259	179	2438
	镇海区	501	1071	387	24	280	1485	1	169	1790	169	1959

续表

地区	市县名称	专利类型			申请人类型					职务/非职务		合计授权量
		发明	实用新型	外观设计	大专院校	科研院所	企业	机关团体	个人	职务	非职务	
宁波	北仑区	454	2473	1205	60	0	3433	38	601	3531	601	4132
	鄞州区	1731	5227	3558	300	58	8774	13	1371	9145	1371	10516
	奉化区	202	1047	292	1	0	1415	1	124	1417	124	1541
	慈溪市	669	5085	4200	11	2	7722	2	2217	7737	2217	9954
	余姚市	472	2340	3273	28	8	4350	1	1698	4387	1698	6085
	宁海县	292	1308	1658	0	0	2052	5	1201	2057	1201	3258
	象山县	104	2019	152	1	0	2107	9	158	2117	158	2275
	合计	5305	23409	16054	1335	376	34766	137	8153	36615	8153	44768
温州	市本级	1722	10105	5365	925	82	10125	343	5717	11475	5717	17192
	龙湾区	613	3407	1870	24	45	4516	19	1286	4604	1286	5890
	鹿城区	307	2922	2101	88	26	1602	197	3417	1913	3417	5330
	瓯海区	802	3776	1394	813	11	4007	127	1014	4958	1014	5972
	永嘉县	150	1266	1084	3	3	1494	21	979	1521	979	2500
	乐清市	787	4178	1358	6	0	4982	1	1334	4989	1334	6323
	洞头县	35	208	147	0	2	251	1	136	254	136	390
	瑞安市	462	4294	1594	0	2	4022	24	2302	4048	2302	6350
	平阳县	118	1262	1228	0	0	1395	1	1212	1396	1212	2608
	苍南县	85	1281	677	10	6	1329	3	695	1348	695	2043
	文成县	36	146	132	0	0	98	0	216	98	216	314
	泰顺县	20	386	55	0	0	162	0	299	162	299	461
	合计	3415	23126	11640	944	95	23858	394	12890	25291	12890	38181

续表

地区	市县名称	专利类型			申请人类型					职务/非职务		合计授权量
		发明	实用新型	外观设计	大专院校	科研院所	企业	机关团体	个人	职务	非职务	
嘉兴	市本级	977	4972	1351	383	22	6377	68	450	6850	450	7300
	南湖区	267	2451	593	147	17	2846	68	233	3078	233	3311
	秀洲区	710	2521	758	236	5	3531	0	217	3772	217	3989
	平湖市	237	2584	484	0	0	2981	2	322	2983	322	3305
	嘉善县	276	2742	471	11	6	3384	5	83	3406	83	3489
	海盐县	259	2143	849	0	0	3060	0	191	3060	191	3251
	海宁市	491	2544	971	39	1	3635	4	327	3679	327	4006
	桐乡市	266	2347	625	0	1	2744	5	488	2750	488	3238
	合计	2506	17332	4751	433	30	22181	84	1861	22728	1861	24589
湖州	市本级	702	5115	645	296	20	5821	76	249	6213	249	6462
	吴兴区	430	2761	293	296	17	2939	75	157	3327	157	3484
	南浔区	272	2354	352	0	3	2882	1	92	2886	92	2978
	安吉县	280	2544	1150	9	0	2931	1	1033	2941	1033	3974
	长兴县	529	3163	219	2	0	3777	2	130	3781	130	3911
	德清县	320	2866	1139	0	0	4276	0	49	4276	49	4325
	合计	1831	13688	3153	307	20	16805	79	1461	17211	1461	18672
绍兴	市本级	1558	9539	3897	1047	26	13171	69	681	14313	681	14994
	越城区	373	3162	567	883	8	2818	42	351	3751	351	4102
	柯桥区	593	2968	2602	142	18	5813	25	165	5998	165	6163
	上虞区	592	3409	728	22	0	4540	2	165	4564	165	4729

续表

地区	市县名称	专利类型			申请人类型					职务/非职务		合计授权量
		发明	实用新型	外观设计	大专院校	科研院所	企业	机关团体	个人	职务	非职务	
绍兴	诸暨市	815	8780	408	30	0	3723	2	6248	3755	6248	10003
	嵊州市	281	1496	344	0	1	1643	1	476	1645	476	2121
	新昌县	600	9276	294	10	1	9952	7	200	9970	200	10170
	合计	3254	29091	4943	1087	28	28489	79	7605	29683	7605	37288
金华	市本级	453	2470	995	564	50	2691	63	550	3368	550	3918
	金东区	94	636	436	7	1	966	5	187	979	187	1166
	婺城区	359	1834	559	557	49	1725	58	363	2389	363	2752
	兰溪市	105	1106	280	0	0	866	0	625	866	625	1491
	东阳市	334	1158	991	9	0	1742	19	713	1770	713	2483
	义乌市	269	1267	2838	103	3	1899	0	2364	2010	2364	4374
	永康市	198	2359	4555	1	0	2800	12	4299	2813	4299	7112
	浦江县	191	1275	484	1	0	633	28	1288	662	1288	1950
	武义县	58	1052	771	2	0	1384	0	495	1386	495	1881
	磐安县	41	282	179	0	3	343	0	156	346	156	502
	合计	1649	10969	11093	685	56	12358	122	10490	13221	10490	23711
台州	市本级	1379	5011	5932	130	48	5113	14	7017	5305	7017	12322
	椒江区	452	2561	1458	102	27	2078	14	2250	2221	2250	4471
	黄岩区	272	1577	3221	28	2	1869	0	3171	1899	3171	5070
	路桥区	655	873	1253	0	19	1166	0	1596	1185	1596	2781
	临海市	365	1278	1218	32	5	1963	40	821	2040	821	2861

续表

地区	市县名称	专利类型			申请人类型					职务/非职务		合计授权量
		发明	实用新型	外观设计	大专院校	科研院所	企业	机关团体	个人	职务	非职务	
台州	温岭市	470	2577	1320	25	0	3381	30	931	3436	931	4367
	玉环县	241	2052	974	2	4	2496	0	765	2502	765	3267
	天台县	101	894	481	1	0	677	0	798	678	798	1476
	仙居县	63	295	177	0	0	358	0	177	358	177	535
	三门县	148	1031	281	17	0	807	0	636	824	636	1460
	合计	2767	13138	10383	207	57	14795	84	11145	15143	11145	26288
衢州	市本级	403	2320	285	392	44	2368	8	196	2812	196	3008
	柯城区	371	1692	129	392	44	1626	5	125	2067	125	2192
	衢江区	32	628	156	0	0	742	3	71	745	71	816
	龙游县	47	689	135	0	0	811	0	60	811	60	871
	江山市	186	810	197	0	2	1029	1	161	1032	161	1193
	常山县	15	484	88	2	0	507	0	78	509	78	587
	开化县	16	384	66	0	0	412	5	49	417	49	466
	合计	667	4687	771	394	46	5127	14	544	5581	544	6125
舟山	市本级	479	1246	112	753	119	774	81	110	1727	110	1837
	定海区	367	1049	71	657	119	549	80	82	1405	82	1487
	普陀区	112	197	41	96	0	225	1	28	322	28	350
	嵊泗县	7	39	0	0	0	18	0	28	18	28	46
	岱山县	22	270	41	0	0	244	0	89	244	89	333
	合计	508	1555	153	753	119	1036	81	227	1989	227	2216

续表

地区	市县名称	专利类型			申请人类型					职务/非职务		合计授权量
		发明	实用新型	外观设计	大专院校	科研院所	企业	机关团体	个人	职务	非职务	
丽水	市本级	165	939	236	99	15	1007	80	139	1201	139	1340
	莲都区	165	939	236	99	15	1007	80	139	1201	139	1340
	青田县	32	760	199	0	0	391	1	599	392	599	991
	缙云县	42	720	567	30	0	953	0	346	983	346	1329
	龙泉市	42	403	398	4	5	445	2	387	456	387	843
	庆元县	30	224	162	0	0	313	0	103	313	103	416
	遂昌县	30	213	22	0	0	190	0	75	190	75	265
	松阳县	21	270	45	0	0	299	0	37	299	37	336
	云和县	10	891	717	11	0	655	56	896	722	896	1618
	景宁县	9	129	99	0	0	109	0	128	109	128	237
	合计	381	4549	2445	144	20	4362	139	2710	4665	2710	7375
合计		32550	172435	79607	14444	1827	205278	1554	61489	223103	61489	284592

五、浙江省获2017年度国家科技奖励及省科学技术奖项目表

1. 2017年度国家科学技术奖获奖项目(以浙江省为主完成)

奖种	项目名称	主要完成单位	主要完成人员
科技进步二等奖	竹林生态系统碳汇监测与增汇减排关键技术及应用	浙江农林大学,国际竹藤中心,中国林业科学研究院亚热带林业研究所,国家林业局竹子研究开发中心,浙江科技学院,中国绿色碳汇基金会,福建省林业科学研究院	周国模 范少辉 姜培坤 杜华强 施拥军 单胜道 钟哲科 楼一平 李永夫 郑 蓉
科技进步二等奖	电能表智能化计量检定技术与应用	国网浙江省电力公司	黄金娟
科技进步二等奖	干坚果贮藏与加工保质关键技术及产业化	浙江省农业科学院,华南理工大学,洽洽食品股份有限公司,西北农林科技大学,广东广益科技实业有限公司,四川徽记食品股份有限公司,杭州姚生记食品有限公司	郜海燕 陈杭君 宁正祥 陈先保 穆宏磊 梁嘉臻 吕金刚 房祥军 赵文革 令 博
科技进步二等奖	工业排放烟气用聚四氟乙烯基过滤材料关键技术及产业化	浙江理工大学,浙江格尔泰斯环保特材科技股份有限公司,西安工程大学,天津工业大学,浙江宇邦滤材科技有限公司	郭玉海 徐志梁 陈美玉 朱海霖 王 峰 郑 帼 唐红艳 周 存 陈建勇 姜学梁
科技进步二等奖	危险废物回转式多段热解焚烧及污染物协同控制关键技术	浙江大学,杭州大地环保工程有限公司,中国市政工程华北设计研究总院有限公司,中国环境科学研究院,浙江物华天宝能源环保有限公司	严建华 蒋旭光 李晓东 张文辉 池 涌 陆胜勇 王 琦 黄群星 马增益 李 丽
科技进步特等奖	以H7N9禽流感为代表的新发传染病防治体系重大创新和技术突破	浙江大学医学院附属第一医院,中国疾病预防控制中心病毒病预防控制所,中国疾病预防控制中心,汕头大学,香港大学,复旦大学,中国科学院微生物研究所,上海市疾病预防控制中心,上海市第五人民医院,首都医科大学附属北京朝阳医院,浙江省疾病预防控制中心	李兰娟 舒跃龙 管 轶 冯子健 陈 瑜 袁国勇 高 福 袁正宏 王 宇 余宏杰 王大燕 高海女 王 辰 郑树森 杨仕贵 杨维中 曹 彬 陈鸿霖 李 群 朱华晨 周剑芳 刘 翟 高荣保 吴南屏 胡芸文 姚航平 张 曦 俞 亮 郑书发 吴 凡 卢洪洲 王 嘉 夏时畅 崔大伟 白 天 梁伟峰 林赞育 武桂珍 揭志军 郭 静 杜启泓 盛吉芳 刁宏燕 向妮娟 杨益大 赵 翔 汤灵玲 邹淑梅 余 斐 朱丹华

续表

奖种	项目名称	主要完成单位	主要完成人员
技术发明二等奖	超高速数码喷印设备关键技术研发及应用	浙江大学,宁波大学,浙江理工大学,杭州宏华数码科技股份有限公司	陈耀武 汪鹏君 周 华 葛晨文 田 翔 周 凡
技术发明一等奖	燃煤机组超低排放关键技术研发及应用	浙江大学,浙江省能源集团有限公司,浙江天地环保科技有限公司	高 翔 吴国潮 朱松强 郑成航 胡达清 岑可法
科技进步二等奖	《阿优》的科普动画创新与跨媒体传播	杭州阿优文化创意有限公司,北京电影学院,中国科学技术出版社	马舒建 李小方 曹小卉 秦德继
科技进步二等奖	《数学传奇—那些难以企及的人物》	浙江大学	蔡天新

2. 2017年度国家科学技术奖获奖项目(浙江省参与完成)

奖种	项目名称	主要完成单位	主要完成人员
科技进步二等奖	中国松材线虫病流行规律与防控新技术	南京林业大学,安徽省林业科学研究院,杭州优思达生物技术有限公司,南京生兴有害生物防治技术股份有限公司	叶建仁 吴小芹 陈凤毛 徐六一 胡 林 朱丽华 黄 麟 郝德君 柴忠心 高景斌
科技进步二等奖	重要食源性人兽共患病原菌的传播生态规律及其防控技术	扬州大学,浙江大学,上海康利得动物药品有限公司,浙江青莲食品股份有限公司	焦新安 方维焕 黄金林 蔡会全 李肖梁 潘志明 宋厚辉 巢国祥 许明曙 殷月兰
科技进步二等奖	高性能纤维纸基功能材料制备共性关键技术及应用	陕西科技大学,烟台民士达特种纸业股份有限公司,浙江理工大学,浙江华邦特种纸业有限公司,浙江夏王纸业有限公司,宝鸡科达特种纸业有限责任公司	张美云 陆赵情 王志新 杨 斌 花 莉 宋顺喜 夏新兴 陈建斌 骆志荣 张素风
科技进步二等奖	鱿鱼贮藏加工与质量安全控制关键技术及应用	渤海大学,浙江兴业集团有限公司,蓬莱京鲁渔业有限公司,荣成泰祥食品股份有限公司,浙江海洋大学,大连东霖食品股份有限公司,大连民族大学	励建荣 马永钧 方旭波 牟伟丽 李钰金 李学鹏 仪淑敏 李婷婷 蔡路昀 沈 琳
科技进步特等奖	煤制油品/烯烃大型现代煤化工成套技术开发及应用	神华集团有限责任公司,中国神华煤制油化工有限公司,煤炭科学技术研究院有限公司,中国石化工程建设有限公司,中国科学院大连化学物理研究所,中石化洛阳工程有限公司,中国第一重型机械集团公司,中国科学院武汉岩土力学研究所,新兴能源科技有限公司,天津大学,中国石油化工股份有限公司石油化工科学研究院,杭州杭氧股份有限公司,上海自动化仪表有限公司,南京工业大学,四川天一科技股份有限公司,卧龙电气南阳防爆集团股份有限公司,上海福思特流体机械有限公司,北京航天动力研究所,北京师范大学,中国矿业大学,中国矿业大学(北京)	张玉卓 吴秀章 舒歌平 张继明 闫国春 张传江 梁仕普 杨占军 刘中民 王鹤鸣 陈茂山 崔民利 范传宏 王国良 史士东 陆正平 岳 国 金嘉璐 李克健 李红凯 张宝海 赵金立 李文博 朱 平 李 东 彭晓春 王金力 张兆孔 孙华山 万国杰 赵永年 温新生 任相坤 武兴彬 谢舜敏 王建立 关丰忠 袁 明 马行美 胡庆斌 姜 利 赵振秋 江建武 胡华忠 刘东明 安 亮 韩来喜 郝孟忠 范树军 王永胜

续表

奖种	项目名称	主要完成单位	主要完成人员
科技进步二等奖	吸附分离聚合物材料结构调控与产业化应用关键技术	西北工业大学,西安蓝晓科技新材料股份有限公司,焦作健康元生物制品有限公司,杭州锦江集团有限公司	张秋禹　寇晓康　张和鹏　张宝亮　高月静　刘　琼　林楠棋　贾庆国　胡小玲　王红立
科技进步二等奖	重型压力容器轻量化设计制造关键技术及工程应用	合肥通用机械研究院,浙江大学,中国特种设备检测研究院,中国石油天然气股份有限公司广西石化分公司,中国国际海运集装箱(集团)股份有限公司,华东理工大学,中国第一重型机械集团大连加氢反应器制造有限公司	郑津洋　范志超　寿比南　刘玉力　陈永东　周伟明　陈崇刚　惠　虎　施才兴　刘农基
科技进步一等奖	600MW超临界循环流化床锅炉技术开发、研制与工程示范	清华大学,东方电气集团东方锅炉股份有限公司,神华集团有限责任公司,华北电力大学,中国电力工程顾问集团西南电力设计院有限公司,四川白马循环流化床示范电站有限责任公司,浙江大学,神华国能集团有限公司,四川电力建设三公司,中国华能集团清洁能源技术研究院有限公司	吕俊复　徐　鹏　肖创英　胡昌华　聂　立　苏　虎　马怀新　陈　英　刘吉臻　杨海瑞　胡修奎　郑兴胜　李星华　杨　冬　岳光溪
科技进步二等奖	新一代运载火箭力学试验与发射测试厂房建造关键技术	中国建筑第八工程局有限公司,浙江大学,中国建筑股份有限公司,中国运载火箭技术研究院,郑州辰维科技股份有限公司,中建八局第三建设有限公司,中建八局第二建设有限公司	亓立刚　万利民　肖绪文　罗尧治　卢育坤　隋杰明　郭春华　赵喜顺　张　政　吕传景
科技进步特等奖	蛟龙号载人潜水器研发与应用	中国船舶科学研究中心(中国船舶重工集团公司第七〇二研究所),中国大洋矿产资源研究开发协会(中国大洋事务管理局),中国科学院沈阳自动化研究所,中国科学院声学研究所,中国舰船研究设计中心(中国船舶重工集团公司第七〇一研究所),中国海监第一支队,河南新太行电源股份有限公司,北京长城电子装备有限责任公司,浙江大学,国家深海基地管理中心,国家海洋局第二海洋研究所,哈尔滨工业大学,国家海洋环境预报中心,国家海洋局北海海洋技术保障中心,国家海洋局南海调查技术中心,中国船舶重工集团公司第七研究院第七二五研究所,中国船级社,国家卫星海洋应用中心,北京国冶锐诚工程技术有限公司,江苏科技大学,上海交通大学,天津电源研究所(中国电子科技集团公司第十八研究所),北京矿冶研究总院,交通运输部上海打捞局,宁波甬科声学技术有限公司,宁波星箭航天机械有限公司	徐芑南　刘　峰　崔维成　胡　震　朱　敏　王晓辉　刘　涛　吴崇建　李向阳　侯德永　叶　聪　杨　波　刘开周　余建勋　刘　军　朱维庆　郭　威　窦永林　杨有宁　张　华　唐嘉陵　傅文韬　张新宇　冷建兴　范建国　杨灿军　张东升　祝普强　程　斐　杨申申　刘烨瑶　崔胜国　周伟新　赵俊海　武岩波　赵　洋　邱中梁　何春荣　刘树雍　何建平　丁忠军　顾继红　张文忠　汤国伟　王春生　唐立梅　沈允生　姜　磊　赵赛玉　马利斌

续表

奖种	项目名称	主要完成单位	主要完成人员
科技进步二等奖	气动元件关键共性检测技术及标准体系	北京航空航天大学,国家气动产品质量监督检验中心,北京理工大学,北京爱索能源科技股份有限公司,无锡气动技术研究所有限公司,浙江亿日气动科技有限公司	蔡茂林 石 岩 王 涛 许未晴 樊尚春 路 波 虞启辉 杜丙同 张连仁 吴科峰
科技进步二等奖	全国农田氮磷面源污染监测技术体系创建与应用	中国农业科学院农业资源与农业区划研究所,湖北省农业科学院植保土肥研究所,北京市农林科学院,云南省农业科学院农业环境资源研究所,农业农村部环境保护科研监测所,宁夏农林科学院农业资源与环境研究所,浙江省农业科学院	任天志 刘宏斌 范先鹏 邹国元 翟丽梅 胡万里 张富林 杜连凤 王洪媛 郑向群
科技进步二等奖	作物多样性控制病虫害关键技术及应用	云南农业大学,中国农业科学院植物保护研究所,中国农业大学,华南农业大学,复旦大学,浙江大学	朱有勇 李成云 陈万权 李 隆 骆世明 卢宝荣 李正跃 何霞红 陈 欣 王云月
技术发明二等奖	优质蜂产品安全生产加工及质量控制技术	中国农业科学院蜜蜂研究所,浙江大学,河南科技学院	吴黎明 彭文君 胡福良 薛晓锋 田文礼 张中印
技术发明二等奖	功能性吸附微界面构造及深度净水技术	中国科学院生态环境研究中心,中国科学院过程工程研究所,杭州回水科技股份有限公司	刘会娟 刘锐平 兰华春 赵 赫 曲久辉 王万寿
技术发明二等奖	黄酒绿色酿造关键技术与智能化装备的创制及应用	江南大学,浙江古越龙山绍兴酒股份有限公司,会稽山绍兴酒股份有限公司,上海金枫酒业股份有限公司	毛 健 刘双平 傅建伟 金建顺 俞剑燊 邹慧君
技术发明二等奖	构造强磁共振系统的关键技术与成像方法	中国科学院电工研究所,浙江大学,宁波健信核磁技术有限公司,深圳市贝斯达医疗股份有限公司,武汉工程大学	王秋良 李 毅 夏 灵 许建益 陈文波 汪建华
自然科学一等奖	聚集诱导发光	香港科技大学,浙江大学,北京理工大学	唐本忠 秦安军 董宇平 李 振 孙景志

3. 2017年度浙江省科学技术奖获奖项目

(1)省自然科学奖项目

一等奖			
项目编号	项目名称	完成单位	完成人员
Z-1-001	真实感图形的高效绘制理论与方法	浙江大学	周 昆 陈 为 彭群生 石教英 刘新国

续表

项目编号	项目名称	完成单位	完成人员
Z－1－002	DNA 损伤修复的分子机制	浙江大学	黄　俊　刘　婷　万　力　陈红霞　韩金花
Z－1－003	大肠癌微环境的关键免疫调控机制及其干预研究	浙江大学医学院附属第二医院	黄　建　邱福铭　伍　品　倪　超　叶　俊
Z－1－004	微生物转化生物质制油气燃料的能质传递强化机理	浙江大学	程　军　岑可法　周俊虎　刘建忠　何　勇
Z－1－005	肝癌微环境与癌细胞耐药关系机制及其治疗策略研究	浙江大学医学院附属第二医院，浙江大学	梁廷波　白雪莉　陈　伟　章　琦　杨　菲
Z－1－006	面向复杂非结构问题的信息降维决策理论研究	湖州师范学院，浙江大学，江南大学	蒋云良　刘　勇　王士同　邓赵红　胡文军
二等奖			
项目编号	项目名称	完成单位	完成人员
Z－2－001	能量储存/转换功能纳米结构的制备与特性研究	浙江师范大学，浙江大学	杜高辉　苏庆梅　张　俊　谢　健　赵新兵
Z－2－002	具有优异光催化活性的二元异质组装体构筑策略与性能研究	浙江师范大学	胡　勇　何益明　钟依均　赵雷洪　林建军
Z－2－003	高克努森数颗粒与流场及两相流中颗粒直接数值模拟的研究	中国计量大学，浙江大学	林建忠　于明州　余钊圣　邵雪明　包福兵
Z－2－004	室内空气中典型有机物的污染特征、源解析及控制	浙江大学	朱利中　陈曙光　沈学优　杨　坤　陆　豪
Z－2－005	基于性能的不确定非线性系统分析与控制	浙江大学，北京交通大学，浙江水利水电学院	苏宏业　刘之涛　吴争光　柳向斌　蔡建平
Z－2－006	透明种皮家族基因对于油籽脂肪酸积累的负向调控机制的发现	浙江大学	蒋立希　陈明训　王　中　李志兰　玄立杰
Z－2－007	过渡金属催化的绿色反应研究	浙江大学	张玉红　刘占祥　陈铮凯　黄乐浩　骆成才
Z－2－008	高通量节能氧化物薄膜的设计制备和光谱调制研究	浙江大学	涂江平　夏新辉　王秀丽　谷长栋
Z－2－009	Nrf2 通路在肿瘤耐药中的作用及机理研究	浙江大学	唐修文　王秀君　王洪燕　曲丽艳　高　鹏
Z－2－010	电磁辐射效应的频率和细胞依赖性及其干预研究	浙江大学	许正平　孙文均　陈光弟　曾群力　罗建红
Z－2－011	阿尔金断裂新生代活动方式及其与柴达木盆地的耦合分析	浙江大学	肖安成　吴　磊　毛黎光　王　亮　徐　波

续表

三等奖			
项目编号	项目名称	完成单位	完成人员
Z-3-001	官能团修饰 Fe_3O_4 基复合材料的设计与吸附富集性能	浙江大学宁波理工学院，宁波市疾病预防控制中心	沈昊宇　赵永纲　胡美琴　潘胜东
Z-3-003	膜法水处理中膜污染的界面热力学机制及控制	浙江师范大学	林红军　洪华嫦
Z-3-004	基于有机硅化合物及有机硅材料的催化反应新体系研究	杭州师范大学	徐利文　郑战江　杨科芳　柏惺峰　王　虎
Z-3-005	新型纳米功能材料的制备及在分析化学应用中的研究	浙江师范大学	陈建荣　钱兆生　王爱军　丰　慧　冯九菊
Z-3-006	微分方程的线性化理论与奇波、怪波模型的动力学性质研究	浙江师范大学，上海师范大学	夏永辉　李继彬　韩茂安
Z-3-007	复杂结构光场的调控机理及其相关应用技术	浙江理工大学，浙江农林大学	陈瑞品　周国泉　戴朝卿　汪小刚　王悦悦
Z-3-008	蛋白序列信息定量描述模型理论方法研究	浙江理工大学	贺平安　代　琦　姚玉华
Z-3-009	功能型益生菌和益生元的应用基础研究与作用机制	浙江工商大学	王彦波　傅玲琳
Z-3-010	面向高精度仿真分析的几何计算关键理论与方法研究	杭州电子科技大学	徐　岗　郑重阳　计忠平　陈小雕　王毅刚

(2)省技术发明奖项目

一等奖			
项目编号	项目名称	完成单位	完成人员
F-1-001	d-生物素绿色合成技术开发与产业化	浙江新和成股份有限公司	钱洪胜　车来滨　张甲春　张　谦　王昌泽　吴再红
二等奖			
项目编号	项目名称	完成单位	完成人员
F-2-001	回转类零件辊轧近成形与成性一体化控制技术	宁波大学	束学道　彭文飞　孙宝寿　王　英
F-2-002	电力表计全自动计量检定系统与应用	国网浙江省电力公司，国网浙江省电力公司电力科学研究院	黄金娟　张　燕　严华江　徐永进　周永佳　肖　涛
F-2-003	MQTZ铝型材立式自动化涂装生产线	浙江明泉工业涂装有限公司	黄立明　吴思明　茅立安　陈　云　余大海　陈仕军

续表

三等奖			
项目编号	项目名称	完成单位	完成人员
F-3-001	新型低温练漂剂的研制及其在棉织物中的应用工艺	传化智联股份有限公司	金鲜花　韩　非　毛为民　兰淑仙　黄　飞
F-3-002	光学镜头在自动辅助驾驶中的应用	宁波舜宇车载光学技术有限公司	裘文伟　谢前森　朱金献
F-3-003	电机系统高效能与可靠运行关键技术	浙江大学,杭州威衡科技有限公司	杨家强　黄　进　郎向荣　康　敏　朱　庆　尹溶森

(3)省科学技术进步奖项目

一等奖			
项目编号	项目名称	完成单位	完成人员
J-1-001	软土地基上轨道交通长期沉降评价与控制技术及工程应用	浙江大学	边学成　陈云敏　陈仁朋　蒋建群　叶肖伟　黄　博　周燕国
J-1-002	胰腺癌生物学行为导向诊治理论创新及新技术开发应用	温州医科大学附属第一医院	周蒙滔　张启瑜　唐开福　韩少良　单云峰　孔鸿儒　陈必成　孙洪伟　施可庆　曾其强　孙运鹏　蒋　磊　俞富祥
J-1-003	1000MW 等级电站锅炉给水泵汽轮机关键技术开发及应用	杭州汽轮机股份有限公司,浙江水泵总厂有限公司,浙江工业大学	隋永枫　孔建强　马晓飞　余伟平　姚建华　王　勤　蔡党华　周立明　陈金铨　董太宁　袁小琴　吴林林　毛汉忠
J-1-004	抗肿瘤分子靶向新药 BZG 和光热消融-化疗靶向治疗新模式的研究	浙江大学医学院附属第一医院,浙江大学,贝达药业股份有限公司,浙江工商大学	裘云庆　游　剑　楼　燕　丁列明　周　珏　康心汕　谭芬来　郭晓萌　裘文奇　郭　静　徐丽倩　喻　玮
J-1-005	肾小球疾病治疗关键技术创新及推广应用	浙江大学医学院附属第一医院,东南大学附属中大医院	陈江华　刘必成　李　恒　李夏玉　韩　飞　马坤岭　程　军　杨　毅　吕林莉　田　炯　吴建永　姜　虹　王仁定
J-1-006	畜禽抗生素减量和养分减排的新型微生态制剂技术研究与产业化	浙江大学,浙江农林大学,浙江惠嘉生物科技股份有限公司,浙江科盛饲料股份有限公司	汪以真　杨彩梅　冯　杰　刘金松　路则庆　徐欢根　王凤芹　王新霞　余东游　单体中　杜华华　曾新福　石常友

续表

项目编号	项目名称	完成单位	完成人员
J-1-007	道路工程中复合地基关键技术及其应用	浙江大学，湖南大学，浙江省交通规划设计研究院，中国电建集团华东勘测设计研究院有限公司，中国矿业大学	龚晓南 俞建霖 张 玲 吴德兴 卢萌盟 刘世明 陈昌富 毛 斌 常 雷 徐日庆 赵明华 姜正晖 俞红光
J-1-008	他汀类系列降脂药物关键技术研究和产业化	浙江京新药业股份有限公司，上虞京新药业有限公司，上海京新生物医药有限公司	朱建荣 金志平 张利锋 陈鉴东 张中良 卜华荣 何海萍 王东华 张林海 潘春苗
J-1-009	超薄壁高精度弯曲成形装备关键技术及工程应用	浙江金马逊机械有限公司，浙江大学，成都飞机工业(集团)有限责任公司	张树有 冯毅雄 林伟明 蒋兰芳 徐敬华 黄 锐 刘晓健 高一聪 张 飞 李光俊 程 锦 林姚辰 马晶晶
J-1-010	“促炎症消退新策略”防治急性呼吸窘迫综合征的基础临床应用研究	温州医科大学附属第二医院	金胜威 连庆泉 高 昉 赵琦峰 王建光 胡良冈 王 倩 郑声星 李 慧 郝 钰 高 叶 梅虹霞 应斌宇
J-1-011	柑橘优质生产与贮藏物流关键技术研究及推广应用	浙江大学，衢州市农业科学研究院，浙江省种植业管理局，临海市特产技术推广总站，衢州市柯城区经济特产站，衢州市柯城区柴家柑橘专业合作社，浙江求是人工环境有限公司	陈昆松 孙崇德 刘春荣 张 波 徐云焕 殷学仁 吴文明 徐昌杰 朱潇婷 李 杰 朱长青 金国强 叶先明
J-1-012	非电燃煤锅炉烟气污染物深度处理技术及应用	浙江大学，浙江天蓝环保技术股份有限公司	吴忠标 王海强 莫建松 王岳军 陈雄波 刘 越 程常杰 官宝红 唐 念 高 珊 盛重义 夏纯洁 寿冬金
J-1-013	吉利JLB-4G13T发动机的研发及产业化	浙江吉利控股集团有限公司，浙江吉利罗佑发动机有限公司	沈 源 杨 陈 王瑞平 袁 爽 张 强 宋志辉 赵乃博 田俊鹏 夏志鹏 洪方明 张 磊 谷祥盛 孟祥斌
J-1-014	晚粳稻优异种质春江12的创制与利用	中国水稻研究所，浙江省农业科学院	吴明国 张小明 林建荣 叶胜海 宋昕蔚 朱国富 倪建平 陆艳婷 曹栋栋 陈珊宇 李春寿 翟荣荣 熊立东

续表

项目编号	项目名称	完成单位	完成人员
J-1-015	低风速风电机组关键技术及产业化	浙江运达风电股份有限公司,中科宇能科技发展有限公司,浙江大学,保定华翼风电叶片研究开发有限公司	叶杭冶 应 有 徐 宇 杨秦敏 杨 帆 孙 勇 罗勇水 娄尧林 沈凤亚 叶 飞 申新贺 吴根勇 张淑丽
J-1-016	高速低功耗600V以上多芯片高压模块	杭州士兰微电子股份有限公司,杭州士兰集成电路有限公司	吴美飞 张邵华 闻永祥 李学敏 程 宇 赵金波 顾悦吉 孙样慧 刘慧勇 吴建兴 王 平 范伟宏 陈向东
J-1-017	儿童青少年代谢综合征预警及防治技术研究	浙江大学医学院附属儿童医院,浙江大学医学院附属第一医院	傅君芬 梁 黎 黄 轲 王春林 戴阳丽 张洪锡 许晓琴 董关萍 陈雪峰 梁建凤 朱建芳 方燕兰 吴 蔚
J-1-018	中医肿瘤瘀毒互结致病理论研究和应用	浙江中医药大学,浙江大学	张光霁 陈 喆 那仁满都拉 申 力 楼招欢 葛宇清 刘 培 马小琼 舒琦瑾 包剑锋
J-1-019	多端柔性直流输电关键技术、装备研制与工程应用	国网浙江省电力公司,国网浙江省电力公司电力科学研究院,国网浙江省电力公司舟山供电公司,国网北京经济技术研究院,南京南瑞继保电气有限公司,全球能源互联网研究院,许继集团有限公司,华北电力大学,中国能源建设集团浙江省电力设计院有限公司	杨 勇 胡列翔 陆 翌 马为民 田 杰 申 斌 李继红 贺之渊 俞恩科 张 静 李 勇 裘 鹏 刘 黎
J-1-020	功能性乳酸菌(产细菌素、B族维生素等)在乳制品产业化中的应用	浙江工商大学,杭州娃哈哈集团有限公司,浙江大学	顾 青 李言郡 郦 萍 阮 晖 欧 凯 侯保朝 李宝磊 赵乙桢 孙亚链 宋达峰 朱 炫 于 跃
J-1-021	安全高效杀菌剂噻唑锌的创制开发与应用	浙江工业大学,浙江新农化工股份有限公司,浙江大学	许丹倩 徐群辉 徐月星 戴金贵 李 俊 王益锋 魏方林 郭世俭 王湛钦 范坤成 郭 近 朱国念 徐振元
二等奖			
项目编号	项目名称	完成单位	完成人员
J-2-001	非多聚磷酸铵体系无卤膨胀型阻燃剂	杭州捷尔思阻燃化工有限公司	朱 峰 刘君锭 吴伟俊 邵江斌 胡唐龙 贺 杰 张孟欢 马成彬

续表

项目编号	项目名称	完成单位	完成人员
J-2-002	城市湿地生态系统改善关键技术研究与应用	杭州师范大学,杭州西溪湿地经营管理有限公司,中国林业科学研究院亚热带林业研究所	张杭君 王慧中 金仁村 林金昌 吴 明 王 繁 施心路 卢剑波 蒋跃平
J-2-003	基于物联网技术的火电厂燃料全过程管理与智能掺烧系统建设与应用	华电电力科学研究院,清华大学	王群英 岳益锋 张 琨 张和明 李小江 罗蒙蒙 郝功涛 苏 攀 刘战礼
J-2-004	软性材料数控切割设备关键技术及产业化	杭州爱科科技有限公司	方云科 张东升 伍郁杰 白 燕 徐林苗 帅宝玉 苏 冬 张传乐 张广垒
J-2-005	新型组织工程骨复合材料的构建与作用研究	杭州市萧山区中医院,浙江大学	全仁夫 戚记伟 许世超 李 强 李 伟 徐金渭 王金福 岳 岚
J-2-006	微晶玻璃析晶区域控制技术	杭州诺贝尔陶瓷有限公司	余爱民 赵 明 方伟文 李德发 蒋孝云 余昌江 李志富 夏昌奎
J-2-007	八万等级空分设备研发	杭州杭氧股份有限公司	毛绍融 周智勇 卢 杰 蔡 毅 毛央平 施俊丰 朱 平 周芬芳 顾燕新
J-2-008	计算机硬盘驱动电机用超薄磁体的关键制备技术	宁波韵升磁体元件技术有限公司	吕向科 黄 威 丁 勇 杨江华 郑晓东 杨庆忠 陈久扬 曹海良 刘盛业
J-2-009	高性能低锡强化磷青铜合金带材的关键技术研究及产业化	宁波兴业盛泰集团有限公司,北京有色金属研究总院	王建立 黄国杰 马吉苗 彭丽军 苑和锋 杨群央 马万军 程 磊 解浩峰
J-2-010	绿色智能大型纯二板式塑料注射成型装备的研发及产业化	海天塑机集团有限公司,北京化工大学	高世权 谢鹏程 阮剑波 杨卫民 胡安驰 邱 炜 叶群方 邬静奇 孙产刚
J-2-011	沿海地区轨道交通工程混凝土材料耐久性提升关键技术与应用	宁波市轨道交通工程建设指挥部,武汉理工大学,中交武汉港湾工程设计研究院有限公司,浙江大学宁波理工学院	朱瑶宏 王发洲 叶俊能 秦明强 邹玉生 耿 健 屠柳青 汤继新 刘云鹏
J-2-012	微生物活性成分高效生物合成关键技术及应用	温州大学,中南林业科技大学,浙江瑞邦药业股份有限公司	杨海龙 卜光明 刘高强 吴明江 廖志勇 王晓玲 周化斌 黄福如

续表

项目编号	项目名称	完成单位	完成人员
J-2-013	新型银金属氧化物电触头材料关键制造技术的开发与产业化	福达合金材料股份有限公司	万　岱　柏小平　翁　桅 王　珩　颜小芳　刘立强 刘映飞　胡　杰　宋林云
J-2-014	脑卒中的发病机制及防治关键技术开发	温州医科大学附属第一医院	诸葛启钏　黄李洁 阮林辉　黄胜威　叶　盛 张　宇　余园园　夏　雷 詹　健
J-2-015	基于网络数据平台下的产前筛查和产前诊断技术建立及临床应用	温州市中心医院,温州医科大学,浙江省医学遗传学重点实验室,杭州博圣生物技术有限公司	唐少华　徐雪琴　吴金雨 李焕铮　陈　冲　方合志 林小玲　祝尔乐　周丽丽
J-2-016	大口径超高压智能控制长输管道全锻焊结构球阀	五洲阀门股份有限公司	汪春臣　陈星翰　郑益丰 阁享平　陈锦法　胡建田 陈长奔　朱为杰
J-2-017	低压电器保护特性在线检测装置关键技术及产业化	温州大学,河北工业大学,浙江深科自动化科技有限公司,浙江天正电气股份有限公司,环宇集团有限公司,浙江德力西电器有限公司	吴桂初　陆俭国　陈　冲 赵　升　万　毅　吴自然 刘国兴　方初富　严　睿
J-2-018	新生代创业的社会融入问题研究	温州医科大学,温州大学	黄兆信　王志强　刘燕楠 黄扬杰　余向前　钟卫东 黄蕾蕾　俞林伟　赵国靖
J-2-019	大型石油化工装置用镍铬耐蚀合金系列管道及高温工艺管	浙江久立特材科技股份有限公司	苏　诚　吉　海　吕建民 朱建平　丁文炎　廖　军 王宝顺　徐阿敏　王　曼
J-2-020	高功率长寿命均衡水平电池	超威电源有限公司	章　晖　张绍辉　马永泉 刘孝伟　王新虎　李家犀 李伟伟
J-2-021	天能绿色循环发展创新工程建设项目	天能电池集团有限公司	
J-2-022	废铅蓄电池资源再生利用污染防治关键技术研发与产业化	浙江天能电源材料有限公司	娄可柏　杨建芬　胡建平 马建业　俞朝平　杨松平
J-2-023	优质高效安全绍兴黄酒酿造酵母选育及产业化应用	浙江古越龙山绍兴酒股份有限公司,江南大学,绍兴文理学院,浙江加州国际纳米技术研究院绍兴分院,中国绍兴黄酒集团有限公司	谢广发　陈　坚　臧　威 傅建伟　周景文　邹慧君 孙剑秋　洪旭涛　沈　赤

续表

项目编号	项目名称	完成单位	完成人员
J-2-024	可调压脚式断线速停宽幅刺绣机关键技术研究与产业化	浙江信胜缝制设备有限公司	王海江 田桂郁 张雷 何纪江 方炬江 陶炎海 张仕均
J-2-025	单晶硅棒切磨复合加工一体机	浙江晶盛机电股份有限公司	朱亮 傅林坚 曹建伟 叶欣 沈文杰 石刚 孙明 周建灿 卢嘉彬
J-2-026	节能高效氧化铝原料制备技术与工业应用	浙江自立新材料股份有限公司,武汉科技大学,浙江自立股份有限公司	赵义 顾华志 宋雅楠 黄凯 黄奥 马铮 樊华锋 赵雷 李远兵
J-2-027	智能化纤装备及经编织造装备关键技术研发和产业化	浙江越剑机械制造有限公司,浙江理工大学,绍兴文理学院,中纺院(浙江)技术研究院有限公司	吴震宇 李兵 陈坤 何春波 李红军 单生良 胡臻龙 郑吉华 崔桂新
J-2-028	轻型商用车AMT自动变速器研发与产业化	浙江万里扬股份有限公司	任华林 黄翔 申文权 温晓平 陆晓平 金立红 谢小兵 张建旭 吉康胜
J-2-029	船舶钢材预处理生产线关键技术研究与应用	扬帆集团股份有限公司,浙江海洋大学	刘在良 谢永和 柳向阳 蔡辉华 夏小浩 赖祥华 刘俊梅 张娟艺 戴志远
J-2-030	磷氮阻燃剂插层蒙脱土关键技术的开发及其应用	台州学院,浙江百纳橡塑设备有限公司,浙江工业大学,浙江省仙居县博达异型橡塑有限公司	黄国波 刘义林 高建荣 韩得满 杨健国 黎远波 郭海昌 葛昌华 赵均才
J-2-031	胞嘧啶合成新技术	浙江先锋科技股份有限公司	高飞飞 朱敏亮 朱善龙 肖木杰 魏琛晖 姚福友
J-2-032	特高压电子式互感器关键技术及工程应用	国网浙江省电力公司电力科学研究院,中国电力科学研究院,南瑞航天(北京)电气控制技术有限公司,国网浙江省电力公司检修分公司,国网浙江省电力公司金华供电公司,浙江天际互感器有限公司	费烨 王晓琪 张志鑫 毛安澜 熊俊军 王静静 许灵洁 王利清 宋金根
J-2-033	伯氏疏螺旋体培养、检测方法及相关功能研究	温州医科大学	楼永良 谢旦立 叶美萍 郑美琴 郑易 周燕 杜季梅
J-2-034	地方融资圈及其风险传染理论:风险防范与转型突破	浙江工业大学	吴宝 郭元源 汤临佳 程聪 池仁勇 李正卫

续表

项目编号	项目名称	完成单位	完成人员
J-2-035	地震监测痕量氢和汞关键技术及应用	杭州电子科技大学，中国地震局地壳应力研究所，杭州超距科技有限公司，山西省地震局	王维平 刘耀炜 高海军 范雪芳 高小其 何 镧 王建中 孙玲玲 王维熙
J-2-036	大型桥梁结构健康监测及状态评估的关键技术	浙江工业大学，中交公路规划设计院有限公司，合肥工业大学	郭 健 李 娜 任伟新 叶志龙 赵 钦 颜王吉 汤一平 徐文城 贺露露
J-2-037	西司他丁重要手性中间体的绿色合成关键技术研究及产业化开发	浙江工业大学，浙江海翔药业股份有限公司，浙江海翔川南药业有限公司	王 普 何军邀 唐 鹤 黄 金 赵国标 钱 广 吕亚萍 龚伟中 钟成刚
J-2-038	名优绿茶生产加工关键技术创新与成套设备研发	浙江理工大学，浙江大学，杭州千岛湖丰凯实业有限公司，浙江春江茶叶机械有限公司，浙江省机械工业情报研究所，浙江农林大学	李 革 鲍一丹 周仁桂 苏 鸿 李晓丽 李青绵 王丽丽 何 乐 孔汶汶
J-2-039	网络互动媒体计算关键技术及应用	浙江工商大学，浙江大学，杭州电魂网络科技股份有限公司，浙江中南卡通股份有限公司	王 勋 杨柏林 杨文武 金小刚 任 重 侯启明 王慧燕 沈玉良 胡玉彪
J-2-040	新型纺纱数字化控制关键技术研究及产业化应用	杭州电子科技大学，浙江泰坦股份有限公司，浙江康立自控科技有限公司，天津大学	高明煜 梁汇江 何志伟 魏顺勇 黄继业 陈祖红 马国进 陈德传 陈 炜
J-2-041	“因虚致瘀”论骨痿、及自拟强骨饮对其作用靶点的研究及临床疗效	浙江中医药大学	史晓林 刘 康 李春雯 吴连国 刘 钟 梁博程
J-2-042	中国海外投资的风险防范与管控体系研究	浙江大学	陈菲琼 杨柳勇 王 寅
J-2-043	机器人智能体分布式协同控制系统研究与应用	浙江大学，杭州新松机器人自动化有限公司，浙江正特股份有限公司	韦 巍 项 基 李正刚 彭勇刚 郑荣濠 秦 炜 闻克瑜 杨永帅 陈 立
J-2-044	工业化钢结构住宅体系的关键技术研发与产业化	杭萧钢构股份有限公司	杨强跃 李文斌 刘晓光 贾宝英 胡立黎 陈勇敢 单银木 方鸿强 尹卫泽
J-2-045	大跨异形市政隧道建造与运行关键技术	杭州市城市基础设施建设发展中心，浙江大学	王立忠 许雷挺 李广宇 张治成 李海沙 吴 珂 洪 义 徐 建 吕 庆

续表

项目编号	项目名称	完成单位	完成人员
J-2-046	基于手机信令大数据分析技术在浙江公路运行管理的应用	浙江省交通信息中心,知代科技发展(北京)有限公司,上海云砥信息科技有限公司	韩海航 王久辉 吕梦蛟 陈明威 朱景瑜 陆俊贤 苏莉斌 邱志军 刘胜平
J-2-047	楠木等5种珍贵树种种质资源保育与创新利用	浙江农林大学,庆元县实验林场,浙江省开化县林场,丽水市林业科学研究院,遂昌县林业技术推广总站	童再康 黄华宏 吴小林 张俊红 林二培 程龙军 汪燕明 楼雄珍 葛永金
J-2-048	中国南方集体林区森林碳汇供给潜力及政策工具研究	浙江农林大学	沈月琴 朱 臻 徐秀英 吴伟光 龙 飞 李兰英 周 隽 周子贵 王连茂
J-2-049	油茶籽品质变化规律和特色制油关键技术研究及产业化	中国林业科学研究院亚热带林业研究所,中南林业科技大学,浙江大学,浙江久晟油茶科技股份有限公司,浙江康能食品有限公司,浙江常发粮油食品有限公司	方学智 罗 凡 杜孟浩 郭少海 胡立松 费学谦 姚小华 钟海雁 金勇丰
J-2-050	人工林杉木和竹材高值化加工关键技术	浙江农林大学,江山欧派门业股份有限公司,金华市捷特包装有限公司,江山市林业产业联合会	钱 俊 金春德 马灵飞 俞友明 孙庆丰 金永明 吴水根 陈江富 周卫中
J-2-051	人感染H7N9禽流感防控关键技术创新与应用	浙江省疾病预防控制中心,杭州市疾病预防控制中心,衢州市疾病预防控制中心	陈恩富 夏时畅 陈直平 张严峻 林君芬 刘社兰 茅海燕 何 凡 王笑笑
J-2-052	血液肿瘤多靶点治疗及克服耐药的基础与临床研究	浙江大学医学院附属第一医院	钱文斌 叶琇锦 尤良顺 雷 文 刘 辉 杨春梅 许改香 肖 峰 谢万灼
J-2-053	西非埃博拉病毒病诊治及现场干预研究	浙江大学医学院附属第一医院,上海市公共卫生临床中心,上海长海医院,树兰(杭州)医院,浙江省人民医院	徐小微 黄建荣 汤灵玲 李兰娟 卢洪洲 李成忠 姚航平 高海女 汪明珊
J-2-054	消除血吸虫病策略、关键技术和监测体系的创新研究	浙江省医学科学院	闻礼永 严晓岚 张剑锋 俞丽玲 林丽君 朱明东 杜海娟 丁建祖 杨明瑾
J-2-055	帕金森病影像学生物标志研究和评估体系构建	浙江大学	张敏鸣 徐晓俊 夏顺仁 黄沛钰 罗 巍
J-2-056	甲状腺诊治技术创新及推广应用	浙江省肿瘤医院,山东省肿瘤防治研究院,北京毅新博创生物科技有限公司	葛明华 杨 明 凌志强 杨 琛 赏金标 谭 卓 徐 栋 马庆伟 郭振英

续表

项目编号	项目名称	完成单位	完成人员
J-2-057	儿童过敏性紫癜/紫癜性肾炎的早期诊断及综合防治	浙江大学医学院附属儿童医院	毛建华 舒 强 叶 青 邹朝春 李 伟 杜立中 戴宇文 黄 雷 傅海东
J-2-058	腹腔镜胰腺手术关键技术创新与推广应用	浙江省人民医院,浙江大学医学院附属邵逸夫医院,台州市立医院,湖州中心医院	牟一平 徐晓武 周育成 金巍巍 张人超 严加费 鲁 超 牟永华 魏云海
J-2-059	重要滩涂贝类良种培育技术体系创建与应用	浙江省海洋水产养殖研究所,中国科学院海洋研究所,浙江永兴水产种业有限公司,温岭市龙王水产开发有限公司	刘保忠 柴雪良 王鸿霞 肖国强 方 军 邵艳卿 岳 欣 滕爽爽 张炯明
J-2-060	海洋多获性红身鱼类保鲜和精深加工关键技术研究与应用	浙江工商大学,浙江兴业集团有限公司,浙江大洋世家股份有限公司,舟山市海洲水产有限公司,浙江黄罐食品股份有限公司,舟山金园水产食品有限公司	戴志远 马永钧 李仁伟 周小敏 杨方国 徐雪野 张继光 陈兆明 王宏海
J-2-061	钱塘江水域蓝藻水华防治与生态环境保护关键技术研究	浙江省环境监测中心,中国科学院南京地理与湖泊研究所,杭州市环境保护科学研究院	汪小泉 俞 洁 朱广伟 俞 建 吴挺峰 吴 洁 牟义军 田旭东 盛海燕
J-2-062	含高渗透率分布式光伏配电网主动控制技术及应用	国网浙江省电力公司嘉兴供电公司,国网浙江嘉善县供电公司,国网浙江省电力公司电力科学研究院,南京南瑞继保电气有限公司,嘉兴恒创电力设计研究院有限公司	韩志军 裘愉涛 徐光福 黄宏盛 仇群辉 陈 嵘 沈金青 吴智刚 孙献春
J-2-063	基于多特征合判的配电线路智能故障定位系统研制与应用	国网浙江省电力公司,浙江华云信息科技有限公司,国网浙江省电力公司信息通信分公司,国网浙江长兴县供电公司,杭州零尔电力科技有限公司,国网浙江省电力公司电力科学研究院	阙 波 陈 蕾 邵学俭 徐重酉 陈 彤 周 浩 朱义勇 王彦波 顾建炜
J-2-064	纯凝机组高品质工业供汽协同优化改造技术	台州发电厂,浙江浙能技术研究院有限公司	沈 波 高强生 吴春年 周仁米 陈 健 郑渭建 郑德水 罗海华 李晓晖
J-2-065	大型汽轮发电机组突发性振动识别技术与治理策略	国网浙江省电力公司电力科学研究院,浙江大学,浙江科技学院,浙江浙能中煤舟山煤电有限责任公司,国电浙江北仑第三发电有限公司	吴文健 应光耀 郑水英 童小忠 刘淑莲 李卫军 张 宝 虞国平 蔡文方

续表

项目编号	项目名称	完成单位	完成人员
J－2－066	全时段多目标节能经济调度关键技术及应用	国网浙江省电力公司，中国电力科学研究院，浙江大学，国电南瑞科技股份有限公司	朱炳铨 项中明 江全元 徐立中 冯树海 马宇辉 沈 广 徐奇锋 石 飞
J－2－067	鲜食大豆资源发掘与新品种选育推广	浙江省农业科学院，浙江省农业技术推广中心，杭州市萧山区农业技术推广中心，宁波海通时代农业有限公司，台州市椒江区种子管理站	朱丹华 吴早贵 傅旭军 夏国绵 王 巍 包祖达 郁晓敏 杨清华 朱申龙
J－2－068	杨梅凋萎病发生规律及综合防控技术	浙江省农业科学院，浙江省种植业管理局	戚行江 王汉荣 任海英 梁森苗 郑锡良 周慧芬 方 丽 求盈盈 陈安良
J－2－069	育麟方加减改善卵巢储备功能的临床及作用机制研究	杭州市中医院	何嘉琳 王素霞 章 勤 赵宏利 陈 舒 蔡彬彬 方晓红 高 涛 祝雨田
J－2－070	痰瘀同治防治冠状动脉粥样硬化性心脏病的机制和临床应用	浙江中医药大学附属第一医院	毛 威 朱 敏 徐晓明 华军益 杨锦秀 王坤根 黄兆铨 邱原刚 潘艳云
J－2－071	浙江特色药材标准研究及应用	浙江省食品药品检验研究院，浙江康恩贝制药股份有限公司，丽水市食品药品与质量技术检验检测院，浙江寿仙谷医药股份有限公司，浙江天皇药业有限公司	赵维良 王如伟 范 蕾 祝 明 徐 靖 张文婷 郭增喜 戚雁飞 王伟影
J－2－072	智能交通动态监测系统	杭州海康威视数字技术股份有限公司，杭州海康威视系统技术有限公司	浦世亮 裴建军 车 军 呼志刚 简武宁 任 烨 朱 江 徐 鹏 柯常志
J－2－073	纳米复合功能性纤维健康产品关键技术及产业化	浙江和也健康科技有限公司，南京林业大学，浙江纳博生物质材料有限公司	胡立江 王志国 方志财 李 俊 范一民 戴彦彤 潘 丹 刘石林
J－2－074	大数据安全存储系统关键技术与产业化	杭州信核数据科技股份有限公司，杭州电子科技大学，浙江科技学院	任永坚 张纪林 万 健 王 术 黄 杰 任祖杰 殷昱煜 蒋从锋 童 亮
三等奖			
项目编号	项目名称	完成单位	完成人员
J－3－001	新能源电动汽车超级充电一体化解决方案	杭州中恒电气股份有限公司	郭卫农 韦 康 孙 涛 张金磊 朱益波 范德育 余学芳

续表

项目编号	项目名称	完成单位	完成人员
J-3-002	纳米级改性TPE材料生产的无阻尼高效旋具的研究与开发	杭州巨星科技股份有限公司，杭州巨星工具有限公司	王伟毅 余闻天 何天乐 李跃明 王来生 江谷生
J-3-003	公路型全钢工程机械子午线轮胎	杭州朝阳橡胶有限公司	毛建清 毛建生 楼齐森 黄斌文 徐芳林 缪一鸣 徐新建
J-3-004	中药丹参大黄阻止急性胰腺炎重症化机理系列研究	杭州市中医院	李钢 王凯诚 赵金锋 陈海平 胡祖健 吴清 易丽萍
J-3-005	LED数字式可调电源研发及产业化	英飞特电子(杭州)股份有限公司	华桂潮 张华建 葛良安 徐迎春 熊代富 罗长春 姜德来
J-3-006	淳安花猪种质资源保护和开发利用	杭州市农业科学研究院，淳安县茅山淳安花猪种业有限公司，杭州志绿生态农业开发有限公司	李庆海 范京辉 楼立峰 王欢欢 章学东 石树仁 刘荣平
J-3-007	肝外胆管癌肿瘤标志物筛选与内镜治疗研究	杭州市第一人民医院	杨建锋 张筱凤 汪静 沈红璋 谢璐 顾伟刚 金杭斌
J-3-008	面向多业务应用的高清多媒体SOC芯片与解决方案	杭州国芯科技股份有限公司，浙江大学	梁骏 黄智杰 叶丰 凌云 高峰 张明 岳彩发
J-3-009	面向综合交通网络的自动售检票装备研发及产业化	浙江众合科技股份有限公司，浙江浙大网新众合轨道交通工程有限公司，浙江大学	陈祥献 刘丹丹 邹东 胡大可 赵梦君 张金章 周宏
J-3-010	基于大数据的可视化智能交通管理综合应用平台	杭州中奥科技有限公司	沈贝伦 张登 李冰 严伟 沈俊青 常荣虎 盛丽兰
J-3-011	巨型拱形空间结构创新技术研究及应用	浙江东南网架股份有限公司	周观根 游桂模 黄勇 万敬新 严永忠 王永梅 孙佳佳
J-3-012	面向安全生产的事故自动监测与预警关键技术研究与应用	浙江图讯科技股份有限公司，浙江大学	王斌 周泓 虞晓波 徐进 李静跃 张保敏 张少锋

续表

项目编号	项目名称	完成单位	完成人员
J-3-013	硬质聚氯乙烯用新型环保高效有机锡复合热稳定剂的制备和产业化	浙江海普顿新材料股份有限公司,浙江工业大学	王　旭　唐　伟　高尔金　陈　思　瞿英俊　陈建军　尹克锋
J-3-014	光纤预制棒芯棒高速率沉积及高效玻璃化关键技术	浙江富通光纤技术有限公司	陈坚盾　董瑞洪　杨军勇　章海峰　冯高峰　马　静
J-3-015	耐油型辐照交联低烟无卤阻燃聚烯烃电缆料	浙江万马高分子材料有限公司	任　政　齐兴国　蔡建超　金曙霖　程林鹤　李鹏举　丁大雷
J-3-016	特定波长LED显示及其云控制关键技术的研发与产业化	杭州新湖电子有限公司,杭州五湖电子有限公司,杭州市生产力促进中心,浙江省电子信息产品检验所	谢琦明　胡为民　张楚信　陈　萍　富金龙　付　亮　田荣刚
J-3-017	TFT-LCD平板显示用光学反射膜	宁波长阳科技股份有限公司	金亚东　周玉波　杨衷核　杨承翰
J-3-018	农村河道水环境生态治理技术研究与示范推广	宁波市农业科学研究院,宁波市农村水利管理处	陈若霞　金树权　胡　杨　周金波　姚红燕　杜柏荣　杨成刚
J-3-019	新型环保汽车遮阳板关键技术研究及产业化	宁波市阳光汽车配件有限公司	戴初发　毛小柯　何耿波　毛乾明　毛海明　陈文龙　毛旭辉
J-3-020	火灾后型钢混凝土结构损伤评估与加固修复关键技术研究及应用	宁波大学,西安建筑科技大学,中国建筑科学研究院	李俊华　杨　勇　孙　彬　唐跃锋　刘明哲　张　波　邱栋梁
J-3-021	具备3D和景深拍照功能的仿生双目摄像头模组	宁波舜宇光电信息有限公司	王明珠　丁　亮　赵波杰　陈　洪　俞丝丝　王雅菲　廖海龙
J-3-022	葡萄品种改良与优质高效生产技术研究	浙江万里学院,慈溪市林特技术推广中心,宁波秀可食品有限公司,宁波东钱湖旅游度假区野马湾葡萄场,慈溪市新浦镇农业服务总公司	吴月燕　王立如　王忠华　杨震峰　钱德康　高长达　俞　超
J-3-023	稀土永磁材料绿色表面防护技术开发与应用	宁波科田磁业有限公司,中国科学院宁波材料技术与工程研究所	宋振纶　王育平　杨丽景　郑敦敦　冒守栋　徐　峰　郑必长
J-3-024	燃气热水器节能环保创新技术研发与产业化	宁波方太厨具有限公司,同济大学	诸永定　徐德明　周高云　高乃平　卢志龙　沈文权　魏敦崧

续表

项目编号	项目名称	完成单位	完成人员
J－3－025	轿车底盘零部件轻量化设计平台建设及应用	宁波汇众汽车车桥制造有限公司，南京工业大学	张才伟　苏小平　俞国阳
J－3－026	杭州湾优势水果产业提升关键技术创新与应用示范	宁波市农业科学研究院，浙江大学，慈溪市林特技术推广中心，浙江万里学院，余姚市林业特产技术推广总站	孙志栋　柴春燕　应铁进　沈立铭　李共国　徐绍清　林　波
J－3－027	双燃料发动机技术研发与产业化	宁波中策动力机电集团有限公司	吴　杰　沈建华　罗战强　刘清明　林坚树　刘力军　郑翱昱
J－3－028	基于特殊相结构的数控机床用电极丝研发及应用	宁波博德高科有限公司	孟宪旗　梁志宁　万林辉　潘志军　林火根　吴　桐　陈小军
J－3－029	高性能高速铁路切磨砂轮关键技术的研发及产业化	宁波大华砂轮有限公司	李保国　张和平　俞建成　张　瑜　刘　钟　黄海燕　董金华
J－3－030	急性髓系白血病的个体化诊断和治疗研究	宁波市鄞州人民医院	裴仁治　陆　滢　岑　东　张丕胜　曹俊杰　李空飞　李双月
J－3－031	低碳、智能健康集成厨房的关键技术系统优化及研究开发	宁波欧琳厨具有限公司，宁波欧琳厨房电器有限公司	徐剑光　孙　圣　陈　浩　方小波　高卫良　郑建炳　陈强飞
J－3－032	大型二板式注塑机百吨级球墨铸铁件生产关键技术的研发	日月重工股份有限公司，浙江大学宁波理工学院，湖南大学	傅明康　李继强　宋贤发　贾志欣　刘建东　马　超　高文理
J－3－033	智能双级升降矩阵舞台	浙江大丰实业股份有限公司	丰其云　严华锋　吴立锋　谢海歧　阮玉瑭　周立锋　黄学通
J－3－034	废杂铜资源绿色、保质再生制造关键技术的研究与应用	宁波长振铜业有限公司，苏州有色金属研究院有限公司	王　硕　符志祥　李华清　宋长洪　向朝建　朱莎霜　施利霞
J－3－035	电热油汀自动化生产工艺集成设计与开发	宁波先锋电器制造有限公司	姚国宁　方庆朕　余　杰　戴　冈　戴兆平　赵仁壮　党信波
J－3－036	新型高效大功率新能源并网逆变器	宁波锦浪新能源科技股份有限公司，上海理工大学	王一鸣　夏　鲲　许　颇　Richard Loh　张天赐　甘正华　梅汉文

续表

项目编号	项目名称	完成单位	完成人员
J-3-037	饮用水管网低铅青铜阀门的研制及产业化	宁波华成阀门有限公司	王朝阳 连超燕 祝云霞 吕烈平 梅静容 杨月红 娄永杰
J-3-038	新技术应用创新创业人才培养研究与实践	温州职业技术学院	谢志远 张呈念 夏春雨 祝成林 童卫军 池春阳 邹良影
J-3-039	高效节能烟气除尘脱硫资源化利用成套设备	浙江双屿实业有限公司	林德生 王家骐 王华健 郑秀中 王宏伟 吴军萍 林立东
J-3-040	基于恶性肿瘤FGF信号分子靶标筛选新型拮抗肽的基础与应用研究	温州医科大学	王 聪 潘薛波 马吉胜 吴晓萍 吴建章 龚方华 胡淑平
J-3-041	超达阀门企业技术创新体系	超达阀门集团股份有限公司	
J-3-042	植物源食品安全检测关键技术研究及应用	温州出入境检验检疫局综合技术服务中心，温州大学，深圳出入境检验检疫局食品检验检疫技术中心，安徽出入境检验检疫局检验检疫技术中心	韩 超 沈 燕 靳保辉 胡艳云 陈 波 黄芙珍 朱振丽
J-3-043	胸部肿瘤精准放疗技术及放疗疗效优化研究	温州医科大学附属第一医院	谢聪颖 金献测 苏华芳 张薛榜 薛圣留 沈兰晓 方 雅
J-3-044	六模六冲智能冷镦成型机	浙江东瑞机械工业有限公司	金 伟 周宏明 向家伟 黄 豪 陈孝聪 李多全
J-3-045	商用车电驱动空气压缩机	瑞立集团瑞安汽车零部件有限公司	李传武 邬泽强 王鲜艳 刘 昕 罗 仁 陈 亮
J-3-046	IC卡预付费燃气系统	金卡智能集团股份有限公司	张恩满 郭 刚 余冬林 朱央洲 项杏梅 杨 磊 白剑国
J-3-047	无纺布立体袋全自动一次性成型制袋机	温州欧伟机械股份有限公司	欧阳锡聪 蔡文杰 陈祖仁 丁小勇 杨文高 苏德建
J-3-048	基于图像鉴别技术的物联网点验钞机	浙江维融电子科技股份有限公司	谢爱文 商茎正 陈金栋 应 俊 周 洲 张晓飞 毕 雷

续表

项目编号	项目名称	完成单位	完成人员
J-3-049	双相不锈钢关键生产技术研究和产业化	振石集团东方特钢有限公司	刘晓亚　申　鹏　颜海涛　杨　振　赵　锦　李　杰　马登德
J-3-050	新型超仿棉 PET 纤维产业化技术开发	桐昆集团股份有限公司	俞　洋　屈汉巨　杨卫星　李国元　陈士南　沈富强　王国良
J-3-051	光伏应用产品和发电系统关键技术研发与产业化	浙江嘉科新能源科技有限公司，嘉兴学院	戴永军　熊远生　马尚行　高慧敏　李安宁　沈英达　钱苏翔
J-3-052	高性能汽车内装材料关键技术的研究及产业化	宏达高科控股股份有限公司	张建福　马月娟　邱宏伟　汤胥良　陈　晶
J-3-053	大容量食品用聚酯瓶片与绿色化生产关键技术开发	浙江万凯新材料有限公司	章延举　郑　兵　华　云　王元前　吴才军
J-3-054	直纺半光多孔扁平纤维	桐昆集团股份有限公司	邱中南　徐奇鹏　彭建国　沈洪良　倪慧芬　孙燕琳　张子根
J-3-055	适用于工业废气 PM2.5 排放控制的 PTFE 膜覆合滤材关键技术	浙江朝晖过滤技术股份有限公司，桐乡市健民过滤材料有限公司	计根良　蔡海锋　卢长安　陈　亏　刘朝军　杨树学　孙成磊
J-3-056	高性能增强 PP 用玻璃纤维短切原丝	巨石集团有限公司	曹国荣　陈纪明　张志坚　章建忠　费振宇　顾桂江　刘　娟
J-3-057	全消光涤纶长丝熔体直纺柔性关键技术及产品研发	桐乡市中维化纤有限公司，桐乡中辰化纤有限公司	庄耀中　沈健彧　郑永伟　吴阿林　赵春财　崔　利　李雪昌
J-3-058	高品质差别化再生聚酯纤维关键技术及装备研发	海盐海利环保纤维有限公司	陈　浩　方叶青　蒋雪风　张吴芬　董凤敏　朱华生　吴海良
J-3-059	金属卷板自动开卷系统技术的开发及应用	浙江恒立数控科技股份有限公司	李民强　胡访玉　赵图南　卢勤俭　裘利顺　丁　力　彭伦琴
J-3-060	腹膜透析治疗重症急性胰腺炎的基础研究、推广应用与慢性化阻抑	湖州市第一人民医院	冯文明　鲍　鹰　朱　鸣　王　翔　唐成武　陆文明　郑银元

续表

项目编号	项目名称	完成单位	完成人员
J-3-061	配网智能运检关键技术与“人—车—系统”集成及应用	国网浙江省电力公司湖州供电公司,国网浙江省电力公司培训中心,国网电力科学研究院武汉南瑞有限责任公司,杭州西力智能科技股份有限公司,武汉科迪奥电力科技有限公司	楼平 李颖毅 王巍然 顾中华 张雪峰 王华文 刘晓伟
J-3-062	满足国五排放标准的汽油车尾气净化催化器	浙江达峰汽车技术有限公司	李光凤 王秋艳 乔锋华 许汉春 王磊
J-3-063	超级奥氏体不锈钢材料关键技术的研发及产业化	永兴特种不锈钢股份有限公司	陈根保 高亦斌 杨辉 何义远 邹伟民 吉建军 丁斌华
J-3-064	CIVIL带节能缓冲器载货电梯	浙江西沃电梯有限公司	莫永良 蒋斌 余斌 沈怡萍 许开新 莫卫明
J-3-065	智能型连拉连退高速节能中线伸线机研发及应用	先登控股集团股份有限公司	朱水生 施国良 鲍新法
J-3-066	工程机械智能化涂装生产线	浙江华立智能装备股份有限公司	吕建立 郎巍 沈利 沈吉义
J-3-067	NDM9001型北斗接收射频前端模块的研发	中电科技德清华莹电子有限公司	王毅刚 程冰 朱卫俊 施旭霞 马杰 胡建学 杨鑫垚
J-3-068	纺织品用亚光型水性丙烯酸酯胶浆SW-YG001的研发	长兴三伟热熔胶有限公司	殷伟乔 赵峰 朱雪峰 汤荣堂 黄金 沈美利
J-3-069	全自动铸焊机	浙江海悦自动化机械股份有限公司	张建章 陈义忠 周富成 张勇根 林雁斌
J-3-070	改性三元材料锂离子电池的研发与应用	浙江天能能源科技股份有限公司	张天任 何文祥 李福林 施利勇
J-3-071	高精度定位叠加个性化全息防伪技术及产业化	浙江京华激光科技股份有限公司	孙建成 袁坚峰 邵波 熊建华 陈金通 任文峰 马卫军
J-3-072	冷烫膜新材料的制备及应用技术	绍兴虎彩激光材料科技有限公司	邓刚 彭良兵 李慧敏 李绍国 梅火焰 厉立江 黄定龙
J-3-073	基于粒度可控高吸光性分散染料涤纶特黑染色关键技术及产业化	绍兴文理学院,浙江红绿蓝纺织印染有限公司	刘越 陈宇鸣 陈丰 赵雪 胡玲玲 贾玉梅 钱红飞

续表

项目编号	项目名称	完成单位	完成人员
J-3-074	九项新筛肿瘤标志物及其临床验证的研究	绍兴市人民医院	董学君 钱 颖 屠春雨 郑 专 谢科杰 吕 娟 张丽红
J-3-075	降雨型滑坡精细模拟评价与加固技术	绍兴文理学院,浙江省有色金属地质勘查局	胡云进 戚国庆 张 飞 李长宏 钟 振 赵国法 郜会彩
J-3-076	供热用一体式三通结构水路模块的研究及其产业化	浙江春晖智能控制股份有限公司	罗荣海 杨 能 陈建松 梁丽君 於君标 吕 江 徐彩娟
J-3-077	RH炉精炼用绿色环保无铬耐火材料配置工艺	浙江自立股份有限公司	方斌祥 薛军柱 方义能 罗 明 朱越男 吴 斌 程文雍
J-3-078	生态型超纤麂皮面料的联合研发	浙江梅盛实业股份有限公司	钱国春 宋 兵 景亚鸿 林国武 刘佳强 李 敏 尚 希
J-3-079	直流无刷电机排水泵	浙江三花制冷集团有限公司	赵剑锋 魏先让 陈雨忠 王丽岩 许国华 过陆军
J-3-080	高性能车用分离式电液换挡变速箱	浙江中柴机器有限公司	孙天明 梁毅锋 何孟兴 陈瑞枫 姚杭杭 徐锦潮 潘路峰
J-3-081	水媒性混合介质全自动无尘抛光工艺车轮制造关键技术研究与产业化	浙江万丰奥威汽轮股份有限公司	张煤钢 童胜坤 宋洪科 竺浩章 余成远 刘方宝 朱文婧
J-3-082	前列腺及膀胱恶性肿瘤淋巴转移规律的探讨及临床应用	金华市中心医院(浙江大学金华医院)	朱再生 叶 敏 施红旗 周一波 季敬伟 吴 汉 孙 鹏
J-3-083	DM4654高性能永磁铁氧体材料	横店集团东磁股份有限公司	杨武国 包大新 李军华 丁伯明 何震宇 李玉平 吴云飞
J-3-084	电动汽车关键技术研发及产业化	众泰控股集团有限公司,浙江众泰汽车制造有限公司,众泰新能源汽车有限公司,浙江大学,杭州杰能动力有限公司	吴建中 马德仁 应振有 洪 燕 朱绍鹏 金浙勇 方光明
J-3-085	糖尿病人平衡膳食食物交换份快速估算和手测量应用	舟山市疾病预防控制中心,舟山市新城社区卫生服务中心,定海区城市社区卫生服务中心	方跃伟 仝振东 潘松涛 吴静雅 支伊芬 干 城 任飞林

续表

项目编号	项目名称	完成单位	完成人员
J-3-086	750海洋工程生活平台	太平洋海洋工程(舟山)有限公司	郑　武　彭兴福　刘　祯　冯文刚　汤炼特　孔桂清　吴天羲
J-3-087	降糖药格列齐特创新合成工艺	浙江九洲药业股份有限公司	杜小华　徐旭杜　何大伟　王　哲　刘　刚　陈石强　陈笑敏
J-3-088	内镜治疗上消化道固有肌层肿瘤及并发症危险因素研究	浙江省台州医院	叶丽萍　张　玉　毛鑫礼　张金顺　黄　勤　骆定海　周贤斌
J-3-089	MMP14、10、12基因多态性及雷公藤红素与颈动脉斑块	浙江省台州医院	金笑平　朱　敏　何欣威　朱　峰　林仙方　李卫玲　李　彩
J-3-090	幽门螺杆菌与免疫性肾炎相关性及其致病机制研究	温岭市第一人民医院,中国疾病预防控制中心传染病预防控制所,杭州致远医学检验所有限公司	吴忠标　张建中　杨宁敏　李云生　江　天　何利华　柯颖杰
J-3-091	GC9720气相色谱仪	浙江福立分析仪器股份有限公司	周小靖　周　勇　吴　宁　浦　敏　何剑威　杨蒙达　徐茹梦
J-3-092	基于多学科的肾脏疾病综合诊治评估体系的构建与推广	丽水市中心医院,温州医科大学,同济大学	纪建松　高红昌　薛　雷　陈敏江　工祖飞　赵中伟　徐　民
J-3-093	耐多药肺结核中医证候规律及中西医结合治疗方案研究	丽水市中医院	刘忠达　张尊敬　郭　净　李　权　雷永良　杜一琴　杜单瑜
J-3-094	铝质高强度龙泉青瓷制备关键技术及产业化应用	龙泉市金宏瓷业有限公司,丽水学院,龙泉市昌宏瓷业有限公司,浙江天丰陶瓷有限公司,龙泉瓯江青瓷有限公司	金逸林　吴艳芳　金　莹　张　鹤　金乾华　梅丽玲　林桓毅
J-3-095	烧结机烟气余热循环利用成套技术的工业化应用	宁波钢铁有限公司,宝山钢铁股份有限公司	孔祥胜　贾秀凤　李咸伟　李正福　俞勇梅　喻　波　石　磊
J-3-096	多源异构的企业全量数据实时智能分析与应用技术	国网浙江省电力公司,阿里云计算有限公司,国网浙江省电力公司信息通信分公司,国网浙江省电力公司宁波供电公司,浙江华云信息科技有限公司	洪建光　孔晓昀　张彩友　黄海潮　王志强　刘鸿宁　邓　浩

续表

项目编号	项目名称	完成单位	完成人员
J－3－097	配套于高速自动化流水线 ZX－80T 纸包机关键技术研制及产业化	杭州永创智能设备股份有限公司	罗邦毅　张彩芹　褚孟臣　章子泉　蔡天明　郑卫军　庄　谦
J－3－098	机动车排放污染物综合检测分析系统	浙江浙大鸣泉科技有限公司	项　震　徐　雷　吴　勇　丁宗英　林泽涛　康　野　唐海宇
J－3－099	养殖动物规模化智能安全注射关键技术研发及产业化	杭州电子科技大学，湖州中安农业智能科技有限公司，杭州协腾精密器械科技有限公司	陈　凯　刘婷婷　刘　荣　吴　参　吕永桂　颜志刚　周传平
J－3－100	智慧电子政务大数据共享管理标准规范体系研究	浙江大学城市学院，杭州市人民政府电子政务办公室	陈观林　黄　锐　张　颖　翁文勇　王赟萃　陈模科　周鲁耀
J－3－101	电气火灾监控的关键技术研发及产业化	浙江科技学院，巨邦集团有限公司，科润电力科技股份有限公司	项新建　波官勇　黄炳强　费正顺　毛金敏　杨石甫　王隆英
J－3－102	基于无线网络调控的智能住宅若干关键技术及产业化	中国计量大学，杭州鸿雁智能科技有限公司	李九生　蔡晋辉　张焕荣　孙建忠　胡建荣
J－3－103	基于 LED 复合光源的高精度分光颜色测量仪器	中国计量大学，杭州彩谱科技有限公司	袁　琨　吴逸萍　陈　刚　王　坚　王　聪　刘开元　李培杆
J－3－104	杭州沿河高端商务带规划建设研究	浙江工业大学	陈前虎　吴一洲　朱　凯　武前波　应四爱　周　骏　吴　昊
J－3－105	金属表面复合强化涂镀层的关键制造技术及应用	浙江工业大学，杭州创宇金属制品科技有限公司	楼白杨　徐洪林　徐　斌　安　铁　李　晓　张　林　徐莹蓉
J－3－106	螺旋藻抗逆相关功能基因组研究	温州医科大学	包其郁　王慧利　丁　力　李佩珍　卢俊婉　许　腾　高国辉
J－3－107	浙江省产业转型升级与高职教育对接研究	温州职业技术学院	丁金昌　童卫军　范怡瑜
J－3－108	大规模浓海水资源提取与快速稀释排海技术	浙江海洋大学，浙江省海洋开发研究院	竺柏康　王东光　张仁坤　李翠翠　杨淑清　陶亨聪　王　波

续表

项目编号	项目名称	完成单位	完成人员
J－3－109	铁皮石斛品质提升关键技术研究及应用	浙江理工大学,浙江大学,德清牧歌生态农业有限公司,杭州四叶草生物技术有限公司	胡秀芳 孔德栋 李　欧 梁宗锁 徐　涛 徐　平 虞儒雷
J－3－110	心肺复苏网络化普及与应急社区建立的研究	浙江大学医学院附属第一医院,浙江大学医学院附属邵逸夫医院	陆远强 王　劲 赵雪红 潘　建 章夏萍 尚安东 祝建勇
J－3－111	化学粘接改善牙齿粘接性能的研究	浙江大学医学院附属口腔医院	傅柏平 张振亮 张　玲 王朝阳 徐婧秋 王小淼 江　琴
J－3－112	PI3K/Akt、Glut－1对喉癌放射敏感性影响及机制研究	浙江大学医学院附属第一医院	周水洪 鲍洋洋 戴利波 陆中杰 范　骏 吴婷婷 严森祥
J－3－113	妊娠期糖尿病高危孕妇早期发现和规范化防治技术研究以及推广应用	浙江大学医学院附属妇产科医院	陈丹青 董旻岳 梁朝霞 徐建云 杜蒙恺 张　珂 张晓辉
J－3－114	仿真人体肿瘤的裸鼠移植瘤模型的建立及其临床应用研究	浙江大学医学院附属第一医院	滕理送 金科涛 曹　江 王浩浩 王海勇 徐　农 李中琦
J－3－115	高性能银系复合抗菌材料开发及应用	浙江大学,浙江顺虎德邦涂料有限公司	申乾宏 吴春春 盛建松 程　笛 方锡武 高基伟 徐　江
J－3－116	浙江省成矿构造环境与金属矿床找矿方向	浙江省地质矿产研究所,浙江省有色地质勘查局,浙江省第一地质大队,浙江省第三地质大队,浙江省第七地质大队	周乐尧 胡勇平 刘　荣 钱俊锋 贾宝剑 金　宠 黄建军
J－3－117	公路蓄能自发光安保技术集成与应用	金华市公路管理局,金华市公路学会,浙江明辉发光科技有限公司	吕宁生 徐晓和 李海光 李寿伟 方显峰 梁　冰 万毅宏
J－3－118	基于弹性检测技术的预应力混凝土梁灌浆密实度检测评价体系	浙江省交通建设工程监督管理局,浙江交科工程检测有限公司,四川升拓检测技术股份有限公司	李志胜 张武毅 戴晓栋 林　军 吴佳晔 赵建铧 汤建林
J－3－119	高速公路合同能源管理应用评价体系	浙江省交通投资集团有限公司,浙江省交通运输科学研究院,浙江金丽温高速公路有限公司,浙江杭徽高速公路有限公司,杭州道联电子技术有限公司	曹德洪 杨　松 李文杰 马振南 李　群 彭英华 杜　逸

续表

项目编号	项目名称	完成单位	完成人员
J-3-120	开敞海域滩涂围垦水沙演变预测关键技术及应用	浙江省水利河口研究院	黄世昌 穆锦斌 赵 鑫 应 超 吴创收 刘 旭 梁 斌
J-3-121	鲜食甜糯玉米产业提升关键技术集成创新与应用	浙江省种植业管理局,浙江省东阳玉米研究所	王桂跃 蔡仁祥 赵福成 任永源 怀 燕 谭禾平 韩海亮
J-3-122	名茶连续化自动化加工生产线应用与示范	浙江省种植业管理局,中国农业科学院茶叶研究所,浙江大学,中华全国供销合作总社杭州茶叶研究院,浙江省农业技术推广中心	罗列万 叶 阳 龚淑英 唐小林 金 晶 王岳梁 汤 一
J-3-123	浙江省主要经济竹类新品种选育与育种技术创新	浙江省林业科学研究院,安吉竹子博览园有限责任公司	汪奎宏 彭华正 李 琴 李 楠 王 波 金群英 朱汤军
J-3-124	人群碘营养水平与甲状腺相关疾病	浙江省疾病预防控制中心,杭州市疾病预防控制中心	楼晓明 丁钢强 王晓峰 莫 哲 徐卫民 毛光明 邹 艳
J-3-125	烧伤救治与创面修复创新性研究及应用	温州医科大学附属第一医院,温州医科大学,中国人民解放军第一一八医院,上海鸿蓝电子科技有限公司	林 才 肖 健 叶胜捷 罗 旭 张 鹏 卢才教 夏卫东
J-3-126	健康护理职业环境模型的构建及推广应用	浙江大学医学院附属邵逸夫医院	叶志弘 汤磊雯 潘红英 邵 静 秦建芬 王 强 朱陈萍
J-3-127	围手术期优质护理管理模式的建立和应用	浙江省人民医院,浙江大学医学院附属邵逸夫医院	陈肖敏 童 彬 喻晓芬 邹 海 张 琼 裘文娟 姚惠萍
J-3-128	环境典型污染物监测及生物效应综合评价研究	浙江省医学科学院,浙江省疾病预防控制中心,杭州市余杭区疾病预防控制中心	吴南翔 谭玉凤 高 明 陶 核 刘克澄 柴剑荣 宋 杨
J-3-129	红细胞血型系统基因诊断新技术的综合研究	浙江省血液中心	洪小珍 朱发明 应燕玲 许先国 陈 舒 马开荣 蓝小飞
J-3-130	HLA-DPB1 表位特异性分型在无关供者造血干细胞移植中应用	浙江省血液中心	和艳敏 何 吉 陶苏丹 章 伟 韩浙东 王 炜 陈男英

续表

项目编号	项目名称	完成单位	完成人员
J-3-131	神经再生在宫内炎症致新生儿脑损伤中的自身修复作用及机制研究	浙江大学医学院附属儿童医院,浙江大学医学院附属邵逸夫医院	江佩芳 朱 涛 俞惠民 袁天明 高 峰 沈 盈 詹灿阳
J-3-132	甲状腺肿瘤美容微创手术体系的创新和改进	浙江大学医学院附属第二医院	王 平 王 勇 谢秋萍 李志宇 燕海潮 赵群仔 俞 星
J-3-133	老年高血压患者靶器官损害影响因素的研究和应用	浙江省人民医院,浙江大学,浙江省立同德医院	边平达 李秀央 潘宏华 孙东升 王 珏
J-3-134	临床常见病原菌耐药性监测及其耐药机制和快速检测法的研究	浙江省人民医院	周永列 吕火烊 魏取好 胡庆丰 邱莲女 王 欢 葛玉梅
J-3-135	水产病害监测、预警和减损技术集成研究及应用	宁波市海洋与渔业研究院,宁波大学,中国农业大学,浙江大学,慈溪市水产技术推广中心	王建平 周素明 段青玲 王国良 余心杰 徐海圣 蒋宏雷
J-3-136	轻纺产品功能性材料中化学危害物质关键检测技术研究与应用	浙江出入境检验检疫局检验检疫技术中心,深圳出入境检验检疫局工业品检测技术中心,浙江理工大学,浙江立德产品技术有限公司	吴 刚 谢堂堂 陈海相 王力君 张明誉 赵晓荔 顿玉慧
J-3-137	食品和化妆品中甲醛等污染物技术标准体系的建立	浙江省检验检疫科学技术研究院(浙江出入境检验检疫局检验检疫技术中心),杭州师范大学	吕春华 程和勇 蒋沁婷 刘海山 朱晓雨 史颖珠
J-3-138	环境保护中的公众参与模式研究与推广	浙江省环境宣传教育中心,环境保护部环境与经济政策研究中心,浙江工商大学,嘉兴学院	虞 伟 俞 海 朱狄敏 朱海伦 潘林平 王 雯
J-3-139	含盐有机废水耐盐菌生化处理技术及应用	浙江省环境保护科学设计研究院,浙江环科环境研究院有限公司	李欲如 王慧荣 梅荣武 李明智 张 刚 沈浙萍 许青兰
J-3-140	水泥行业烟气脱硝关键技术研究与应用	浙江省环境保护科学设计研究院	韦彦斐 顾震宇 周 荣 许明海 滕富华 陈雳华 范海燕
J-3-141	基于智能化控制的港口船舶供电技术及示范应用	国网浙江省电力公司,北京智芯微电子科技有限公司,国网浙江省电力公司宁波供电公司,宁波舟山港集团有限公司	孔繁钢 吴国诚 陈 枫 孙志能 应 鸿 王金波 卜佩征

续表

项目编号	项目名称	完成单位	完成人员
J-3-142	电力信息网络空间安全态势感知和移动防护技术与应用	国网浙江省电力公司信息通信分公司,国网浙江省电力公司电力科学研究院,国网浙江省电力公司嘉兴供电公司,国网浙江省电力公司杭州供电公司,北京国电通网络技术有限公司	陈 建 王红凯 姚一杨 戴 波 王以良 韩嘉佳 孙 歆
J-3-143	基于移动互联网的智慧气象服务关键技术研究和应用	浙江省气象服务中心	杨忠恩 李 建 邓 闯 马琰钢 郑伟才 魏 晨 吴 杨
J-3-144	优质高产耐抽苔萝卜新品种选育与推广	浙江省农业科学院	毛伟海 包崇来 胡天华 朱琴妹 胡海娇 邵泱峰 王华英
J-3-145	甜瓜优质多抗新品种选育与推广	浙江省农业科学院	张跃建 寿伟松 汪继华 陆鸿英 颜韶兵 沈 佳 刘霁虹
J-3-146	西瓜抗枯萎病种质挖掘鉴定及抗病品种选育	浙江省农业科学院,浙江浙农种业有限公司,北京京研益农科技发展中心,潍坊创科种苗有限公司	范 敏 牛晓伟 孙玉燕 何艳军 宫国义 常传亮
J-3-147	特色果蔬发酵制品及副产物利用提质增效关键技术与应用	浙江省农业科学院,江南大学	陆胜民 杨 颖 邢建荣 刘大群 卢立新 陈文烜 曹 艳
J-3-148	新常态下农业转移人口市民化发展与对策研究	浙江省农业科学院,浙江大学	朱奇彪 李宝值 钱文荣 米松华 黄河啸 胡利泉 黄莉莉
J-3-149	茶园中水溶性农药安全替代技术的研发及应用	中国农业科学院茶叶研究所	陈宗懋 边 磊 罗宗秀 蔡晓明 李兆群 辛肇军 罗逢健
J-3-150	炒青绿茶(香茶)加工工艺创新与标准化应用	中国农业科学院茶叶研究所,浙江省农业技术推广中心,长沙湘丰智能装备股份有限公司,湖南省茶叶研究所,松阳县农业技术推广中心	林 智 俞燎远 谭俊峰 汤 哲 周建勇 郑红发 叶火香
J-3-151	城市复杂环境下特长隧道群修建关键技术	中国电建集团华东勘测设计研究院有限公司,浙江大学	章立峰 郭 忠 邹金杰 闫自海 张 帆 马文滢 施云琼

续表

项目编号	项目名称	完成单位	完成人员
J-3-152	清热解毒通腑法治疗毒热内盛型脓毒症-多中心前瞻性随机对照研究	浙江医院,浙江省中医院,浙江省立同德医院,浙江中医药大学附属第三医院,杭州市萧山区第一人民医院	蔡国龙 胡才宝 杨敏春 江荣林 张 庚 楼黎明 王云超
J-3-153	天然植物抗肿瘤有效成分筛选及药效学研究	浙江省中医药研究院	戴关海 童晔玲 任泽明 陈 璇 柴可群 吴人照 陈 宇
J-3-154	健脾益气养血法对慢传输型便秘肠壁神经网络改变及临床应用	浙江中医药大学附属第一医院	范一宏 吕 宾 张 璐 徐 毅 姜 宁 黄 宣 蔡利军
J-3-155	中药炮制加工与饮片配伍过程关键技术及应用	浙江中医药大学,南京中医药大学,浙江中医药大学中药饮片有限公司,南京海昌中药集团有限公司	曹 岗 蔡 皓 寿旗扬 蔡宝昌 刘 晓 吴 鑫 秦昆明
J-3-156	清热活血类中药抗肿瘤机制研究与应用	浙江中医药大学附属第二医院	王剑超 傅惠英 高建莉 田 男 王 寅 马春芳 刘 霞
J-3-157	清肺合剂在肺癌临床综合治疗中的研究与应用	浙江省肿瘤医院,浙江大学	毛伟敏 林能明 吴永江 方 罗 马胜林 李清林 王跃珍

六、2017 年度浙江省县（市、区）科技进步统计监测评价报告

2017 年，全省各地认真贯彻落实党的十九大和全国、全省科技创新大会精神，深入践行创新驱动发展战略，着力补齐科技创新“短板”，大力提升区域创新能力，不断优化完善创新生态链，科技创新对经济转型升级的支撑和引领作用进一步增强。

一、县（市、区）科技进步基本情况

（一）创新人才队伍建设得到加强

2017 年，各县（市、区）始终坚持“以人才为本”的理念，紧紧聚焦“两个高水平”建设，积极营造有利于人才创新的生态环境。人才发展环境的不断优化，有力推动了科技创新活动的深入开展。2017 年，各县（市、区）投入 R&D 活动人员 36.9 万人年，同比增长 5.8%，每万名就业人员中拥有 R&D 活动人员 101.5 人年，同比增长 4.5%；规上工业企业中从事 R&D 活动人员达到 43.1 万人，同比增长 7.3%，企业从事 R&D 活动人员占就业人员的比重为 6.6%，同比提高 0.5 个百分点。

（二）科技经费投入再创新高

财政对科技继续给予大力支持。2017 年，各县（市、区）本级财政科技拨款 206.1 亿元，同比增长 13.3%，本级财政科技拨款占本级财政支出的比重为 4.57%，同比提高 0.11 个百分点；财政科普活动经费拨款 1.21 亿元，同比增长 5.9%，人均财政科普活动经费 2.48 元，同比提高 0.12 元。

全社会 R&D 经费支出和企业 R&D 经费支出保持稳步增长。2017 年，各县（市、区）R&D 经费支出达到 1186.4 亿元，同比增长 12.2%，R&D 经费支出相当于生产总值的比重为 2.4%，同比提高 0.04 个百分点；其中规上工业企业 R&D 经费支出 990.9 亿元，同比增长 10.1%，增速比上年提高 0.3 个百分点，R&D 经费支出相当于主营业务收入的比重由上年的 1.49% 提高到 1.64%。

（三）高新技术产业规模持续壮大

2017 年，县（市、区）规模工业实现高新技术产业增加值 6711.9 亿元，高新技术产业增加值占工业增加值的比重达到 50.2%；科技服务业实现营业收入 4367.8 亿元，同比增长 44.6%，科技服务业营业收入占规上服务业的比重为 31.3%，同比提高 3.4 个百分点。规上企业中高新技术企业比重达到 13.9%，同比提高 2.1 个百分点；每千家企业中科技型中小微企业数由上年的 25.3 家提高到 27.1 家。

（四）科技产出取得丰硕成果

2017 年，各县（市、区）申请专利 37.7 万项，获专利授权 21.4 万项；其中申请发明专利 9.9 万项，增长 6.1%，发明专利申请占全部专利申请的比重由 2016 年的 23.7% 提高到 26.2%，获发明专利授权 2.9 万项，增长 8.2%，发明专利授权占全部专利授权的比重由上年的 12% 提高到 13.4%。

二、县(市、区)科技进步统计监测评价

根据浙江省科技进步统计监测评价指标体系(暨市县党政领导科技进步目标责任制考核基础性能力评价指标体系)和监测评价方法,按在地统计原则,依据 5 个一级指标、13 个二级指标及 27 个三级监测指标的内容,从科技综合实力、科技进步水平、相对于 2016 年变化情况的综合评价等方面对 89 个县(市、区)进行了监测评价。主要评价结果如下:

(一)变化情况综合评价

2017 年度县(市、区)变化情况综合评价是以科技进步规模、水平变化情况为主,适当考虑科技进步规模、水平的原有基础综合而成。根据综合评价,变化情况综合评价居前 10 位的县(市、区)是滨江区、余杭区、慈溪市、乐清市、北仑区、西湖区、柯桥区、上虞区、鄞州区、余姚市;变化情况综合评价居后 5 位的县(市、区)是遂昌县、普陀区、嵊泗县、浦江县和开化县。

(二)科技进步统计监测一级指标综合评价

科技进步统计监测包括科技投入、技术创新、科技产出、转型升级和创新环境 5 个一级指标。

在科技投入综合评价排序中,变化情况居前 10 位的县(市、区)是滨江区、余杭区、龙湾区、慈溪市、南湖区、柯桥区、北仑区、乐清市、西湖区、鄞州区;变化情况居后 5 位的县(市、区)是普陀区、浦江县、定海区、开化县和越城区。

在技术创新综合评价排序中,变化情况居前 10 位的县(市、区)是乐清市、瑞安市、慈溪市、上虞区、柯桥区、余杭区、新昌县、温岭市、余姚市、龙湾区;变化情况居后 5 位的县(市、区)是南浔区、遂昌县、浦江县、嵊泗县和开化县。

在科技产出综合评价排序中,变化情况居前 10 位的县(市、区)是滨江区、余杭区、柯桥区、柯城区、下城区、海宁市、鄞州区、北仑区、慈溪市和临安区;变化情况居后 5 位的县(市、区)是兰溪市、开化县、淳安县、普陀区和嵊泗县。

在转型升级综合评价排序中,变化情况居前 10 位的县(市、区)是滨江区、慈溪市、余杭区、上虞区、德清县、西湖区、海盐县、萧山区、平湖市和北仑区;变化情况居后 5 位的县(市、区)是平阳县、云和县、泰顺县、文成县和浦江县。

在创新环境综合评价排序中,变化情况居前 10 位的县(市、区)是乐清市、德清县、平湖市、南浔区、余姚市、临海市、长兴县、新昌县、鄞州区和滨江区;变化情况居后 5 位的县(市、区)是文成县、嵊泗县、磐安县、三门县和常山县。

七、2018 浙江省企业技术创新能力评价报告

前　言

为贯彻落实习近平新时代中国特色社会主义思想、党的十九大和省十四次党代会精神，围绕“四个强省”工作导向，聚焦聚力“高质量、竞争力、现代化”，深入实施创新驱动发展战略，充分发挥企业的技术创新主力军作用，根据省政府《进一步支持企业技术创新加快科技成果产业化的若干意见》（浙政发〔2012〕45 号）“建立企业技术创新能力评价制度，制订评价指标体系，完善创新型企业评价机制，建立第三方独立评价、结果公布和排序制度”文件精神，浙江省科技信息研究院和浙江省科技发展战略研究院联合，在往年持续年度跟踪测评的基础上，对 2017 年全省、设区市和制造业各子行业的企业技术创新发展状况进行了评价，形成本评价成果。

2017 年是实施“十三五”规划的重要一年，是供给侧结构性改革的深化之年。全省坚定不移把创新作为高质量发展的第一动力，坚持以全球视野谋划和推动科技创新，深化科技体制改革，加强知识产权保护，全力集聚全球优质创新要素，全力扩大新技术有效供给，全力打开科技向现实生产力转化的通道，加快构建“产学研用金、才政介美云”十联动的创新创业生态系统，组建之江实验室，筹建西湖大学，为企业构筑优质创新环境和浓郁创新氛围。创新资源向企业集聚速度进一步加快，全年新认定高新技术企业 2010 家，新培育科技型中小企业 8856 家，杭州成为全国“互联网 +”科技创新高地，阿里巴巴“城市大脑”入选国家新一代人工智能平台，网购和移动支付走向全球，为“打造新科技高地、新经济大省、新型贸易中心、新兴金融中心”迈出坚实步伐。

综合发展报告

一、内容摘要

经跟踪测评,2017 年浙江省企业技术创新综合指数为 124.26,比 2016 年提高 8.49%,其中创新组织指数增长最快,比上年提高 14.99%;创新投入指数增长相对平稳,比上年提高 13.28%;创新产出增幅相对较小,比上年提高 1.60%。

从各地市情况看,2017 年企业技术创新综合指数排名依次为:杭州、宁波、绍兴、嘉兴、温州、湖州、台州、衢州、金华、丽水、舟山。与 2016 年相比,2017 年企业技术创新综合指数进步情况排名依次为:衢州、宁波、丽水、温州、舟山、杭州、绍兴、嘉兴、台州、湖州、金华。

从行业情况看,在 R&D 投入强度、利润率、新产品销售收入占比及万名用工人员 R&D 人员数四大核心强度指标中,排名靠前的仍然以高新技术行业居多,如计算机、通信和其他电子设备制造业,医药制造业,仪器仪表制造业等,传统行业排名普遍较为靠后。四大核心强度指标比 2016 年均有所提升的有 3 个行业,包括化学纤维制造业,黑色金属冶炼和压延加工业以及金属制品、机械和设备修理业。从与全国行业平均水平的比较来看,浙江省有 12 个行业 4 个核心指标均超过全国平均水平,分别为计算机、通信和其他电子设备制造业,仪器仪表制造业,医药制造业,木材加工和木、竹、藤、棕、草制品业,专用设备制造业,通用设备制造业,汽车制造业,电气机械和器材制造业,化学原料和化学制品制造业,食品制造业,造纸和纸制品业,非金属矿物制品业。从占全国比重的行业创新规模来看,浙江省 4 个创新规模核心指标占全国比重均居前列的行业有化学纤维制造业,家具制造业,纺织业,纺织服装、服饰业,通用设备制造业,文教、工美、体育和娱乐用品制造业,仪器仪表制造业,皮革、毛皮、羽毛及其制品和制鞋业,造纸和纸制品业,电气机械和器材制造业,橡胶和塑料制品业,其他制造业等。

二、评价方法

(一)评价范围

评价全省及各设区市企业技术创新的发展状况,主要从创新投入、创新组织及创新产出 3 个维度进行研判。创新投入,着重从企业的研发经费、研发人员及拥有的科研装备情况进行评价;创新组织,重点以开展研发活动的企业、企业研发机构、高新技术企业等情况进行衡量;创新产出,主要从专利授权、新产品及利润等情况进行评价。评价行业技术创新发展情况时,主要从行业研发经费投入、利润、新产品销售、研发人员等 4 个维度对制造业各子行业的技术创新水平和规模情况及其在全国的地位进行比较分析和排序。

(二)指标体系

评价全省及各设区市企业技术创新的指标体系由 3 个一级指标、10 个二级指标及

20个三级指标构成。在三级指标中,既有衡量实力的规模指标,也有体现水平的相对指标(表1)。

表1 浙江省企业技术创新发展评价指标体系

一级指标	权重	二级指标	权重	三级指标			
				规模指标	权重	水平指标	权重
创新投入	0.35	研发人员	0.20	规上企业R&D人员数(人年)	0.4	规上企业万名从业人员R&D人员数(人年/万人)	0.6
			0.15	规上企业硕博士人数(人)	0.4	规上企业硕博士人数占从业人员比重(%)	0.6
		研发经费	0.45	规上企业R&D内外部支出总额(亿元)	0.4	规上企业R&D内外部支出总额相当于主营业务的比重(%)	0.6
		科研装备	0.20	仪器和设备原价(亿元)	0.4	企均仪器和设备原价(万元)	0.6
创新组织	0.2	研发活动	0.30	有研发活动的企业数(家)	0.4	有研发活动的企业占比(%)	0.6
		研发机构	0.30	设立省级以上研发机构的企业数(家)	0.4	设立省级以上研发机构的企业比重(%)	0.6
		高新企业	0.40	高新技术企业数(家)	0.4	高新技术企业数相当于规上工业企业比重(%)	0.6
创新产出	0.45	专利授权	0.40	专利授权指数	0.4	企均专利授权指数	0.6
		新产品	0.15	新产品销售收入额(亿元)	0.4	新产品销售收入占主营业务收入比重(%)	0.6
		利润	0.45	利润总额(亿元)	0.4	利润率(%)	0.6

2017年是实施"十三五"规划的重要一年,是供给侧结构性改革的深化之年,为了更好地反映"十三五"时期我省企业技术创新能力变化情况,并与"十二五"时期情况进行全面对比,本报告以2015年为基期,在对各项监测指标值指数化处理后,通过德尔菲法及综合考虑设置的相应权重,对各项指标进行逐级加权汇总,构成反映全省及设区市企业技术创新发展的规模指数、水平指数和综合指数,来分别反映企业技术创新的规模、水平以及综合发展情况。

评价行业技术创新发展的指标体系包括行业研发经费投入强度、利润率、新产品销售收入占主营业务收入比重(以下简称"新产品销售收入占比")、万名用工人员R&D人员数4个核心水平指标,以及行业研发经费投入总额、利润总额、新产品销售收入、研发人员全时当量4个核心规模指标。

(三)数据来源

为保障评价的科学性和准确性,评价所用的原始数据均来自公开出版的《浙江统计年鉴》《浙江科技统计年鉴》《中国统计年鉴》等,或浙江省统计局提供的数据。

三、全省企业技术创新的综合情况

2017年,浙江企业技术创新总体继续保持稳步发展态势,在科技创新投入、创新组织和创新产出三个方面的20个指标中有18个指标实现了不同程度的增长,其中在规模指标中增长最快的是仪器和设备原价,比2016年增长29.43%;水平指标中提高最多的是企均仪器和设备原价,比2016年增长30.01%。规模指标中的新产品销售收入额与水平指标中的新产品销售收入占比出现了小幅下滑。具体各指标数据详见表2。

表2 浙江省2016、2017年度企业技术创新指标基本情况

一级指标	规模指标			水平指标		
		2016年	2017年		2016年	2017年
创新投入	规上企业R&D人员数(万人年)	41.47	44.43	规上企业万名从业人员R&D人员数(人年/万人)	600.68	666.59
	规上企业硕博士人数(人)	25493	26708	规上企业硕博士人数占从业人员比重(%)	0.37	0.40
	规上企业R&D内外部支出总额(亿元)	971.3	1069.4	规上企业R&D内外部支出总额相当于主营业务的比重(%)	1.48	1.62
	仪器和设备原价(亿元)	612.71	793.01	企均仪器和设备原价(万元)	152.69	198.52
创新组织	有研发活动的企业数(家)	14493	15517	有研发活动的企业占比(%)	36.12	38.84
	设立省级以上研发机构的企业数(家)	3820	4435	设立省级以上研发机构的企业比重(%)	9.52	11.10
	高新技术企业数(家)	7707	9152	高新技术企业数相当于规上工业企业比重(%)	19.21	22.91
创新产出	专利授权指数	394966	399313	企均专利授权指数	9.84	10.00
	新产品销售收入额(亿元)	21396.83	21150.15	新产品销售收入占主营业务收入比重(%)	32.69	32.10
	利润总额(亿元)	4469.42	4613.22	利润率(%)	6.83	7.00

经测算,2017年浙江省企业技术创新综合指数为124.26,比2016年提高了8.49%。其中,创新投入指数为133.62,比上年增长13.28%;创新组织指数为132.16,比上年增长14.99%,增幅最大;创新产出指数为113.46,比上年提高了1.60%,增幅最小(表3)。

表3 浙江省企业技术创新发展综合测评情况

年份	企业技术创新综合指数	一级指标		
		创新投入	创新组织	创新产出
2016	114.53	117.96	114.93	111.67
2017	124.26	133.62	132.16	113.46

(一)创新投入方面

1. 研发人员队伍持续壮大。2017年,规上企业R&D人员44.43万人年,比上年增长7.14%(图1);规上企业硕博士人数为26708人,比上年增长4.77%;规上企业万名从业人员 R&D 人员数 666. 59 人年/万人，比上年增长 10. 97%；规上企业硕博士人数占从业人员比重 0. 40%，比上年提高 0. 03 个百分点。

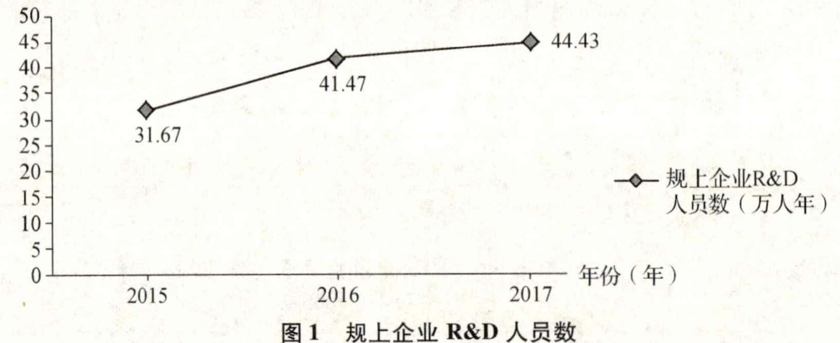

图 1　规上企业 R&D 人员数

2. 科研装备水平显著提升。仪器和设备原价达 793. 01 亿元，比上年增长 29. 43%；企均仪器和设备原价达 198. 52 万元，比上年增长 30. 01%（图 2）。

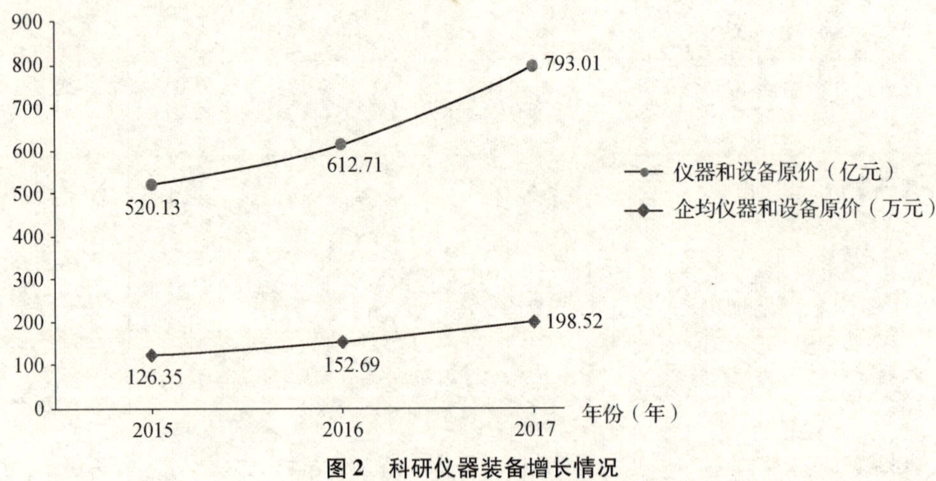

图 2　科研仪器装备增长情况

3. R&D 经费投入快速增长。2017 年规上企业 R&D 内外部支出总额达 1069. 4 亿元，比上年增长 10. 10%；规上企业 R&D 内外部支出总额相当于主营业务比重达 1. 62%，比上年提高 0. 14 个百分点。

（二）创新组织方面

浙江省通过科技企业“双倍增”计划等形式，始终坚持将企业作为科技创新的核心主体进行重点培育。

1. 企业研发活动日趋活跃。2017 年全省有研发活动的企业数共 15517 家，比上年增长 7. 07%；有研发活动的企业占比达到 38. 84%，比上年提高 2. 72 个百分点。

2. 企业研发机构建设水平持续提升。全省建有省级以上研发机构的企业数达到 4435 家，比上年增加 16. 10%；其相当于规上工业企业比重为 11. 10%，比上年提高 1. 58 个百分点。

3. 高新技术企业持续快速发展。2017 年高新技术企业数达 9152 家，比上年增长 18. 75%；相当于规上工业企业比重达到 22. 91%，比上年提高 3. 70 个百分点（图 3）。

（三）创新产出方面

1. 新产品销售收入略有下滑。规上工业企业新产品销售收入为 21150. 15 亿元，比

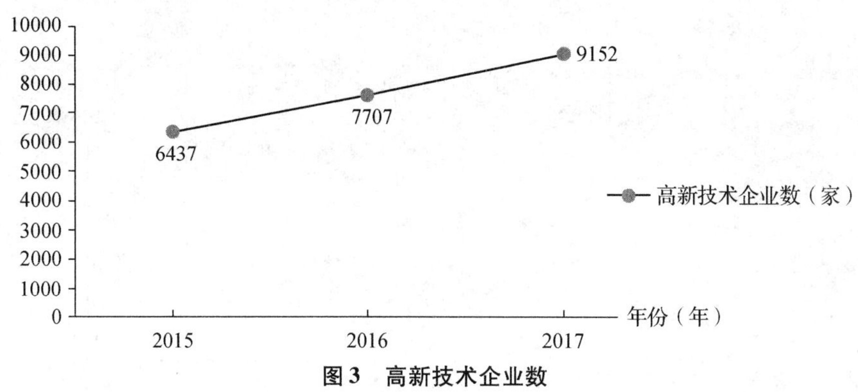

图 3　高新技术企业数

上年下滑 1.15%。新产品销售收入占比为 32.10%，比上年下滑 0.59 个百分点。

2. 利润指标持续提升。2017 年，我省坚持推进供给侧结构性改革，加快传统产业的转型升级与新兴产业的培育，新旧动能转换速度稳中有升。全省规上工业企业利润总额 4613.22 亿元，比上年增长 3.22%（图 4）；利润率为 7.00%，比上年提高 0.17 个百分点。

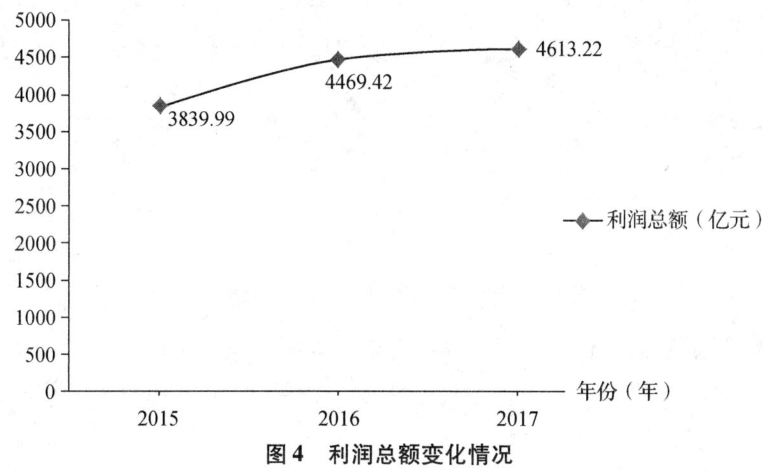

图 4　利润总额变化情况

3. 企业专利授权指数略有增长。2017 年全省企业专利授权指数为 399313，比上年增长 1.10%；企均专利授权指数为 10.00，比上年增长 1.63%。

四、11 个设区市企业技术创新发展情况评价

（一）各设区市企业技术创新发展基本状况评价

1. 各设区市规模指数评价。

从本次企业技术创新规模指数的排序（图 5）可以看出，2017 年 11 个设区市企业技术创新规模指数排序除嘉兴、绍兴、衢州与丽水之外与上年的排序结果相同。嘉兴由第 4 位上升到第 3 位，绍兴由第 3 位下降到第 4 位，衢州由第 10 位上升到第 9 位，丽水由第 9 位下降到第 10 位。排名前 3 位的是杭州、宁波和嘉兴。

从企业技术创新规模指数进步情况（图 6）来看，宁波、衢州、嘉兴的规模指数增速居全省前 3 位，增幅分别为 18.53%、17.30% 和 12.17%。

2. 各设区市水平指数评价。

从企业技术创新水平指数的排序（图 7）看出，2017 年有 9 个设区市的位次较 2016 年发生了变动，宁波由第 3 位上升到第 2 位，衢州由第 8 位上升到第 3 位，绍兴由第 6 位

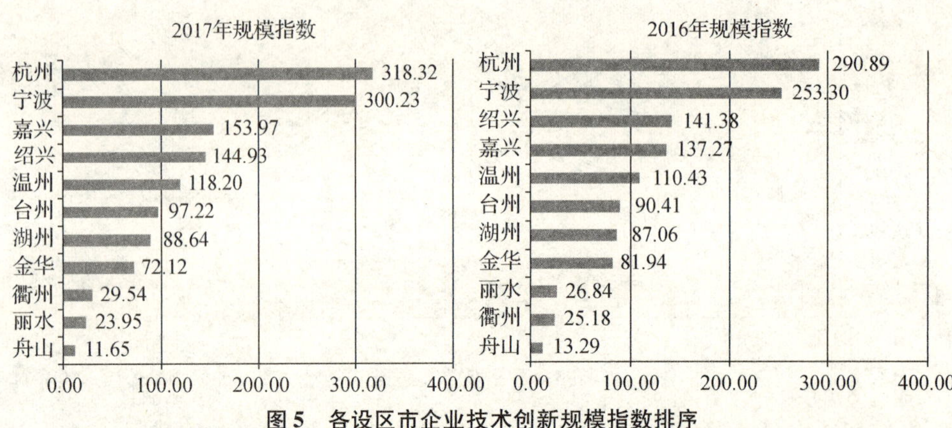

图 5　各设区市企业技术创新规模指数排序

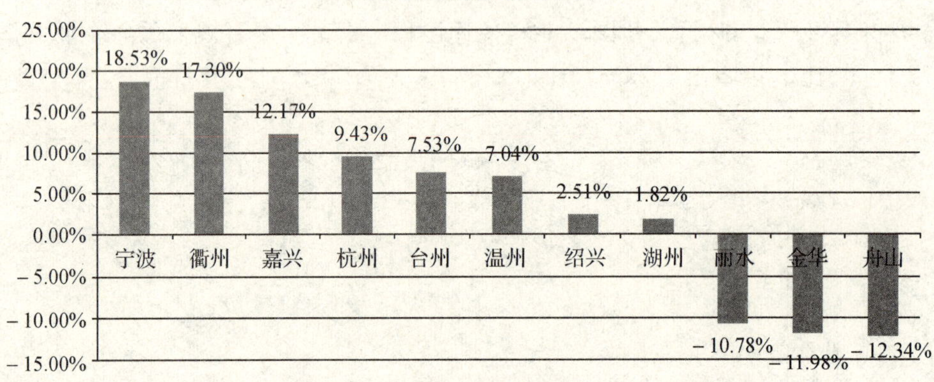

图 6　各设区市企业技术创新规模指数进步情况排序

上升到第 4 位，湖州由第 2 位下降到第 6 位，台州由第 4 位下降到第 7 位，嘉兴由第 7 位下降到第 8 位，丽水由第 11 位上升到第 9 位，舟山由第 9 位下降到第 10 位，金华由第 10 位下降到第 11 位。其他 2 个设区市的位次未发生变化，排名第 1 位的依然是杭州。

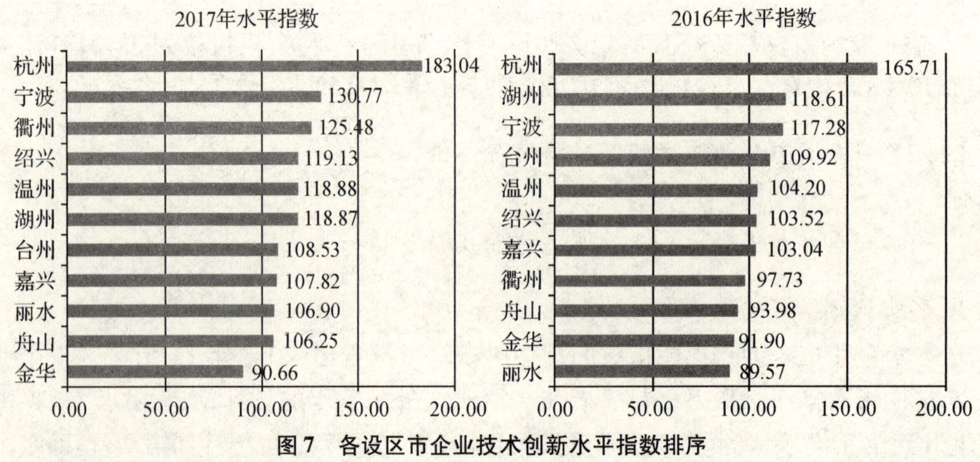

图 7　各设区市企业技术创新水平指数排序

从企业技术创新水平指数进步情况（图 8）来看，衢州、丽水、绍兴的水平指数的增速居全省前 3 位，分别比上年增长 28. 40%、19. 34% 和 15. 08%。

3. 各设区市综合指数评价。

从企业技术创新综合指数的排序（图 9）看出，2017 年有 2 个设区市的位次较上年发生了变动，其中衢州由第 9 位上升到第 8 位，金华由第 8 位下降到第 9 位。其他 9 个设区市的位次未发生变化，排名前 3 位的依然是杭州、宁波和绍兴。

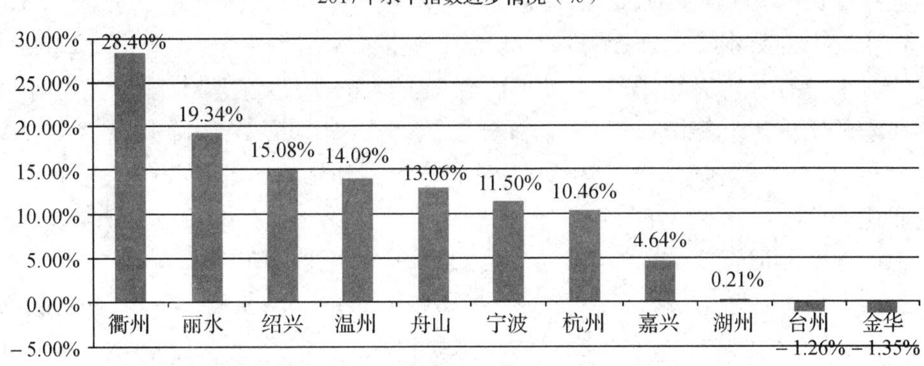

图8 各设区市企业技术创新水平指数进步情况排序

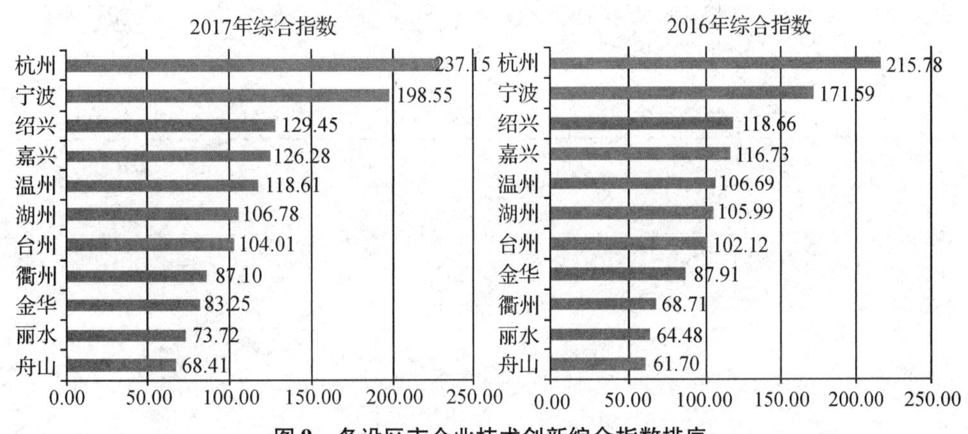

图9 各设区市企业技术创新综合指数排序

从企业技术创新综合指数的进步情况(图10)看,衢州、宁波和丽水的技术创新综合指数增速居全省前3位,分别比上年增长26.77%、15.65%和14.33%。

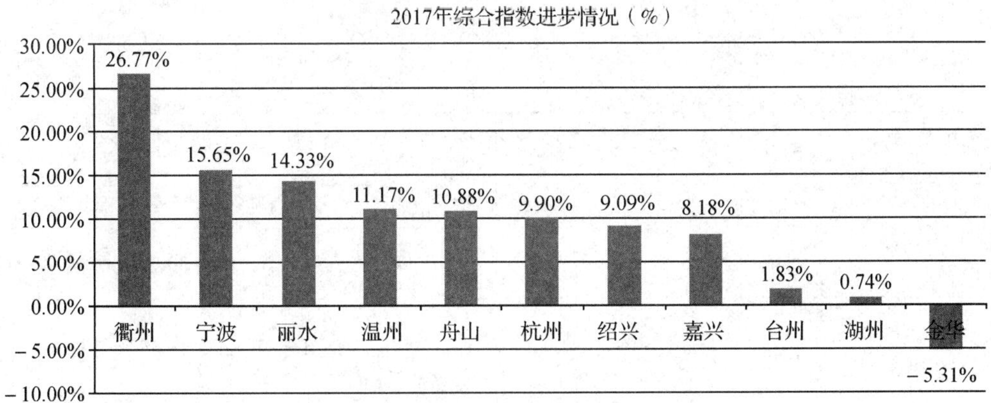

图10 各设区市企业技术创新综合指数进步情况排序

(二)各设区市企业技术创新发展情况评价

1. 杭州市。

在企业技术创新规模方面,2017年杭州市企业技术创新规模指数为318.32,继续居全省首位。企业技术创新规模指数比2016年增长了9.43%,增速在全省列第4位。其中,规上企业硕博士人数比上年增长8.26%,增速居全省第4位;仪器和设备原价比上年增长13.11%,增速居全省第6位;设立省级高新技术企业研发中心和企业技术中心的企业数比上年增长 21.91%，增速居全省第 1 位（表 4）。

在企业技术创新水平方面，2017 年杭州市企业技术创新水平指数为 183.04，继续居全省首位。水平指数比上年增长 10.46%，增速居全省第 7 位。其中，规上企业硕博士人数占从业人员比重比上年增长 0.12 个百分点，增幅居全省第 1 位；企均仪器和设备原价比上年增长 16.18%，增速居全省第 6 位；设立省级高新技术企业研发中心和企业技术中心的企业比重比上年增长 3.80 个百分点，增幅居全省第 2 位（表 4）。

在企业创新发展综合情况方面（表 5），2017 年杭州市综合指数为 237.15，继续居全省首位。综合指数比 2016 年增长 9.90%，进步幅度居全省第 6 位。其中，2017 年杭州市创新投入指数为 269.67，比上年增长 10.25%；创新组织指数为 273.16，比上年增长 18.47%；创新产出指数为 195.85，比上年增长 4.84%。创新组织指数大幅增长主要得益于设立省级以上研发机构的企业数、高新技术企业数与高新技术企业数相当于规上工业企业比重等指标的快速增长。

表 4　杭州市企业技术创新规模指标和水平指标的变化情况

规模指标					水平指标				
指标名称	指标值		位次		指标名称	指标值		位次	
	2017 年	2016 年	2017 年	2016 年		2017 年	2016 年	2017 年	2016 年
创新投入	146.73	133.24	1	1	创新投入	122.94	111.34	1	1
规上企业 R&D 人员数（人年）	83938	79178	2	2	规上企业万名从业人员 R&D 人员数（人年/万人）	798.32	737.09	1	1
规上企业硕博士人数（人）	13245	12234	1	1	规上企业硕博士人数占从业人员比重（%）	1.26	1.14	1	1
规上企业 R&D 内外部支出总额（亿元）	250.59	223.46	1	1	规上企业 R&D 内外部支出总额相当于主营业务的比重（%）	1.95	1.81	2	3
仪器和设备原价（亿元）	142.78	126.23	2	2	企均仪器和设备原价（万元）	258.01	222.07	3	2
创新组织	135.60	116.00	1	1	创新组织	137.55	114.57	1	1
有研发活动的企业数（家）	1819	1753	3	3	有研发活动的企业占比（%）	32.87	30.84	9	8
设立省级以上研发机构的企业数（家）	1046	858	1	1	设立省级以上研发机构的企业比重（%）	18.90	15.10	2	2
高新技术企业数（家）	2844	2415	1	1	高新技术企业数相当于规上工业企业比重（%）	51.39	42.49	1	1
创新产出	108.56	103.38	2	2	创新产出	87.30	83.43	1	1
专利授权指数	87962	81668	1	2	企均专利授权指数	15.89	14.37	1	2
新产品销售收入额（亿元）	4417.77	4411.61	2	1	新产品销售收入占主营业务收入比重（%）	34.37	35.67	4	2
利润总额（亿元）	987.60	946.06	2	2	利润率（%）	7.68	7.65	3	2

表 5 杭州市企业技术创新综合指数构成情况

杭州	企业技术创新综合指数	一级指标		
		创新投入	创新组织	创新产出
2016 年	215.78	244.59	230.57	186.80
2017 年	237.15	269.67	273.16	195.85

2. 宁波市。

在企业技术创新规模方面，2017 年宁波市创新规模指数为 300.23，居全省第 2 位，远高于除杭州以外的其他 9 个设区市。宁波市企业技术创新规模指数比 2016 年增长 18.53%，增长速度居全省第 1 位。其中仪器和设备原价比上年增长 97.92%，增速居全省第 1 位；利润总额比上年增长 24.99%，增速居全省第 1 位（表 6）。

在企业技术创新水平方面，2017 年宁波市创新水平指数为 130.77，居全省第 2 位。创新水平指数比 2016 年上升 11.50%，增速居全省第 6 位。其中，企均仪器和设备原价比上年增长 92.30%，增速居全省第 1 位；利润率比上年提高 0.86 个百分点，增速居全省第 2 位。规上企业 R&D 内外部支出总额相当于主营业务的比重比上年上升 0.05 个百分点，增速居全省第 8 位（表 6）。

在企业技术创新综合情况方面（表 7），2017 年宁波市创新综合指数为 198.55，居全省第 2 位。创新综合指数比 2016 年上升 15.64%，增速居全省第 2 位。其中，创新投入指数 223.56，比上年增长 32.34%；创新组织指数 167.93，比上年增长 6.14%；创新产出指数 192.71，比上年增长 7.17%。

表 6 宁波市企业技术创新规模指标和水平指标的变化情况

规模指标					水平指标				
指标名称	指标值		位次		指标名称	指标值		位次	
	2017 年	2016 年	2017 年	2016 年		2017 年	2016 年	2017 年	2016 年
创新投入	135.35	101.11	2	2	创新投入	88.21	67.83	2	4
规上企业 R&D 人员数（人年）	99714	90009	1	1	规上企业万名从业人员 R&D 人员数（人年/万人）	678.44	613.06	4	5
规上企业硕博士人数（人）	3920	3173	2	2	规上企业硕博士人数占从业人员比重（%）	0.27	0.22	5	7
规上企业 R&D 内外部支出总额（亿元）	225.01	193.33	2	2	规上企业 R&D 内外部支出总额相当于主营业务的比重（%）	1.47	1.42	8	5
仪器和设备原价（亿元）	263.13	132.95	1	1	企均仪器和设备原价（万元）	350.89	182.47	1	4
创新组织	96.04	89.36	2	2	创新组织	71.89	68.85	7	6

续表

规模指标					水平指标				
指标名称	指标值		位次		指标名称	指标值		位次	
	2017年	2016年	2017年	2016年		2017年	2016年	2017年	2016年
有研发活动的企业数(家)	3693	3544	1	1	有研发活动的企业占比(%)	49.25	48.64	2	1
设立省级以上研发机构的企业数(家)	516	453	2	2	设立省级以上研发机构的企业比重(%)	6.88	6.22	11	11
高新技术企业数(家)	1479	1376	2	2	高新技术企业数相当于规上工业企业比重(%)	19.72	18.89	7	3
创新产出	118.91	106.80	1	1	创新产出	73.79	73.02	4	3
专利授权指数	76049	83250	2	1	企均专利授权指数	10.14	11.43	5	3
新产品销售收入额(亿元)	4832.59	4130.29	1	2	新产品销售收入占主营业务收入比重(%)	31.62	30.28	5	8
利润总额(亿元)	1271.02	1016.89	1	1	利润率(%)	8.32	7.46	1	3

表7 宁波市企业技术创新综合指数构成情况

宁波	企业技术创新综合指数	一级指标		
		创新投入	创新组织	创新产出
2016年	171.69	168.93	158.21	179.82
2017年	198.55	223.56	167.93	192.71

3. 温州市。

在企业技术创新规模方面,2017年温州市创新规模指数为118.20,居全省第5位,与上年持平。温州市企业技术创新规模指数比2016年增长7.04%,增长速度居全省第6位。其中专利授权指数比上年增长2.80%,增速居全省第7位;利润总额比上年下降11.31%,增速居全省第7位(表8)。

在企业技术创新水平方面,2017年温州市创新水平指数为118.88,居全省第5位,与上年持平。创新水平指数比上年提高14.09%,增速居全省第4位。其中企均专利授权指数比上年增长9.36%,增速居全省第7位;高新技术企业数相当于规上工业企业比重提高3.95个百分点,增速居全省第6位;利润率比上年下降0.16个百分点,增速居全省第7位(表8)。

在企业技术创新综合情况方面(表9),2017年温州市创新综合指数为118.61,居全省第5位,与上年持平。创新综合指数比2016年提高11.17%,增长速度居全省第4位。其中,创新投入指数为131.35,比2016年增长16.22%;创新组织指数为140.29,比2016年增长22.46%;创新产出指数为99.07,比2016年增长0.81%。

表 8　温州市企业技术创新规模指标和水平指标的变化情况

规模指标					水平指标				
指标名称	指标值		位次		指标名称	指标值		位次	
	2017 年	2016 年	2017 年	2016 年		2017 年	2016 年	2017 年	2016 年
创新投入	50. 08	45. 25	5	5	创新投入	81. 26	67. 77	3	5
规上企业 R&D 人员数(人年)	53146	47381	3	3	规上企业万名从业人员 R&D 人员数(人年/万人)	751. 75	628. 23	2	4
规上企业硕博士人数(人)	1190	1303	6	6	规上企业硕博士人数占从业人员比重(%)	0. 17	0. 17	8	10
规上企业 R&D 内外部支出总额(亿元)	93. 07	83. 32	5	5	规上企业 R&D 内外部支出总额相当于主营业务的比重(%)	2. 22	1. 81	1	2
仪器和设备原价(亿元)	62. 72	54. 32	5	5	企均仪器和设备原价(万元)	137. 01	111. 52	6	8
创新组织	63. 02	53. 22	3	3	创新组织	77. 27	61. 34	5	8
有研发活动的企业数(家)	2258	1847	2	2	有研发活动的企业占比(%)	49. 32	37. 92	1	5
设立省级以上研发机构的企业数(家)	389	331	6	6	设立省级以上研发机构的企业比重(%)	8. 50	6. 80	9	10
高新技术企业数(家)	958	827	3	3	高新技术企业数相当于规上工业企业比重(%)	20. 93	16. 98	6	6
创新产出	38. 11	39. 31	6	6	创新产出	60. 96	58. 95	7	8
专利授权指数	43866	42673	4	3	企均专利授权指数	9. 58	8. 76	6	5
新产品销售收入额(亿元)	1180. 68	1216. 19	7	8	新产品销售收入占主营业务收入比重(%)	28. 21	26. 47	9	9
利润总额(亿元)	251. 10	283. 13	7	6	利润率(%)	6. 00	6. 16	9	9

表 9　温州市企业技术创新综合指数构成情况

温州	企业技术创新综合指数	一级指标		
		创新投入	创新组织	创新产出
2016 年	106. 69	113. 02	114. 56	98. 27
2017 年	118. 61	131. 35	140. 29	99. 07

4. 嘉兴市。

在企业技术创新规模方面,2017年嘉兴市创新规模指数为153.97,居全省第3位。嘉兴市企业技术创新规模指数比2016年增长12.17%,增长速度居全省第3位。其中,仪器和设备原价比上年增长15.98%,增速居全省第4位;高新技术企业数比上年增长32.99%,增速居全省第2位;专利授权指数比上年增长0.32%,增速居全省第8位;利润总额比上年增长8.99%,增速居全省第3位(表10)。

在企业技术创新水平方面,2017年嘉兴市创新水平指数为107.82,居全省第8位。创新水平指数比2016年上升4.64%,增速居全省第8位。其中,企均仪器和设备原价比上年增长8.58%,增速居全省第8位;高新技术企业数相当于规上工业企业比重比上年增加3.26个百分点,增速居全省第7位;企均专利授权指数比上年下降6.02%,增速居全省第8位(表10)。

在企业技术创新综合情况方面(表11),2017年嘉兴市创新综合指数为126.28,居全省第4位。创新综合指数比2016年提高8.18%,增速居全省第8位。其中,创新投入指数为137.48,比2016年增长11.08%;创新组织指数为116.19,比2016年增长19.66%;创新产出指数为122.05,比2016年增长1.73%。

创新组织指数增长较快主要得益于设立省级以上研发机构的企业数和高新技术企业数增长较为迅速。

表10 嘉兴市企业技术创新规模指标和水平指标的变化情况

规模指标					水平指标				
指标名称	指标值		位次		指标名称	指标值		位次	
	2017年	2016年	2017年	2016年		2017年	2016年	2017年	2016年
创新投入	66.52	58.08	3	3	创新投入	70.96	65.69	7	6
规上企业R&D人员数(人年)	45976	41930	5	5	规上企业万名从业人员R&D人员数(人年/万人)	538.77	497.98	11	9
规上企业硕博士人数(人)	2292	1985	3	4	规上企业硕博士人数占从业人员比重(%)	0.27	0.24	4	5
规上企业R&D内外部支出总额(亿元)	123.62	106.86	3	4	规上企业R&D内外部支出总额相当于主营业务的比重(%)	1.49	1.41	7	6
仪器和设备原价(亿元)	110.02	94.86	3	3	企均仪器和设备原价(万元)	203.93	187.81	4	3
创新组织	56.94	45.99	4	4	创新组织	59.25	51.11	11	11
有研发活动的企业数(家)	1609	1412	4	5	有研发活动的企业占比(%)	29.82	27.95	11	11
设立省级以上研发机构的企业数(家)	442	364	5	5	设立省级以上研发机构的企业比重(%)	8.19	7.21	10	9

续表

规模指标					水平指标				
指标名称	指标值		位次		指标名称	指标值		位次	
	2017 年	2016 年	2017 年	2016 年		2017 年	2016 年	2017 年	2016 年
高新技术企业数(家)	891	670	4	4	高新技术企业数相当于规上工业企业比重(%)	16.52	13.26	8	9
创新产出	59.82	56.40	3	4	创新产出	62.24	63.58	6	5
专利授权指数	41266	41135	5	4	企均专利授权指数	7.65	8.14	9	8
新产品销售收入额(亿元)	3239.06	2956.98	3	4	新产品销售收入占主营业务收入比重(%)	39.09	38.96	1	1
利润总额(亿元)	556.49	510.59	3	4	利润率(%)	6.72	6.73	6	6

表 11　嘉兴市企业技术创新综合指数构成情况

嘉兴	企业技术创新综合指数	一级指标		
		创新投入	创新组织	创新产出
2016 年	116.73	123.77	97.10	119.98
2017 年	126.28	137.48	116.19	122.05

5. 湖州市。

在企业技术创新规模方面,2017 年湖州市创新规模指数为 88.64,居全省第 7 位,与上年持平。创新规模指数比 2016 年增长 1.81%,增长速度居全省第 8 位。其中,设立省级高新技术研发中心和企业技术中心的企业数比上年上升 14.47%,增速居全省第 6 位;专利授权指数比上年下降 12.99%,增速居全省第 11 位;规上企业 R&D 人员数比上年增长 1.88%,高新技术企业数比上年增长 18.00%,新产品销售收入比上年下降 0.82%,增速均居全省第 5 位(表 12)。

在企业技术创新水平方面,2017 年湖州市创新水平指数为 118.87,居全省第 6 位。创新水平指数比 2016 年增长 0.22%,增速居全省第 9 位,与上年持平。规上企业万名从业人员 R&D 人员数比上年上升 1.07%,新产品销售收入占比上升 0.53 个百分点,增速均居全省第 4 位;设立省级高新技术企业研发中心和企业技术中心的企业比重上升 1.02 个百分点,增速居全省第 7 位;高新技术企业数相当于规上工业企业比重提高 2.36 个百分点,企均专利授权指数比上年下降 17.17%,增速均居全省第 11 位(表 12)。

在企业技术创新综合情况方面(表 13),2017 年湖州市创新综合指数为 106.78,居全省第 6 位,与上年持平。综合指数比 2016 年增长 0.75%,增长速度居全省第 10 位。其中,创新投入指数为 92.54,比 2016 年增长 5.02%;创新组织指数为 116.52,比 2016 年增长 9.28%;创新产出指数为 113.52,比 2016 年下降 5.09%。

表12　湖州市企业技术创新规模指标和水平指标的变化情况

规模指标					水平指标				
指标名称	指标值		位次		指标名称	指标值		位次	
	2017年	2016年	2017年	2016年		2017年	2016年	2017年	2016年
创新投入	29.22	27.70	8	8	创新投入	63.32	60.42	8	9
规上企业R&D人员数(人年)	24168	23721	8	8	规上企业万名从业人员R&D人员数(人年/万人)	638.45	631.72	6	3
规上企业硕博士人数(人)	836	910	8	8	规上企业硕博士人数占从业人员比重(%)	0.22	0.24	7	4
规上企业R&D内外部支出总额(亿元)	64.45	58.42	7	8	规上企业R&D内外部支出总额相当于主营业务的比重(%)	1.51	1.34	6	8
仪器和设备原价(亿元)	31.66	29.98	7	8	企均仪器和设备原价(万元)	107.41	106.85	9	9
创新组织	40.12	35.54	8	8	创新组织	76.40	71.09	6	4
有研发活动的企业数(家)	902	885	8	8	有研发活动的企业占比(%)	30.60	31.54	10	6
设立省级以上研发机构的企业数(家)	364	318	7	7	设立省级以上研发机构的企业比重(%)	12.35	11.33	5	5
高新技术企业数(家)	636	539	6	5	高新技术企业数相当于规上工业企业比重(%)	21.57	19.21	5	2
创新产出	38.24	40.05	5	5	创新产出	75.28	79.56	3	2
专利授权指数	35549	40857	6	6	企均专利授权指数	12.06	14.56	3	1
新产品销售收入额(亿元)	1483.78	1495.99	5	5	新产品销售收入占主营业务收入比重(%)	34.78	34.25	3	4
利润总额(亿元)	310.33	295.26	5	5	利润率(%)	7.27	6.76	4	5

表13　湖州市企业技术创新综合指数构成情况

湖州	企业技术创新综合指数	一级指标		
		创新投入	创新组织	创新产出
2016年	105.99	88.12	106.63	119.61
2017年	106.78	92.54	116.52	113.52

6. 绍兴市。

在企业技术创新规模方面,2017 年绍兴市创新规模指数为 144.93,继续居全省第 4 位。创新规模指数比 2016 年增长 2.51%,增长速度居全省第 7 位。其中,规上企业硕博士人数比上年下降 15.45%,增速居全省第 8 位;专利授权指数比上年增长 17.56%,增速居全省第 3 位(表 14)。

在企业技术创新水平方面,2017 年绍兴市创新水平指数为 119.13,居全省第 4 位。创新水平指数比 2016 年增长 15.08%,增速居全省第 3 位。其中,规上企业硕博士人数占从业人员比重比上年下降 0.02 个百分点,增速居全省第 8 位;新产品销售收入占比比上年增长 1.74 个百分点,增速居全省第 1 位(表 14)。

在企业技术创新综合情况方面(表 15),2017 年绍兴市创新综合指数为 129.45,继续位居全省第 3 位。创新综合指数比 2016 年提高 9.09%,增长速度居全省第 7 位。其中,创新投入指数为 135.92,比 2016 年增长 12.31%;创新组织指数为 119.41,比 2016 年增长 20.07%;创新产出指数为 128.87,比 2016 年增长 2.79%。创新组织指数的增长较快主要得益于有研发活动的企业数、高新技术企业数快速增长。

表 14 绍兴市企业技术创新规模指标和水平指标的变化情况

规模指标					水平指标				
指标名称	指标值		位次		指标名称	指标值		位次	
	2017 年	2016 年	2017 年	2016 年		2017 年	2016 年	2017 年	2016 年
创新投入	60.05	57.22	4	4	创新投入	75.87	63.80	5	7
规上企业 R&D 人员数(人年)	46724	42936	4	4	规上企业万名从业人员 R&D 人员数(人年/万人)	680.81	566.21	3	8
规上企业硕博士人数(人)	1998	2363	4	3	规上企业硕博士人数占从业人员比重(%)	0.29	0.31	2	2
规上企业 R&D 内外部支出总额(亿元)	122.38	113.38	4	3	规上企业 R&D 内外部支出总额相当于主营业务的比重(%)	1.67	1.21	5	9
仪器和设备原价(亿元)	77.84	72.21	4	4	企均仪器和设备原价(万元)	173.01	163.01	5	5
创新组织	53.13	43.87	5	5	创新组织	66.29	55.59	9	9
有研发活动的企业数(家)	1593	1243	5	7	有研发活动的企业占比(%)	35.41	28.06	8	10
设立省级以上研发机构的企业数(家)	499	453	3	2	设立省级以上研发机构的企业比重(%)	11.09	10.23	7	7
高新技术企业数(家)	677	527	5	6	高新技术企业数相当于规上工业企业比重(%)	15.05	11.90	10	10

续表

规模指标					水平指标				
指标名称	指标值		位次		指标名称	指标值		位次	
	2017 年	2016 年	2017 年	2016 年		2017 年	2016 年	2017 年	2016 年
创新产出	58.51	61.67	4	3	创新产出	70.37	63.70	5	4
专利授权指数	48247	41039	3	5	企均专利授权指数	10.72	9.26	4	4
新产品销售收入额(亿元)	2705.52	3275.39	4	3	新产品销售收入占主营业务收入比重(%)	36.82	35.08	2	3
利润总额(亿元)	502.45	592.10	4	3	利润率(%)	6.84	6.34	5	7

表 15 绍兴市企业技术创新综合指数构成情况

绍兴	企业技术创新综合指数	一级指标		
		创新投入	创新组织	创新产出
2016 年	118.66	121.02	99.45	125.37
2017 年	129.45	135.92	119.41	128.87

7. 金华市。

在企业技术创新规模方面,2017 年金华市创新规模指数为 72.12,居全省第 8 位。创新规模指数比 2016 年下降 11.98%,增幅居全省第 10 位。

在企业技术创新水平方面,2017 年金华市创新水平指数为 90.66,居全省第 11 位。创新水平指数比 2016 年下降 1.35%,增速居全省第 11 位。规上企业 R&D 内外部支出总额相当于主营业务的比重比上年增长 0.04 个百分点,有研发活动的企业占比比上年下降 1.53 个百分点,增速均居全省第 11 位;规上企业万名从业人员 R&D 人员数比上年增长 3.02%,企均专利授权指数比上年增长 11.21%,增速均居全省第 5 位(表 16)。

在企业技术创新综合情况方面(表 17),2017 年金华市创新综合指数为 83.25,位居全省第 9 位。创新综合指数比 2016 年下降 5.30%,增速位居全省第 11 位。其中,创新投入指数为 91.16,比 2016 年下降 7.57%;创新组织指数为 106.11,比 2016 年增长 13.68%;创新产出指数为 66.93,比 2016 年下降 13.27%。

表 16 金华市企业技术创新规模指标和水平指标的变化情况

规模指标					水平指标				
指标名称	指标值		位次		指标名称	指标值		位次	
	2017 年	2016 年	2017 年	2016 年		2017 年	2016 年	2017 年	2016 年
创新投入	30.15	36.12	7	7	创新投入	61.00	62.51	9	8
规上企业 R&D 人员数(人年)	31800	34752	7	7	规上企业万名从业人员 R&D 人员数(人年/万人)	585.87	568.68	9	7
规上企业硕博士人数(人)	878	1239	7	7	规上企业硕博士人数占从业人员比重(%)	0.16	0.20	9	8

续表

规模指标					水平指标				
指标名称	指标值		位次		指标名称	指标值		位次	
	2017 年	2016 年	2017 年	2016 年		2017 年	2016 年	2017 年	2016 年
规上企业 R&D 内外部支出总额(亿元)	61.95	73.97	8	6	规上企业 R&D 内外部支出总额相当于主营业务的比重(%)	1.73	1.69	4	4
仪器和设备原价(亿元)	27.16	34.74	8	7	企均仪器和设备原价(万元)	73.59	87.54	10	10
创新组织	42.09	38.65	7	7	创新组织	64.02	54.68	10	10
有研发活动的企业数(家)	1457	1627	6	4	有研发活动的企业占比(%)	39.47	41.00	4	2
设立省级以上研发机构的企业数(家)	343	294	8	8	设立省级以上研发机构的企业比重(%)	9.29	7.41	8	8
高新技术企业数(家)	541	424	8	8	高新技术企业数相当于规上工业企业比重(%)	14.66	10.69	11	11
创新产出	21.95	27.56	8	8	创新产出	44.98	49.61	10	10
专利授权指数	18301	17715	8	8	企均专利授权指数	4.96	4.46	11	11
新产品销售收入额(亿元)	1107.28	1412.31	8	6	新产品销售收入占主营业务收入比重(%)	30.85	32.31	7	7
利润总额(亿元)	180.30	273.83	8	7	利润率(%)	5.02	6.26	10	8

表 17 金华市企业技术创新综合指数构成情况

金华	企业技术创新综合指数	一级指标		
		创新投入	创新组织	创新产出
2016 年	87.91	98.63	93.34	77.17
2017 年	83.25	91.16	106.11	66.93

8. 衢州市。

在企业技术创新规模方面,2017 年衢州市创新规模指数为 29.54,位居全省第 9 位。创新规模指数比 2016 年增长 17.32%,增速位居全省第 2 位。其中,高新技术企业数比上年增长 27.85%,新产品销售收入额比上年下降 5.93%,利润总额比上年增长 21.94%,增速均居全省第 2 位(表 18)。

在企业技术创新水平方面,2017 年衢州市创新水平指数为 125.48,由全省第 8 位上升至第 3 位。创新水平指数比 2016 年增长 28.39%,增速居全省第 1 位。其中,利润率比上年提高 1.84 个百分点,增速居全省首位;设立省级以上研发机构的企业比重比上年提高 3.67 个百分点,新产品销售收入占比比上年提高 0.08 个百分点,增速均居全省第 6 位;规上企业 R&D 内外部支出总额相当于主营业务收入的比重比上年提高 0.18 个百分点，高新技术企业数相当于规上工业企业比重比上年提高 7.06 个百分点，增速均居全省第 4 位（表 18）。

在企业技术创新综合情况方面（表 19），2017 年衢州市创新综合指数为 87.10，居全省第 8 位。创新综合指数比 2016 年增长 26.76%，增速居全省第 1 位。其中，创新投入指数为 70.34，比 2016 年增长 18.60%；创新组织指数为 110.40，比 2016 年增长 28.10%；创新产出指数为 89.79，比 2016 年增长 31.56%。创新组织指数的较快增长主要得益于设立省级以上研发机构的企业数、高新技术企业数等指标的增长，创新产出指数的较快增长主要得益于企均专利授权指数、专利授权指数、利润总额等指标的快速增长。

表 18　衢州市企业技术创新规模指标和水平指标的变化情况

规模指标					水平指标				
指标名称	指标值		位次		指标名称	指标值		位次	
	2017 年	2016 年	2017 年	2016 年		2017 年	2016 年	2017 年	2016 年
创新投入	9.36	8.55	9	9	创新投入	60.98	50.77	10	10
规上企业 R&D 人员数（人年）	8349	7096	9	9	规上企业万名从业人员 R&D 人员数（人年/万人）	635.52	480.76	7	10
规上企业硕博士人数（人）	319	344	9	9	规上企业硕博士人数占从业人员比重（%）	0.24	0.23	6	6
规上企业 R&D 内外部支出总额（亿元）	18.24	16.47	9	10	规上企业 R&D 内外部支出总额相当于主营业务的比重（%）	1.22	1.04	10	10
仪器和设备原价（亿元）	11.35	10.46	9	9	企均仪器和设备原价（万元）	134.77	112.10	7	7
创新组织	14.40	12.28	10	10	创新组织	96.00	73.90	4	3
有研发活动的企业数（家）	317	294	9	10	有研发活动的企业占比（%）	37.65	31.51	5	7
设立省级以上研发机构的企业数（家）	151	133	9	9	设立省级以上研发机构的企业比重（%）	17.93	14.26	3	3
高新技术企业数（家）	202	158	10	10	高新技术企业数相当于规上工业企业比重（%）	23.99	16.93	4	7
创新产出	12.58	10.28	9	10	创新产出	77.21	57.97	2	9
专利授权指数	10649	7972	9	9	企均专利授权指数	12.65	8.54	2	6
新产品销售收入额（亿元）	385.49	409.79	10	10	新产品销售收入占主营业务收入比重（%）	25.85	25.77	10	10
利润总额（亿元）	118.71	97.35	9	10	利润率（%）	7.96	6.12	2	10

表 19 衢州市企业技术创新综合指数构成情况

衢州	企业技术创新综合指数	一级指标		
		创新投入	创新组织	创新产出
2016 年	68.71	59.31	86.18	68.25
2017 年	87.10	70.34	110.40	89.79

9. 舟山市。

在企业技术创新规模方面,2017 年舟山市创新规模指数为 11.65,居全省末位。创新规模指数比 2016 年下降 12.34%,增幅居全省第 11 位。

在企业技术创新水平方面,2017 年舟山市创新水平指数为 106.25,由上年的第 9 位下滑到第 10 位。创新水平指数比 2016 年增长 13.06%,增速列全省第 5 位。其中,企均仪器和设备原价、高新技术企业数相当于规上工业企业比重与企均专利授权指数等多个指标增长迅速(表 20)。

在企业技术创新综合情况方面(表 21),2017 年舟山市创新综合指数为 68.41,仍居全省末位。创新综合指数比上年增长 10.88%,增速居全省第 5 位。其中,创新投入指数为 85.96,比上年增长 7.02%;创新组织指数为 117.355,比 2016 年增长 26.59%;创新产出指数为 33.01,比 2016 年下降 1.29%。创新投入指数和创新组织指数的快速增长均得益于多个指标的快速提升。

表 20 舟山市企业技术创新规模指标和水平指标的变化情况

规模指标					水平指标				
指标名称	指标值		位次		指标名称	指标值		位次	
	2017 年	2016 年	2017 年	2016 年		2017 年	2016 年	2017 年	2016 年
创新投入	6.39	7.69	11	10	创新投入	79.57	72.64	4	2
规上企业 R&D 人员数(人年)	4687	5526	11	11	规上企业万名从业人员 R&D 人员数(人年/万人)	649.70	689.89	5	2
规上企业硕博士人数(人)	111	148	11	11	规上企业硕博士人数占从业人员比重(%)	0.15	0.18	10	9
规上企业 R&D 内外部支出总额(亿元)	12.64	18.67	11	9	规上企业 R&D 内外部支出总额相当于主营业务的比重(%)	1.40	1.35	9	7
仪器和设备原价(亿元)	11.23	8.81	10	10	企均仪器和设备原价(万元)	320.06	234.93	2	1
创新组织	6.91	5.80	11	11	创新组织	110.45	86.90	2	2
有研发活动的企业数(家)	146	151	11	11	有研发活动的企业占比(%)	41.60	40.27	3	3
设立省级以上研发机构的企业数(家)	71	66	11	11	设立省级以上研发机构的企业比重(%)	20.23	17.6	1	1

续表

规模指标					水平指标				
指标名称	指标值		位次		指标名称	指标值		位次	
	2017年	2016年	2017年	2016年		2017年	2016年	2017年	2016年
高新技术企业数(家)	101	66	11	11	高新技术企业数相当于规上工业企业比重(%)	28.77	17.6	2	5
创新产出	2.31	3.25	11	11	创新产出	30.70	30.19	11	11
专利授权指数	2796	2361	11	11	企均专利授权指数	7.97	6.30	8	9
新产品销售收入额(亿元)	92.05	198.04	11	11	新产品销售收入占主营业务收入比重(%)	10.19	14.35	11	11
利润总额(亿元)	12.58	27.67	11	11	利润率(%)	1.39	2.01	11	11

表21 舟山市企业技术创新综合指数构成情况

舟山	企业技术创新综合指数	一级指标		
		创新投入	创新组织	创新产出
2016年	61.70	80.32	92.70	33.44
2017年	68.41	85.96	117.35	33.01

10. 台州市。

在企业技术创新规模方面,2017年台州市创新规模指数为97.22,位居全省第6位。创新规模指数比上年增长7.53%,增速居全省第5位。其中,新产品销售收入额比上年增长0.56%,增速居全省第3位;有研发活动的企业数比上年增长1.43%,增速居全省第8位;仪器和设备原价比上年上升17.32%,增速居全省第3位(表22)。

在企业技术创新水平方面,2017年台州市创新水平指数为108.53,位居全省第7位。创新水平指数比2016年下降1.26%,增速居全省第10位。其中,新产品销售收入占比比上年下降4.51个百分点,增速居全省第11位;企均仪器和设备原价比上年上升12.87%,增速列全省第7位(表22)。

在企业技术创新综合情况方面(表23),2017年台州市创新综合指数为104.01,在全省位列第7位,与上年持平。创新综合指数比上年提高1.85%,增速居全省第9位。其中,创新投入指数为116.25,比2016年增长8.13%;创新组织指数为117.51,比2016年增长7.68%;创新产出指数为88.48,比2016年下降6.68%。

表22 台州市企业技术创新规模指标和水平指标的变化情况

规模指标					水平指标				
指标名称	指标值		位次		指标名称	指标值		位次	
	2017年	2016年	2017年	2016年		2017年	2016年	2017年	2016年
创新投入	43.10	37.63	6	6	创新投入	73.15	69.88	6	3
规上企业R&D人员数(人年)	38424	35292	6	6	规上企业万名从业人员R&D人员数(人年/万人)	602.14	577.99	8	6

续表

规模指标					水平指标				
指标名称	指标值		位次		指标名称	指标值		位次	
	2017 年	2016 年	2017 年	2016 年		2017 年	2016 年	2017 年	2016 年
规上企业硕博士人数(人)	1759	1604	5	5	规上企业硕博士人数占从业人员比重(%)	0.28	0.26	3	3
规上企业 R&D 内外部支出总额(亿元)	81.93	69.16	6	7	规上企业 R&D 内外部支出总额相当于主营业务的比重(%)	1.86	1.82	3	1
仪器和设备原价(亿元)	49.37	42.08	6	6	企均仪器和设备原价(万元)	131.28	116.31	8	6
创新组织	47.15	42.77	6	6	创新组织	70.37	66.36	8	7
有研发活动的企业数(家)	1415	1395	7	6	有研发活动的企业占比(%)	37.62	38.56	6	4
设立省级以上研发机构的企业数(家)	453	409	4	4	设立省级以上研发机构的企业比重(%)	12.04	11.30	6	6
高新技术企业数(家)	586	495	7	7	高新技术企业数相当于规上工业企业比重(%)	15.58	13.68	9	8
创新产出	31.94	32.09	7	7	创新产出	56.54	62.72	9	6
专利授权指数	27210	29517	7	7	企均专利授权指数	7.23	8.16	10	7
新产品销售收入额(亿元)	1305.46	1298.15	6	7	新产品销售收入占主营业务收入比重(%)	29.70	34.21	8	5
利润总额(亿元)	277.93	259.81	6	8	利润率(%)	6.32	6.85	7	4

表 23　台州市企业技术创新综合指数构成情况

台州	企业技术创新综合指数	一级指标		
		创新投入	创新组织	创新产出
2016 年	102.12	107.51	109.13	94.81
2017 年	104.01	116.25	117.51	88.48

11. 丽水市。

在企业技术创新规模方面，2017 年丽水市创新规模指数为 23.95，居全省第 10 位。创新规模指数比 2016 年下降 10.77%，增速居全省第 9 位。其中，设立省级以上研发机构的企业数、专利授权指数两项指标分别比上年增长 14.73%、9.30%，增速分别居全省第 5 位与第 4 位；高新技术企业数比上年增长 12.86%，增速居全省第 10 位(表 24)。

在企业技术创新水平方面，2017 年丽水市创新水平指数为 106. 90，居全省第 9 位，比 2016 年上升 2 位。创新水平指数比 2016 年增长 19. 35%，增速居全省第 2 位（表 24）。

在企业技术创新综合情况方面（表 25），2017 年丽水市创新综合指数为 73. 72，居全省第 10 位，与往年持平。创新综合指数比 2016 年增长 14. 33%，增速居全省第 3 位。其中，创新投入指数为 55. 16，比 2016 年增长 31. 93%；创新组织指数为 115. 47，比 2016 年增长 36. 54%；创新产出指数为 69. 60，比 2016 年下降 4. 90%。

表 24 丽水市企业技术创新规模指标和水平指标的变化情况

规模指标					水平指标				
指标名称	指标值		位次		指标名称	指标值		位次	
	2017 年	2016 年	2017 年	2016 年		2017 年	2016 年	2017 年	2016 年
创新投入	7. 03	6. 73	10	11	创新投入	48. 13	35. 08	11	11
规上企业 R&D 人员数（人年）	7381	6831	10	10	规上企业万名从业人员 R&D 人员数（人年/万人）	550. 26	406. 61	10	11
规上企业硕博士人数（人）	160	190	10	10	规上企业硕博士人数占从业人员比重（%）	0. 12	0. 11	11	11
规上企业 R&D 内外部支出总额（亿元）	15. 57	14. 25	10	11	规上企业 R&D 内外部支出总额相当于主营业务的比重（%）	1. 21	0. 80	11	11
仪器和设备原价（亿元）	5. 73	6. 08	11	11	企均仪器和设备原价（万元）	67. 60	54. 50	11	11
创新组织	15. 15	14. 01	9	9	创新组织	100. 32	70. 56	3	5
有研发活动的企业数（家）	308	342	10	9	有研发活动的企业占比（%）	36. 32	30. 67	7	9
设立省级以上研发机构的企业数（家）	148	129	10	10	设立省级以上研发机构的企业比重（%）	17. 45	11. 57	4	4
高新技术企业数（家）	237	210	9	9	高新技术企业数相当于规上工业企业比重（%）	27. 95	18. 83	3	4
创新产出	9. 09	12. 40	10	9	创新产出	60. 51	60. 79	8	7
专利授权指数	7406	6776	10	10	企均专利授权指数	8. 73	6. 08	7	10
新产品销售收入额（亿元）	400. 47	592. 10	9	9	新产品销售收入占主营业务收入比重（%）	31. 04	33. 37	6	6
利润总额（亿元）	80. 23	137. 19	10	9	利润率（%）	6. 22	7. 73	8	1

表 25　丽水市企业技术创新综合指数构成情况

丽水	企业技术创新综合指数	一级指标		
		创新投入	创新组织	创新产出
2016 年	64.48	41.81	84.57	73.18
2017 年	73.72	55.16	115.47	69.60

五、分行业(制造业)企业技术创新情况

综观 2017 年全省各制造业子行业创新发展情况,我省继续推进供给侧结构性改革,紧扣新兴产业培育发展和传统产业改造提升的技术需求,培育新动能,做优增量,改造旧动能,激活存量,推动产业转型升级。从四大核心指标来看,高新技术行业普遍排名靠前,表现出较强的技术创新能力;传统制造业技术创新能力相对较弱,利润率比上年出现下滑的行业数量由 7 个增加到 15 个。从与全国各行业的比较来看,我省计算机、通信和其他电子设备制造业,仪器仪表制造业,医药制造业,专用设备制造业,通用设备制造业,电气机械和器材制造业等高新技术行业依然保持着相对优势,传统制造业如木材加工和木、竹、藤、棕、草制品业,汽车制造业,食品制造业,造纸和纸制品业,非金属矿物制品业等虽然具有一定的规模优势,但技术创新能力仍然较为薄弱,产业能级有待进一步提高。

(一)各行业技术创新排名情况

为了便于与全国行业平均水平进行比较,选取 R&D 投入强度、利润率、新产品销售收入占比、万名用工人员 R&D 人员数四大核心水平指标,分别对全省 31 个制造业子行业 2017 年规上企业技术创新情况进行排名。

R&D 投入强度,排名前 5 的行业分别是计算机、通信和其他电子设备制造业(4.04%),仪器仪表制造业(3.90%),医药制造业(3.82%),专用设备制造业(2.99%),通用设备制造业(2.60%)(图 11)。

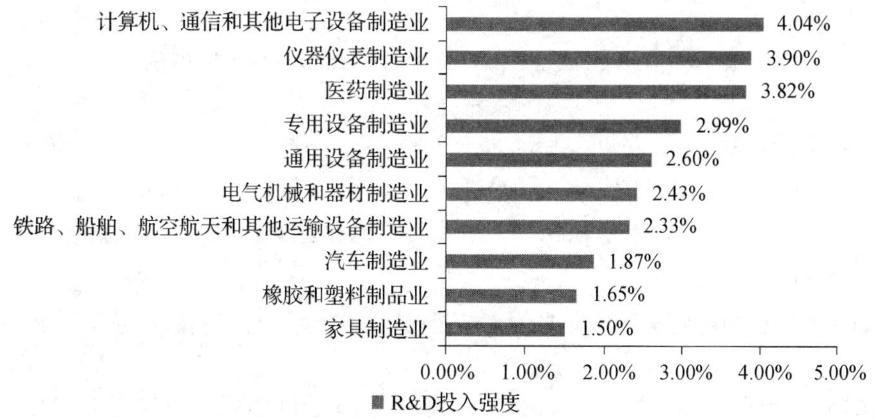

图 11　浙江省规上企业 R&D 投入强度分行业前 10 位

利润率,排名前 5 的行业分别是医药制造业(16.28%),仪器仪表制造业(12.37%),石油加工、炼焦和核燃料加工业(11.68%),汽车制造业(10.69%),计算机、

通信和其他电子设备制造业(9.05%)(图12)。

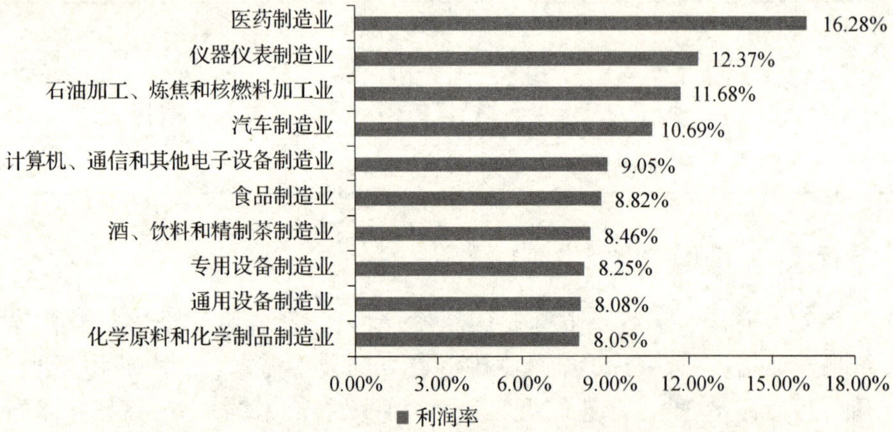

行业	利润率
医药制造业	16.28%
仪器仪表制造业	12.37%
石油加工、炼焦和核燃料加工业	11.68%
汽车制造业	10.69%
计算机、通信和其他电子设备制造业	9.05%
食品制造业	8.82%
酒、饮料和精制茶制造业	8.46%
专用设备制造业	8.25%
通用设备制造业	8.08%
化学原料和化学制品制造业	8.05%

0.00% 3.00% 6.00% 9.00% 12.00% 15.00% 18.00%

■利润率

图12 浙江省规上企业利润率分行业前10位

新产品销售收入占比,排名前5的行业分别是计算机、通信和其他电子设备制造业(59.67%),汽车制造业(55.00%),仪器仪表制造业(48.31%),电气机械和器材制造业(47.64%),专用设备制造业(40.53%)(图13)。

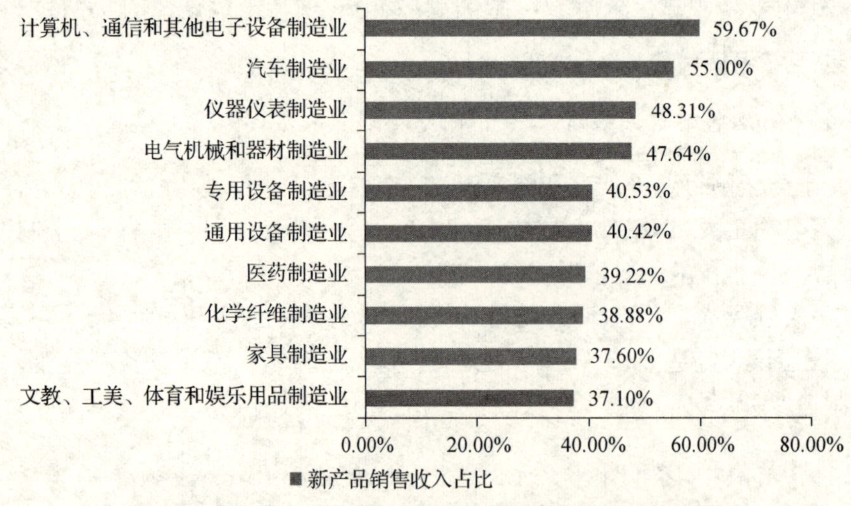

图13 浙江省规上企业新产品销售收入占比分行业前10位

万名用工人员R&D人员数,排名前5的行业分别是仪器仪表制造业(1066.86人年/万人),医药制造业(1020.99人年/万人),计算机、通信和其他电子设备制造业(997.21人年/万人),化学原料和化学制品制造业(745.19人年/万人),专用设备制造业(722.28人年/万人)(图14)。

综观四大核心指标,排名居前的仍然以高新技术行业居多,传统行业排名普遍较为靠后。

与2016年相比,全省31个制造业子行业在四个创新指标上显现出不同程度的进步。

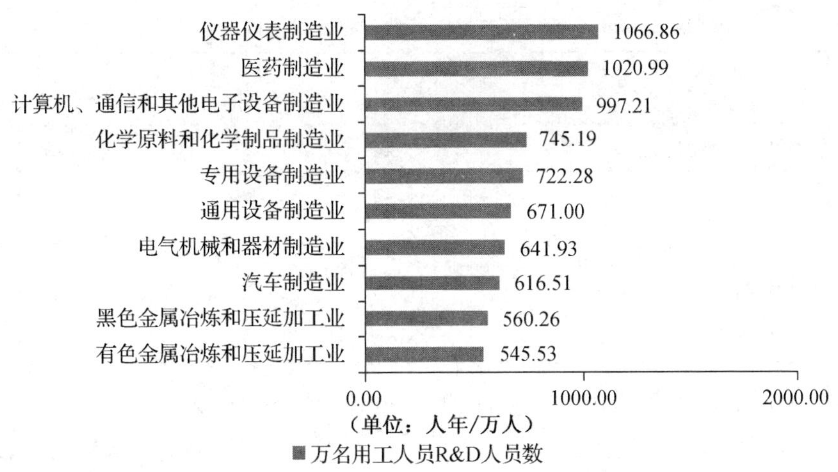

图 14 浙江省规上企业万名用工人员 R&D 人员数分行业前 10 位

在研发经费投入强度上，21 个行业比上年有所提高，列前 5 位的分别为金属制品、机械和设备修理业，家具制造业，仪器仪表制造业，黑色金属冶炼和压延加工业，铁路、船舶、航空航天和其他运输设备制造业（表 26）。

表 26 31 个行业 R&D 投入强度进步前 5 名情况

行业 \ 年度	2016(%)	2017(%)	比上年提高的百分比(个)
金属制品、机械和设备修理业	0.71	1.42	0.71
家具制造业	1.01	1.50	0.49
仪器仪表制造业	3.52	3.90	0.38
黑色金属冶炼和压延加工业	0.73	1.05	0.32
铁路、船舶、航空航天和其他运输设备制造业	2.01	2.33	0.32

在利润率上，16 个行业比上年有所进步，比 2016 年减少了 8 个行业。列前 5 位的分别为食品制造业，造纸和纸制品业，化学原料和化学制品制造业，废弃资源综合利用业，仪器仪表制造业（表 27）。

表 27 31 个行业利润率进步前 5 名情况

行业 \ 年度	2016(%)	2017(%)	比上年提高的百分比(个)
食品制造业	6.72	8.82	2.10
造纸和纸制品业	5.41	7.01	1.60
化学原料和化学制品制造业	6.57	8.05	1.48
废弃资源综合利用业	3.08	4.45	1.37
仪器仪表制造业	11.15	12.37	1.22

在新产品销售收入占比上，有 9 个行业比上年有所进步，列前 5 位的分别为石油加工、炼焦和核燃料加工业，化学纤维制造业，电气机械和器材制造业，印刷和记录媒介复制业，文教、工美、体育和娱乐用品制造业（表 28）。

表 28 31 个行业新产品销售收入占比进步前 5 名情况

行业 \ 年度	2016(%)	2017(%)	比上年提高的百分比(个)
石油加工、炼焦和核燃料加工业	8.89	13.03	4.14
化学纤维制造业	36.59	38.88	2.29
电气机械和器材制造业	45.62	47.64	2.02
印刷和记录媒介复制业	21.50	23.33	1.83
文教、工美、体育和娱乐用品制造业	35.66	37.10	1.44

在万名用工人员 R&D 人员数上,有 21 个行业比上年有所进步,列前 5 位的分别为黑色金属冶炼和压延加工业,仪器仪表制造业,化学纤维制造业,金属制品、机械和设备修理业,家具制造业(表 29)。

表 29 31 个行业万名用工人员 R&D 人员数进步前 5 名情况

行业 \ 年度	2016(人年/万人)	2017(人年/万人)	比上年提高情况(人年/万人)
黑色金属冶炼和压延加工业	291.57	560.26	268.69
仪器仪表制造业	923.12	1066.86	143.74
化学纤维制造业	370.08	460.32	90.24
金属制品、机械和设备修理业	74.61	163.70	89.09
家具制造业	226.21	303.75	77.54

浙江省 31 个制造业子行业四大创新指标比上年进步情况见表 30,其中 4 个指标均比上年有所进步的行业有 3 个,分别为化学纤维制造业,黑色金属冶炼和压延加工业,金属制品、机械和设备修理业。总体上看,大部分为传统产业。

表 30 浙江省 31 个子行业四大创新指标比上年进步情况

行业 \ 年度	R&D 投入强度		利润率		新产品销售收入占比		万名用工人员 R&D 人员数	
	比 2016 年进步程度(百分点)	位次	比 2016 年进步程度(百分点)	位次	比 2016 年进步程度(百分点)	位次	比 2016 年进步程度(百分点)	位次
农副食品加工业	-0.06	24	-0.73	23	-2.12	22	-33.68	26
食品制造业	-0.07	26	2.10	1	-0.85	16	1.22	20
酒、饮料和精制茶制造业	-0.54	31	-2.14	31	-2.94	25	-60.60	29
烟草制品业	-0.09	27	0.43	13	0.71	8	-143.23	31
纺织业	0.21	13	-0.51	21	1.01	6	22.38	16
纺织服装、服饰业	0.27	8	-0.82	24	-0.67	14	45.13	11
皮革、毛皮、羽毛及其制品和制鞋业	0.25	11	-1.34	28	-2.78	24	63.42	7
木材加工和木、竹、藤、棕、草制品业	0.28	6	0.35	15	-0.09	10	0.36	21

续表

年度 行业	R&D 投入强度		利润率		新产品销售收入占比		万名用工人员 R&D 人员数	
	比 2016 年进步程度（百分点）	位次	比 2016 年进步程度（百分点）	位次	比 2016 年进步程度（百分点）	位次	比 2016 年进步程度（百分点）	位次
家具制造业	0.49	2	-1.09	27	-0.47	13	77.54	5
造纸和纸制品业	0.06	20	1.60	2	-0.17	11	15.10	18
印刷和记录媒介复制业	0.17	16	-0.20	18	1.83	4	35.24	14
文教、工美、体育和娱乐用品制造业	0.21	14	-0.99	26	1.43	5	45.39	10
石油加工、炼焦和核燃料加工业	-0.06	25	-2.07	30	4.14	1	-11.57	22
化学原料和化学制品制造业	-0.01	22	1.48	3	-1.28	19	23.59	15
医药制造业	0.27	7	1.03	7	-1.56	20	-36.71	27
化学纤维制造业	0.20	15	0.51	12	2.29	2	90.24	3
橡胶和塑料制品业	0.27	9	-0.55	22	-4.82	29	36.47	13
非金属矿物制品业	-0.12	28	0.62	11	-1.23	18	-29.78	25
黑色金属冶炼和压延加工业	0.32	4	0.39	14	0.87	7	268.69	1
有色金属冶炼和压延加工业	0.04	21	0.21	16	-2.08	21	47.04	9
金属制品业	0.09	19	-0.98	25	-3.33	26	-15.14	23
通用设备制造业	0.22	12	0.86	9	-0.73	15	14.55	19
专用设备制造业	0.14	18	0.75	10	-1.16	17	-52.69	28
汽车制造业	-0.03	23	1.15	6	-4.54	28	-80.36	30
铁路、船舶、航空航天和其他运输设备制造业	0.32	5	-1.85	29	-4.11	27	75.66	6
电气机械和器材制造业	0.26	10	-0.07	17	2.02	3	21.24	17
计算机、通信和其他电子设备制造业	-0.15	29	-0.28	20	-0.38	12	38.47	12
仪器仪表制造业	0.38	3	1.22	5	-2.50	23	143.74	2
其他制造业	0.16	17	-0.28	19	-5.52	30	51.72	8
废弃资源综合利用业	-0.27	30	1.37	4	-13.73	31	-27.82	24
金属制品、机械和设备修理业	0.72	1	1.00	8	0.10	9	89.09	4

（二）与全国行业平均水平比较

由于《2017 中国统计年鉴》未公布废弃资源综合利用业这一子行业的相关科技指标数据，本研究报告只就我省制造业其余 30 个子行业情况与全国平均水平进行比较。

研发投入强度：我省有 24 个子行业高于全国平均水平，比上年增加 2 个。排名前 5 位的行业与上年相同，分别是计算机、通信和其他电子设备制造业，医药制造业，仪器仪表制造业，专用设备制造业，通用设备制造业，分别高于全国平均水平 2. 15、1. 85、1. 80、1. 21、1. 07 个百分点（图 15）。与上年相比，家具制造业由第 15 位上升至第 7 位，酒、饮料和精制茶制造业超过全国平均水平的幅度由第 11 位下降至第 24 位。

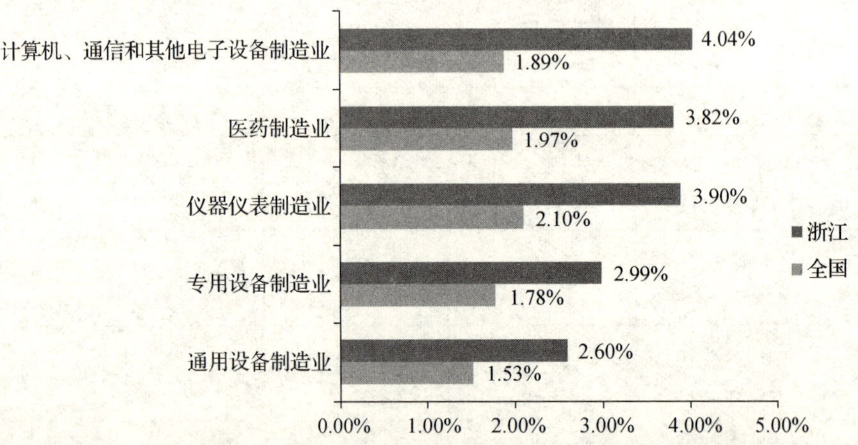

图 15　浙江省规上企业 R&D 投入强度超全国平均水平列前 5 位的行业

利润率：我省有 13 个行业高于全国平均水平，比上年减少 1 个。排名前 5 位的分别是石油加工、炼焦和核燃料加工业，医药制造业，计算机、通信和其他电子设备制造业，仪器仪表制造业，汽车制造业，分别高于全国平均水平 6. 21、4. 02、3. 64、3. 50、2. 55 个百分点（图 16）。与上年相比，食品制造业，造纸和纸制品业，电气机械和器材制造业分别由低于全国平均水平 1. 97、0. 51、0. 38 个百分点转变为高于全国平均水平 0. 51、0. 16、0. 04 个百分点，排名行业第 10、12、13 位。

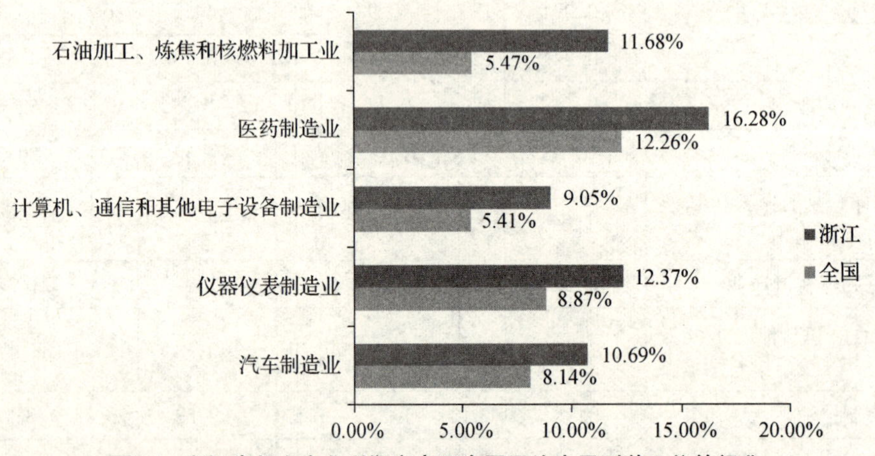

图 16　浙江省规上企业利润率高于全国平均水平列前 5 位的行业

新产品销售收入占比：我省有 27 个行业高于全国平均水平，比上年减少 1 个。其中文教、工美、体育和娱乐用品制造业新产品销售收入占比超过全国平均水平 27. 73 个百分点，继续位居子行业超过全国平均水平幅度的首位；排名第 2、3 位的行业分别是家具制造业，仪器仪表制造业，分别高于全国平均水平 26. 25、24. 86 个百分点；木材加工和木、竹、藤、棕、草制品业由上年的第 8 位上升至第 4 位，高于全国平均水平 23. 21 个百分点；计算机、通信和其他电子设备制造业与去年一致，高于全国平均水平 22. 13 个百分点（图 17）。

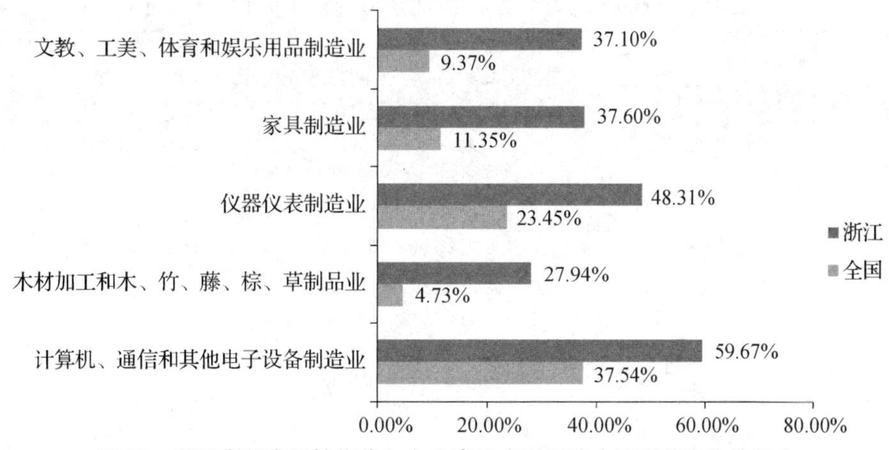

图 17 浙江省新产品销售收入占比高于全国平均水平列前 5 位的行业

万名用工人员 R&D 人员数:我省有 26 个行业高于全国平均水平,数量与上年持平。排名前 5 位的分别是计算机、通信和其他电子设备制造业,医药制造业,仪器仪表制造业,化学原料和化学制品制造业,有色金属冶炼和压延加工业,分别高于全国平均水平 494. 89、470. 67、408. 79、357. 17、251. 47 人年/万人(图 18)。专用设备制造业由上年的第 4 位下降至第 9 位,仪器仪表制造业则由上年的第 6 位上升至第 3 位。

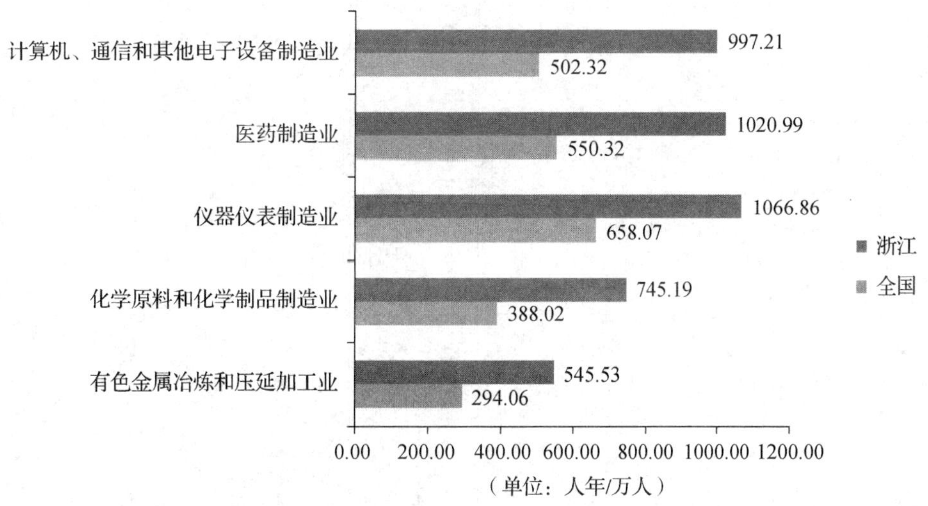

图 18 浙江省万名用工人员 R&D 人员数高于全国平均水平列前 5 位的行业

综合来看,四大核心指标均超过全国平均水平的行业有 12 个,数量与上年持平。分别为计算机、通信和其他电子设备制造业,仪器仪表制造业,医药制造业,木材加工和木、竹、藤、棕、草制品业,专用设备制造业,通用设备制造业,汽车制造业,电气机械和器材制造业,化学原料和化学制品制造业,食品制造业,造纸和纸制品业,非金属矿物制品业(表 31)。与上年相比,电气机械和器材制造业,食品制造业,造纸和纸制品业的利润率分别由低于全国平均水平 0. 38、1. 97、0. 51 个百分点提高到高于全国平均水平 0. 04、0. 51、0. 16 个百分点,跻身我省在全国具有相对优势的行业之列。

表 31 创新核心指标浙江省在全国具有相对优势的制造行业

行业＼指标	R&D 投入强度(%)			利润率(%)			新产品销售收入占比(%)			万名用工人员R&D 人员数(人年/万人)		
	浙江	高于全国平均水平(百分点)	排名	浙江	高于全国平均水平(百分点)	排名	浙江	高于全国平均水平(百分点)	排名	浙江	高于全国平均水平(人年/万人)	排名
计算机、通信和其他电子设备制造业	4.04	2.15	1	9.05	3.65	3	59.67	22.13	5	997.21	494.89	1
仪器仪表制造业	3.90	1.79	3	12.37	3.49	4	48.31	24.86	3	1066.86	408.80	3
医药制造业	3.82	1.85	2	16.28	4.02	2	39.22	18.15	11	1020.99	470.67	2
木材加工和木、竹、藤、棕、草制品业	1.43	0.97	6	6.59	0.72	9	27.94	23.21	4	359.15	241.75	7
专用设备制造业	2.99	1.21	4	8.25	1.32	6	40.53	20.01	9	722.28	189.73	9
通用设备制造业	2.60	1.07	5	8.08	1.23	7	40.42	19.84	10	671.00	204.44	8
汽车制造业	1.87	0.49	16	10.69	2.55	5	55.00	20.99	8	616.51	135.20	17
电气机械和器材制造业	2.43	0.70	10	6.54	0.04	13	47.64	17.95	12	641.93	169.77	11
化学原料和化学制品制造业	1.31	0.20	21	8.05	0.92	8	27.73	13.30	15	745.19	357.17	4
食品制造业	1.25	0.58	13	8.82	0.51	10	21.07	13.98	13	258.79	95.03	21
造纸和纸制品业	1.19	0.22	19	7.01	0.16	12	30.24	13.87	14	353.25	145.03	16
非金属矿物制品业	0.91	0.29	18	7.59	0.18	11	18.02	10.96	23	305.12	133.55	18

四大核心指标与全国平均水平相比，排名均比较靠后的有烟草制品业，铁路、船舶、航空航天和其他运输设备制造业等行业，其他制造业，金属制品、机械和设备修理业

(表32)。上述4个行业在全国处于相对劣势,其中烟草制品业,铁路、船舶、航空航天和其他运输设备制造业4个核心指标均低于全国平均水平,其他制造业,金属制品、机械和设备修理业各有3个核心指标低于全国平均水平。总体来看,我省在全国处于相对劣势的行业中,除了铁路、船舶、航空航天和其他运输设备制造业下的部分子行业属于高新技术产业的范畴,其余基本都是传统劳动密集型行业,与往年评价结果一致。这也在一定程度上反映出我省传统行业转型升级虽然取得了一定成效,但科技驱动力仍然不足,创新整体水平较低,必须加快用新技术新业态进行全面改造提升。

表32 创新核心指标浙江省在全国处于相对劣势的制造行业

指标/行业	R&D投入强度(%)			利润率(%)			新产品销售收入占比(%)			万名用工人员R&D人员数(人年/万人)		
	浙江	高于全国平均水平(百分点)	排名	浙江	高于全国平均水平(百分点)	排名	浙江	高于全国平均水平(百分点)	排名	浙江	高于全国平均水平(人年/万人)	排名
烟草制品业	0.11	-0.11	26	7.71	-3.22	27	1.06	-17.94	30	127.50	-82.80	29
铁路、船舶、航空航天和其他运输设备制造业	2.33	-0.21	28	0.19	-5.41	30	30.41	-5.41	28	515.97	-52.39	28
其他制造业	1.11	-0.13	27	5.05	-1.61	24	21.26	9.03	24	250.69	-34.18	27
金属制品、机械和设备修理业	1.42	0.06	22	2.06	-3.56	29	0.18	-15.18	29	163.70	-126.80	30

(三)行业创新规模占全国的比重情况

鉴于废弃资源综合利用业这一子行业的相关科技指标数据并未公布,本节以行业R&D经费投入总额、利润总额、新产品销售收入和R&D人员全时当量4个核心规模指标,分析比较我省其他30个子行业创新规模在全国的地位情况。

我省30个制造业子行业中,R&D经费投入总额占全国比重排名前5位的是家具制造业,化学纤维制造业,纺织业,纺织服装、服饰业,皮革、毛皮、羽毛及其制品和制鞋业,占全国比重分别为26.05%、22.43%、21.88%、21.19%、18.84%(图19)。与上年相比,家具制造业由第3位(22.74%)上升到第1位,化学纤维制造业由第1位(24.36%)下降到第2位;纺织业由第2位(22.89%)下降到第3位;皮革、毛皮、羽毛及其制品和制鞋业由第4位(21.50%)下降到第5位,纺织服装、服饰业由第5位(17.73%)上升到第4位。

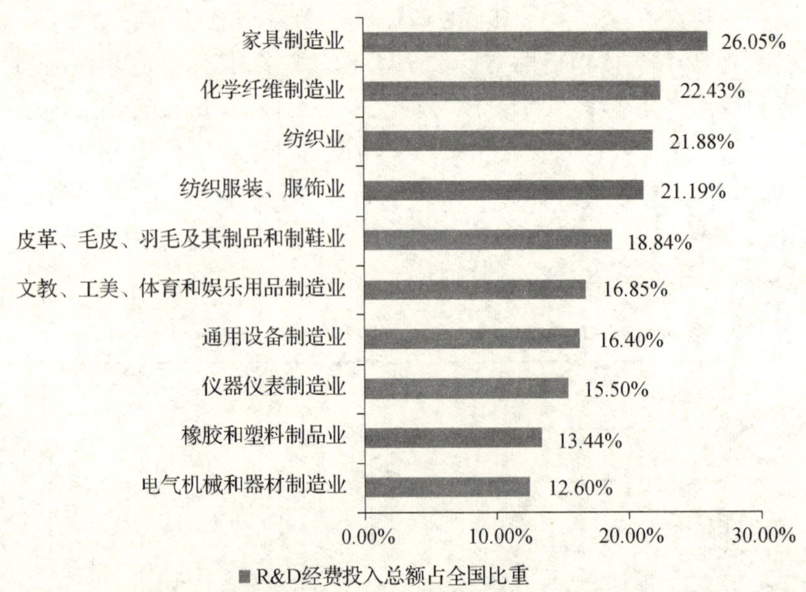

图19　浙江省规上企业R&D经费投入总额占全国比重的行业排名

利润总额占全国比重排名前5位的行业分别是化学纤维制造业，纺织业，仪器仪表制造业，通用设备制造业，造纸和纸制品业，占全国比重分别为28.21%、12.63%、11.65%、11.36%、9.90%（图20）。与上年相比，化学纤维制造业，纺织业继续排名第1，2位，并且化学纤维制造业利润总额占全国的比重远超其他子行业；仪器仪表制造业由第4位（10.36%）上升到第3位；通用设备制造业由第6位（9.43%）上升到第4位；家具制造业降幅较大，由第3位（10.49%）下降到第9位。

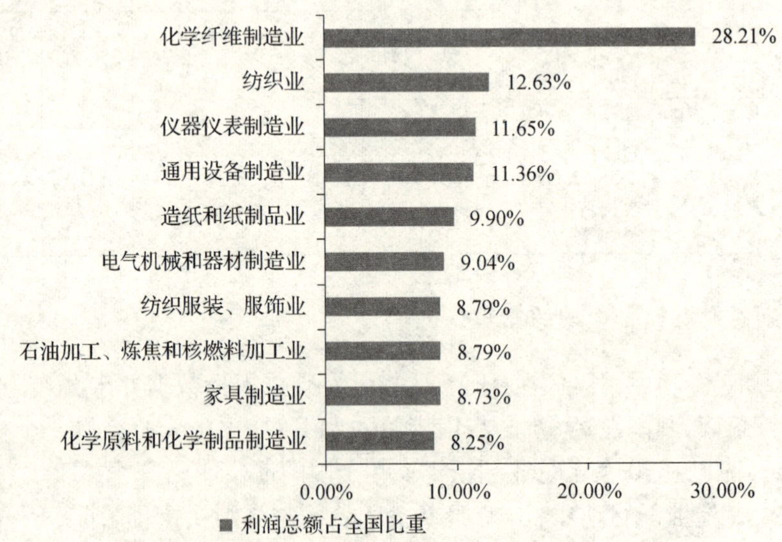

图20　浙江规上企业利润总额占全国比重的行业排名

新产品销售收入占全国比重排名前5位的行业分别是化学纤维制造业，家具制造业，纺织服装、服饰业，文教、工美、体育和娱乐用品制造业，皮革、毛皮、羽毛及其制品和制鞋业，占全国比重分别为42.75%、36.21%、35.88%、31.97%、31.13%（图21）。与上年相比，各行业新产品销售收入占全国比重均有一定程度的回落。化学纤维制造业继续排名首位，家具制造业由第3位（38.70%）上升到第2位，纺织服装、服饰业由第5位（34.36%）上升到第3位；皮革、毛皮、羽毛及其制品和制鞋业由第2位（39.86%）下降到第 5 位。

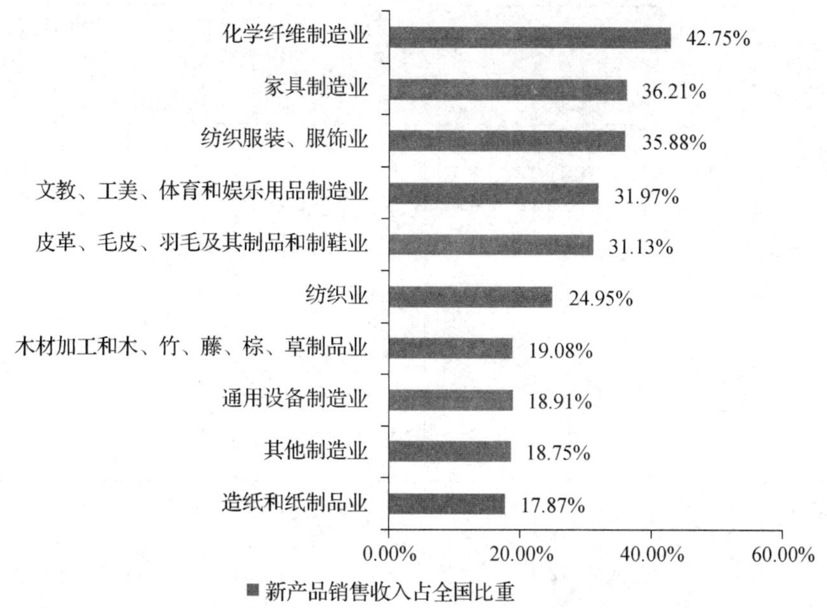

图 21 浙江省规上企业新产品销售收入占全国比重的行业排名

R&D 人员全时当量占全国比重排名前 5 位的行业分别是皮革、毛皮、羽毛及其制品和制鞋业，家具制造业，纺织服装、服饰业，化学纤维制造业，纺织业，占全国比重分别为 31.02%、30.49%、25.55%、25.07%、24.88%（图 22）。与上年相比，皮革、毛皮、羽毛及其制品和制鞋业，家具制造业，化学纤维制造业排名依然分别保持第 1，2，4 位；纺织服装、服饰业由第 5 位（22.46%）上升至第 3 位；纺织业由第 3 位（26.00%）下降至第 5 位。

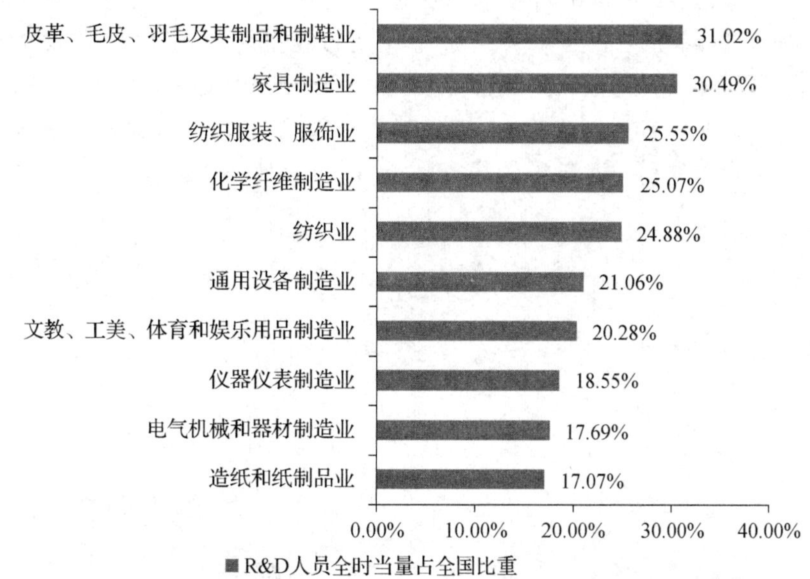

图 22 浙江省规上企业 R&D 人员全时当量占全国比重的行业排名

综合来看，四大创新规模核心指标占全国比重均居前列的行业有化学纤维制造业，家具制造业，纺织业，纺织服装、服饰业，通用设备制造业，文教、工美、体育和娱乐用品制造业，仪器仪表制造业，造纸和纸制品业，电气机械和器材制造业，橡胶和塑料制品业，其他制造业等，我省这些传统产业规模在全国依然具有明显优势（表 33）。

表33 2017年浙江省创新规模核心指标总体排名前列的行业

行业＼指标	R&D经费投入占全国比重(%)	行业位次	利润总额占全国比重(%)	行业位次	新产品销售收入占全国比重(%)	行业位次	R&D人员全时当量占全国比重(%)	行业位次
化学纤维制造业	22.43	2	28.21	1	42.75	1	25.07	4
家具制造业	26.05	1	8.73	9	36.21	2	30.49	2
纺织业	21.88	3	12.63	2	24.95	6	24.88	5
纺织服装、服饰业	21.19	4	8.79	7	35.88	3	25.55	3
通用设备制造业	16.40	7	11.36	4	18.91	8	21.06	6
文教、工美、体育和娱乐用品制造业	16.85	6	7.28	13	31.97	4	20.28	7
仪器仪表制造业	15.50	8	11.65	3	17.22	11	18.55	8
造纸和纸制品业	11.86	11	9.90	5	17.87	10	17.07	10
电气机械和器材制造业	12.60	10	9.04	6	14.41	13	17.69	9
橡胶和塑料制品业	13.44	9	7.15	14	16.03	12	16.48	11
其他制造业	9.66	15	8.18	11	18.75	9	13.10	14

综上所述,本研究认为,我省应继续把握好传统产业与高新产业的关系,高新产业与传统产业相辅相成,互为补充。一方面,积极探索传统产业改造提升路径,走高新化发展路线。实施产业关键核心技术攻坚工程,突破传统产业的关键共性技术,并推动人工智能、物联网、云计算、大数据等新兴技术在农业、制造业等传统产业的应用与融合创新。另一方面,加快构建高新产业创新主战场,深化全面创新改革试验区建设。以杭州、临江、宁波等国家高新区为中心,打造湾区高新技术产业带,推动高新区成为高新技术产业发展的核心载体。加快G60科创走廊、杭州城西科创大走廊、宁波甬江科创大走廊建设,打造具有全国影响力的科研基础设施集群区,让创新成为高质量发展的第一动力。